U0284017

引江济淮工程（安徽段）
招标采购后评估

谢文金　苏曙光　周蓓　等　编著

中国水利水电出版社
www.waterpub.com.cn
· 北京 ·

内 容 提 要

本书参照项目后评价的框架体系，对引江济淮工程（安徽段）招标采购进行专项后评估，涵盖基本情况、招标采购管理体制机制评估、过程后评估、效果后评估（包括技术水平和经济效益评估）、目标后评估、可持续评估和评估结论、建议等内容，并参考亚行的做法进行风险后评估。评估范围包括工程、货物、服务等各种类型招标，兼顾非招标方式采购。根据该工程招标采购特点和不同的评估内容，综合运用了调查法、对比法、专家会议法、德尔菲法、多层次模糊综合评估法等评估方法，在总结成绩和问题的同时，就加强制度建设、完善工作程序、强化招标前期工作、加强代理机构管理、拓展工程建设组织模式、推进招标采购数字化等方面提出建议，并针对政策法规前沿进行探讨。

本书可为国内其他大型引调水工程的招标投标工作乃至建设管理提供借鉴，也可为工程建设项目管理相关制度优化完善提供参考。

图书在版编目（CIP）数据

引江济淮工程（安徽段）招标采购后评估 / 谢文金
等编著. -- 北京 ： 中国水利水电出版社，2022.2
ISBN 978-7-5226-0426-8

Ⅰ．①引… Ⅱ．①谢… Ⅲ．①水利工程－招标－采购
－评估－安徽 Ⅳ．①TV512

中国版本图书馆CIP数据核字(2022)第010001号

书 名	引江济淮工程（安徽段）招标采购后评估 YINJIANGJIHUAI GONGCHENG (ANHUI DUAN) ZHAOBIAO CAIGOU HOU PINGGU
作 者	谢文金 苏曙光 周 蓓 等编著
出 版 发 行	中国水利水电出版社 （北京市海淀区玉渊潭南路 1 号 D 座 100038） 网址：www.waterpub.com.cn E-mail：sales@mwr.gov.cn 电话：(010) 68545888（营销中心）
经 售	北京科水图书销售有限公司 电话：(010) 68545874、63202643 全国各地新华书店和相关出版物销售网点
排 版	中国水利水电出版社微机排版中心
印 刷	清淞永业（天津）印刷有限公司
规 格	184mm×260mm 16 开本 19.25 印张 468 千字
版 次	2022 年 2 月第 1 版 2022 年 2 月第 1 次印刷
印 数	0001—1000 册
定 价	**105.00 元**

凡购买我社图书，如有缺页、倒页、脱页的，本社营销中心负责调换

本书编委会

主　　编：谢文金　苏曙光

副 主 编：周　蓓　权　全

编写人员：（按姓氏笔画为序）

孔凡富　朱　勇　何　榕　汪丽娜　陈　曦　顾　健

审　　核：许晓彤　朱　莹

审　　定：陈先明　何建新

水是生存之本、文明之源。自古以来，我国基本水情一直是夏汛冬枯、北缺南丰，水资源时空分布极不均衡。淮河中游沿淮及淮北地区人口密度大，耕地率高，降水年内年际变化大、拦蓄条件差，需要跨流域补水。引江济淮工程沟通长江、淮河两大水系，是跨流域、跨省重大战略性水资源配置和综合利用工程。工程任务以城乡供水和发展江淮航运为主，结合灌溉补水和改善巢湖及淮河水生态环境，是国务院确定的全国172项节水供水重大水利工程标志性工程之一，也是润泽安徽、惠及河南、造福淮河、辐射中原、功在当代、利在千秋的重大基础设施和重要民生工程。

引江济淮工程（安徽段）招标采购工作坚持"公开、公平、公正和诚实信用"的原则顺利开展，形成了独有的招标采购特色，在水利行业乃至整个工程建设领域树立了引江济淮的品牌。在一期工程招标接近尾声、二期工程招标在即之时，安徽省引江济淮集团有限公司委托安徽安兆工程技术咨询服务有限公司进行招标采购后评估工作，在全面梳理一期工程数据资料的基础上，对一期工程招标采购进行全过程、多维度的系统分析、总结和评估。

项目后评价是建设程序中的一项重要内容，也是项目管理周期的最后一个环节。招标采购工作作为项目管理工作的重要组成部分，对整个工程项目的建设实施具有关键性的引导作用，将招标采购作为一项单独的工作进行专项后评估，在国内具有一定的建设性和创新性，尚无成熟的规范指引。

引江济淮工程（安徽段）招标采购后评估参照项目后评价的框架体系，涵盖基本情况、招标采购管理体制和机制评估、过程后评估、效果后评估（包括技术水平和经济效益评估）、目标后评估、可持续评估和评估结论、建议等内容，并参考亚洲开发银行的做法进行风险后评估。评估范围涵盖工程、货物、服务等各种类型招标，兼顾非招标方式采购。根据该工程招标采购特点和不同的评估内容，综合运用了调查法、对比法、专家会议法、德尔菲法、多层次模糊综合评估法等评估方法，在总结成绩和问题的同时，就加强制度建设、完善工作程序、强化招标前期工作、加强代理机构管理、拓展工程建设组织模式、推进招标采购数字化等方面提出建议，并针对政策法规前沿展开探讨，评估结果和建议将作为二期工程的重要参考，同时为该工程项目后评价起到抛砖引玉的作用。

本书由安徽安兆工程技术咨询服务有限公司和安徽省引江济淮集团有限公司相关人员共同编写，由安徽省引江济淮集团有限公司科技项目提供资助。本书由谢文金、苏曙光、周蓓等编著，其中第二章和第十一章由谢文金、孔凡富编写，第一章、第七章、第九章、第十章由苏曙光、何榕编写，第三章由周蓓、孔凡富、顾健编写，第四章、第五章、第六章由权全、陈曦、朱勇编写，第八章由朱勇、汪丽娜编写。本书由许晓彤和朱莹审核，由陈先明和何建新审定。

在本书编写过程中，安徽省水利厅、安徽省交通运输厅、安徽合肥公共资源交易中心及各参建单位等给予了大力支持和帮助，胡周汉、董永全、殷君伯、袁静、刘虎、姬宏、王群、黄洋洋、王亦斌等专家提出了大量宝贵意见和建议。在本书编写过程中，参考了许多文献、书籍一并放在本书的"参考文献"部分。此外，本书的一些资料从网上下载得到，很难找到出处，在"参考文献"中并未包含其出处，在此一并致以衷心的感谢。

当前，国家加快构建国家水网主骨架和大动脉，为全面建设社会主义现代化国家提供有力的水安全保障，跨流域跨区域重大引调水工程建设如火如荼。希望本书的出版能为国内其他大型引调水工程的招标投标工作乃至建设管理提供借鉴，为工程建设项目管理相关制度优化完善提供参考。

因引江济淮工程招标采购工作涉及面广，类型众多，工程招标采购的新制度、新理念、新科技不断出现，对编写人员专业要求高，加之时间仓促，编者水平有限，疏漏和不妥之处在所难免，敬请读者批评指正。

作者

2021 年 10 月

目录

前言

第一章 概述 ……………………………………………………………………… 1
　　第一节 引江济淮工程（安徽段）概况 ……………………………………… 1
　　第二节 引江济淮工程（安徽段）招标采购实施总体情况 ………………… 5
　　第三节 引江济淮工程（安徽段）招标采购后评估工作简述 ……………… 11

第二章 招标采购管理体制机制评估 ………………………………………… 17
　　第一节 招标采购管理体制评估 …………………………………………… 17
　　第二节 招标采购管理制度机制评估 ……………………………………… 27
　　第三节 招标采购代理机构评估 …………………………………………… 37
　　第四节 招标采购监督评估 ………………………………………………… 45
　　第五节 电子招标投标应用评估 …………………………………………… 54

第三章 工程类项目招标投标过程评估 ……………………………………… 60
　　第一节 工程类项目招标投标总体情况 …………………………………… 60
　　第二节 水利类工程施工项目招标投标过程评估 ………………………… 61
　　第三节 交通类工程施工项目招标投标过程评估 ………………………… 98
　　第四节 市政类工程施工项目招标投标过程评估 ………………………… 107
　　第五节 其他类工程施工项目招标投标过程评估 ………………………… 112
　　第六节 工程总承包类项目招标投标过程评估 …………………………… 113
　　第七节 典型工程施工项目招标投标过程评估 …………………………… 119
　　第八节 工程类项目招标投标过程评估结论及建议 ……………………… 127

第四章 货物类项目招标投标过程评估 ……………………………………… 130
　　第一节 货物类项目招标总体情况 ………………………………………… 130
　　第二节 金属结构类项目招标投标过程评估 ……………………………… 131
　　第三节 机电设备类项目招标投标过程评估 ……………………………… 141
　　第四节 自动化类项目招标投标过程评估 ………………………………… 148
　　第五节 其他工程相关货物项目招标投标过程评估 ……………………… 151
　　第六节 典型货物招标项目招标投标过程评估 …………………………… 155
　　第七节 货物类项目招标投标总体结论和建议 …………………………… 157

第五章　服务类项目招标投标过程评估 ······················· 159

　第一节　服务类项目招标投标基本情况 ······················ 159

　第二节　勘察设计项目招标投标过程评估 ···················· 160

　第三节　监理类项目招标投标过程评估 ······················ 165

　第四节　咨询类项目招标投标过程评估 ······················ 184

　第五节　服务类项目招标投标过程评估结论与建议 ············ 196

第六章　非招标方式采购项目评估 ··························· 199

　第一节　非招标方式采购概述 ······························· 199

　第二节　非招标方式采购管理制度评估 ······················ 201

　第三节　询比采购项目评估 ································· 206

　第四节　直接采购项目评估 ································· 209

　第五节　评估结论与建议 ··································· 209

第七章　招标投标争议处理及稽查审计问题评估 ············· 211

　第一节　异议处理评估 ····································· 211

　第二节　投诉情形评估 ····································· 216

　第三节　稽查审计问题评估 ································· 218

　第四节　典型案例评估 ····································· 223

第八章　招标采购体系风险评估 ··························· 225

　第一节　风险控制理论 ····································· 225

　第二节　招标采购风险评估 ································· 228

　第三节　风险评估结果及风险控制建议 ······················ 239

第九章　招标采购效果后评估 ····························· 244

　第一节　技术水平评估 ····································· 244

　第二节　经济效益评估 ····································· 263

第十章　招标采购目标和可持续性后评估 ··················· 273

　第一节　招标采购目标后评估 ······························· 273

　第二节　招标采购可持续性后评估 ·························· 283

第十一章　评估结论和建议 ······························· 290

　第一节　评估结论 ··· 290

　第二节　评估建议 ··· 293

参考文献 ·· 297

第一章 概述

第一节 引江济淮工程（安徽段）概况

一、引江济淮工程简介

引江济淮工程沟通长江、淮河两大水系，是跨流域、跨省的重大战略性水资源配置和综合利用工程。工程任务以城乡供水和发展江淮航运为主，结合灌溉补水、排涝和改善巢湖及淮河水生态环境，是国务院确定的全国172项节水供水重大水利工程之一，也是润泽安徽、惠及河南的重大基础设施和重要民生工程。

项目区涉及安徽、河南两省，行政区划包括安徽省安庆、铜陵、芜湖、马鞍山、合肥、六安、滁州、淮南、蚌埠、淮北、宿州、阜阳、亳州以及河南省周口、商丘15市55县（市、区），受水区总面积7.06万km^2，人口约4132万人。近期规划水平年2030年工程年平均引江水量34.27亿m^3，远期2040年多年平均引江水量43.00亿m^3，其中向河南省供水量分别为5.41亿m^3、6.86亿m^3。

引江济淮工程从长江干流经枞阳引江枢纽、凤凰颈引江枢纽双线引江水分别由菜巢线和西兆线入巢湖，从白山节制枢纽接菜巢线引江水和巢湖水，经小合分线由派河口泵站枢纽、蜀山泵站枢纽二级提水，穿江淮分水岭至瓦埠湖入淮河，淮河以北利用沙颍河、涡河、西淝河、怀洪新河向安徽省淮河以北地区和河南省周口、商丘地区供水，其中西淝河线纳入主体工程。主体工程输水线路总长723km。初步设计批复总投资949.15亿元。主体工程总工期72个月。

工程引水规模为300m^3/s，各主要节点引水规模分别为：枞阳引江枢纽引水设计流量150m^3/s、凤凰颈引江枢纽引水设计流量150m^3/s，小合分线入口设计流量300m^3/s，入淮河断面设计流量280m^3/s，西淝河站设计流量85m^3/s，龙德站设计流量43m^3/s，河南境内的袁桥站42m^3/s，试量站40m^3/s。

引江济淮工程规模为大（1）型，工程等别为Ⅰ等，输水干线渠道及各枢纽主要建筑物为1级建筑物。工程主要建设内容包括输水航运河道工程、枢纽建筑物工程、跨河建筑物工程、跨河桥梁工程、渠系交叉建筑物、影响处理工程及水质保护工程。

2015年3月25日，经国务院批准，国家发展改革委批复了《引江济淮工程项目建议书》。2016年12月13日，经国务院批准，国家发展改革委批复了《引江济淮工程可行性研究报告》。2017年9月28日，水利部、交通部联合批复了《引江济淮工程（安徽段）初步设计报告》。

二、引江济淮工程（安徽段）简介

引江济淮工程（安徽段）（以下简称该工程）供水范围涉及 13 个市 46 个县（市、区），是安徽省基础设施建设"一号工程"，工程初步设计批复总投资 875.37 亿元，其中工程投资 481.90 亿元，建设征地移民补偿投资 312.26 亿元，其他投资 81.21 亿元。计划总工期 72 个月。

（一）工程总体布置

工程总体布置由引江济巢、江淮沟通两段输水航运线路和江水北送的西淝河输水线路组成。引江济淮工程输水线路及调水规模示意图见图 1-1-1。

1. 引江济巢段

引江济巢段采用西兆河输水线路和菜子湖输水线路双线引江入巢湖，再由绕巢湖小合分线引至派河口。主要枢纽建筑物包括枞阳引江枢纽、凤凰颈引江枢纽、庐江节制枢纽、兆河节制枢纽、白山节制枢纽、派河口泵站枢纽等 6 大枢纽；交叉建筑物包括杭埠河倒虹吸、舒庐干渠渡槽和庐南分干渠渡槽；新建或重建跨河桥梁 53 座。6 大枢纽中，枞阳引江枢纽位于安庆市迎江区、桐城市和铜陵市枞阳县交界处，泵站和节制闸坐落在桐城市鲟鱼镇，船闸设计布置于迎江区，系引江济巢段菜巢线路引江口门；凤凰颈引江枢纽位于无为县境内，坐落在凤襄河与长江无为大堤交汇处，系引江济巢段西兆线路引江口门；庐江节制枢纽位于庐江县境内，庐城镇北侧 5km，主要是节制菜子湖洪水进入巢湖和保证航运条件；兆河节制枢纽位于巢湖市境内，兆河入巢湖口南侧 7km 处，主要是调节兆河、西河水位，保证防洪、灌溉、供水和航运条件；白山节制枢纽位于庐江县境内，白石天河入巢湖口西侧 200m 处，主要是调节控制引江济巢段西兆线路和菜巢线路 2 条引江线路输水量和保证航运条件；派河口泵站枢纽位于肥西县境内，派河入巢湖口西侧 100m 处，系该工程第二级提水泵站枢纽。

2. 江淮沟通段

江淮沟通段自巢湖西北部派河口起，沿派河向北穿越江淮分水岭，经东淝河进入瓦埠湖，通过东淝闸后入淮河。按 II 级航道建设，航道全长 156.2km。主要枢纽建筑物包括蜀山泵站枢纽、东淝闸枢纽等两大枢纽；跨河建筑物工程包括淠河总干渠渡槽和交通桥梁等。蜀山泵站枢纽位于合肥市高新区境内，派河支流苦驴河城西桥上，系该工程第三级提水泵站枢纽；东淝闸枢纽位于寿县境内，东淝河入淮口上游 2.5km 处，主要调节控制瓦埠湖水位和保证防洪、排涝、供水和航运条件。

3. 江水北送段

江水北送段为淮河以北利用沙颍河、涡河、西淝河、淮水北调线四条线路向安徽省北部区、河南省南部地区供水。其中西淝河线列入该工程；西淝河线利用淮河北岸已建的西淝河站四级提水，在西淝河沿途经新建阚疃南站五级、西淝河北站六级、朱集站七级、龙德站八级提水至河南安徽交界处。工程建设内容主要包括：疏浚河道 100.1km、新开河渠 88.7km、新建输水管道 37.9km，新建阚疃南站、西淝河北站、朱集站（插花）、龙德站四级提水泵站和阜阳、亳州加压泵站，新建亳州调蓄水库（总库容 493 万 m³），新建、改建和加固公路桥 26 座、改建铁路桥 1 座，加固、重建、新建渠系交叉建筑物 31 座等。

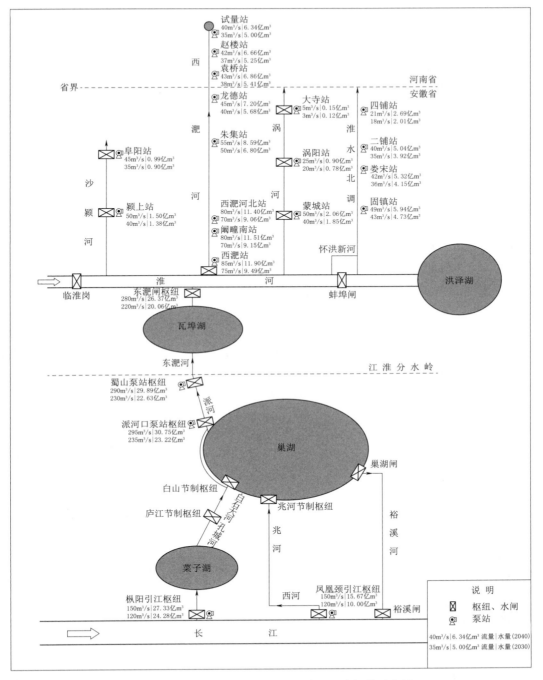

图 1-1-1　引江济淮工程输水线路及调水规模示意图

（二）工程建设内容和主要工程量

1. 主要工程建设内容

（1）引江济巢、江淮沟通两段输水航运线路和江水北送西淝河线输水河道（管道）工

3

程，总长 587.4km·（利用现有河湖长 255.9km，疏浚扩挖 204.9km，新开明渠 88.7km，压力管道 37.9km），其中航道里程总长 354.9km（建设Ⅱ级航道 167.0km，利用合裕线Ⅱ级航道 18.9km，建设Ⅲ级航道 169.0km）。

（2）枞阳引江枢纽、庐江节制枢纽、凤凰颈引江枢纽、兆河节制枢纽、白山节制枢纽、派河口泵站枢纽、蜀山泵站枢纽以及东淝河闸枢纽等 8 大枢纽工程。

（3）庐南干渠、舒庐干渠、淠河总干渠 3 座跨河渡槽和杭埠河倒虹吸，5 座跨河铁路桥梁、111 座跨河非铁路桥梁。

（4）加固、重建、新建涵闸、跌水、泵站等渠系交叉建筑物 395 处。

（5）瓦埠湖、菜子湖 2 处影响处理工程等。

2. 主要工程量

该工程主要工程量为：土方开挖 3.34 亿 m^3，石方开挖 0.36 亿 m^3，土方回填 0.68 亿 m^3，膨胀土换填 0.16 亿 m^3；堆砌石 378.04 万 m^3；混凝土及钢筋混凝土 927.77 万 m^3，预制护坡 815.61 万 m^3；钢筋制安 61.75 万 t；输水管道 46.61km。

（三）工程概算投资

引江济淮工程为大型引、调水工程，既有水利工程又有交通航运、铁路、市政等工程，概算涉及水利和交通、铁路、市政多个行业编制规定和定额。

水利工程按照《水利工程设计概（估）算编制规定》编制概算，建筑工程定额按水利部《水利建筑工程概算定额》《水利工程概预算补充定额》，缺项子目采用《安徽省水利水电建筑工程概算补充定额》，安装工程采用水利部《水利水电设备安装工程概算定额》，水保、环保分别按水保、环保概算编制办法执行。

航运专项工程按照《水运建设工程概算预算编制办法》（JTS/T 116—2019）和概算定额（如枢纽工程的船闸部分、菜子湖、巢湖、瓦埠湖航道疏浚等 12 项）；跨河非铁路桥梁按《公路工程基本建设项目投资估算编制办法》（JTG M20—2011）和公路定额；市政桥梁采用相关《市政工程设计概算编制办法》和市政定额；铁路改建工程采用《铁路基本建设工程设计概（预）算编制办法》和铁路定额等。

该工程批复概算总投资 875.37 亿元，其中静态总投资 843.62 亿元，建设期融资利息 31.75 亿元。静态总投资 843.62 亿元中，按功能划分：供水功能分摊静态总投资 535.59 亿元、占比为 63.49%，航运功能分摊投资 308.03 亿元、占比为 36.51%；按资金用途划分：工程部分投资 531.36 亿元、占 63.00%，征地移民补偿投资 312.26 亿元、占 37.00%。

三、工程之最 ●

（1）国家在建重大水利工程投资规模最大的项目：引江济淮输水线路总长 723km，初步设计概算总投资 949.15 亿元（其中安徽段工程 875.37 亿元），是国内在建重大水利工程投资规模最大的项目，同时为安徽省基础设施建设"一号工程"。

（2）江淮运河——国内最高等级人工运河：引江济淮切开菜巢分水岭、江淮分水岭，

● 此处均指 2021 年 1 月 31 日之前的工程之最。

最大切深 46.2m，最大口宽 356m。建设 Ⅱ 级航道 167.0km，利用合裕线 Ⅱ 级航道 18.9km，建设 Ⅲ 级航道 169.0km，是国内最高等级人工航道。

（3）蜀山泵站——亚洲最大的混流泵站：蜀山泵站总装机 60000kW、单机 7500kW，8 台机组总提水流量 340m³/s、叶轮直径 3.43m、设计扬程 12.7m，是亚洲装机、流量第一的混流泵站。

（4）淠河总干渠渡槽——世界最大跨径钢结构通航渡槽：淠河总干渠渡槽主跨 110m，系引江济淮与淠河总干渠立体交叉的上下输水、上下通航枢纽工程，渡槽采用（68＋110＋68）m 三跨桁架式梁拱组合体系型式。

（5）国内首条高铁运营线路改建工程：沪蓉高铁为国铁 Ⅰ 级双线铁路，设计速度 250km/h，2009 年 4 月开通运营，引江济淮沪蓉铁路改建工程线路总长 4.54km，主跨采用 128m 系杆拱桥型式。

（6）G312 公路桥——中国内河最大跨径变截面连续钢箱梁桥。G312 公路桥为 4 幅错墩布置的（100＋180＋100)m 跨径布置的连续钢箱梁桥，主跨 180m，为引江济淮工程 72 座跨河大桥之一。

第二节　引江济淮工程（安徽段）招标采购实施总体情况

一、已完成招标采购项目的基本情况

该工程初步设计批复总投资 875.37 亿元，其中工程投资 481.90 亿元，建设征地移民补偿投资 312.26 亿元，其他投资 81.21 亿元。自 2015 年 6 月至 2021 年 1 月 31 日（本书中相关数据信息的起止时间以此为准，本书中"目前""截至目前""当前""近年"等均以 2021 年 1 月 31 日为基准。书稿中数据四舍五入后未对合计数据作人工调整。）本工程已完成招标采购概算金额合计 5287029.10 万元（征地移民由地方政府实施，移民补偿类资金不纳入），占工程投资（含其他投资）的 93.89％，签约合同价合计金额 4365358.22 万元，已完成项目降幅率（签约合同价/概算）19.34％。实施完成招标采购项目 721 个。其中采用招标方式的项目数量为 258 个，完成概算 4701363.65 万元，项目降幅率 19.37％；采用非招标方式的项目数量为 433 个，完成概算 8750.12 万元，项目降幅率 1.96％；完成代建项目 30 个，完成概算 576915.33 万元。

（一）施工类

施工类招标采购完成概算 4059161.18 万元，完成项目数量 73 个，项目降幅率 19.48％，均采用招标方式。

（二）货物类

货物类招标采购完成概算 150876.34 万元，完成项目数量 360 个，项目降幅率 12.28％。其中，采用招标方式的项目数量为 58 个，完成项目概算 150186.26 万元，项目降幅率 12.33％；采用非招标方式的项目数量为 302 个，完成项目概算 690.08 万元，项目降幅率 0.00％。

（三）服务类

服务类招标采购完成概算 500076.25 万元，完成项目数量 258 个，项目降幅率 20.31%。其中，采用招标方式的项目数量为 127 个，完成项目概算 496686.21 万元，项目降幅率 20.61%；采用非招标方式的项目数量为 131 个，完成项目概算 8060.04 万元，项目降幅率 2.13%。

（四）代建项目

代建项目招标采购完成概算 576915.33 万元，完成项目数量 30 个。代建项目由项目法人委托，其招标采购由代建单位负责实施。

已完成招标采购项目基本情况、已完成招标项目基本情况、已完成非招标项目基本情况、已完成代建项目基本情况分别见表 1-2-1、表 1-2-2、表 1-2-3、表 1-2-4，已完成招标采购项目数量和概算见图 1-2-1，招标方式与非招标方式完成概算比例见图 1-2-2。

表 1-2-1　　　　　　　　已完成招标采购项目基本情况表

施　工				
年度	标段数/个	概算/万元	控制价/万元	签约合同价/万元	降幅率/%
2015	1	56000.00	43251.64	37018.41	33.90
2016	2	14196.00	10887.65	9211.10	35.11
2017	6	384932.96	315672.83	285463.98	25.84
2018	24	2243643.34	2018349.93	1768039.68	21.20
2019	20	906062.98	869112.38	758947.67	16.24
2020	20	454325.90	450564.00	409722.39	9.82
2021	0	0.00	0.00	0.00	0.00
小计	73	4059161.18	3707838.43	3268403.24	19.48
货　物				
年度	标段数/个	概算/万元	控制价/万元	签约合同价/万元	降幅率/%
2015	0	0.00	0.00	0.00	0.00
2016	5	38.05	38.05	38.05	0.00
2017	23	8850.18	7634.45	7156.05	19.14
2018	160	41504.44	38328.59	35020.34	15.62
2019	72	51707.06	48829.83	45691.68	11.63
2020	92	44956.98	42974.11	40855.93	9.12
2021	8	3819.62	3770.40	3590.75	5.99
小计	360	150876.34	141575.44	132352.81	12.28
服　务				
年度	标段数/个	概算/万元	控制价/万元	签约合同价/万元	降幅率/%
2015	7	3552.88	3552.88	3552.88	0.00
2016	9	320460.29	320280.29	256262.40	20.03

续表

服 务				
年度	标段数/个	概算/万元	控制价/万元	签约合同价/万元	降幅率/%
2017	28	30381.85	29611.85	24368.42	19.79
2018	83	94536.64	82968.14	72060.92	23.77
2019	56	28609.69	26457.61	22985.46	19.66
2020	72	21093.97	19772.56	18125.13	14.07
2021	3	1440.92	1470.00	1163.12	19.28
小计	258	500076.25	484113.34	398518.32	20.31

代 建				
年度	标段数/个	概算/万元	控制价/万元	签约合同价/万元	降幅率/%
2015	0	0.00	0.00	0.00	
2016	0	0.00	0.00	0.00	
2017	0	0.00	0.00	0.00	
2018	5	213006.83	213006.83	202057.15	
2019	18	202785.93	202785.93	202904.13	
2020	7	161122.57	161122.57	161122.57	
2021	0	0.00	0.00	0.00	
小计	30	576915.33	576915.33	566083.85	
合计	721	5287029.10	4910442.55	4365358.22	19.34

注 代建项目不纳入降幅率计算。

表 1-2-2　　　　已完成招标项目基本情况表

施 工				
年度	标段数/个	概算/万元	控制价/万元	签约合同价/万元	降幅率/%
2015	1	56000.00	43251.64	37018.41	33.90
2016	2	14196.00	10887.65	9211.10	35.11
2017	6	384932.96	315672.83	285463.98	25.84
2018	24	2243643.34	2018349.93	1768039.68	21.20
2019	20	906062.98	869112.38	758947.67	16.24
2020	20	454325.90	450564.00	409722.39	9.82
2021	0	0.00	0.00	0.00	0.00
小计	73	4059161.18	3707838.43	3268403.24	19.48

货 物				
年度	标段数/个	概算/万元	控制价/万元	签约合同价/万元	降幅率/%
2015	0	0.00	0.00	0.00	0.00
2016	0	0.00	0.00	0.00	0.00
2017	7	29382.55	25332.00	22870.89	22.16

货　物					
年度	标段数/个	概算/万元	控制价/万元	签约合同价/万元	降幅率/%
2018	15	29606.39	29134.36	27285.62	7.84
2019	18	51162.18	48698.00	45569.71	10.93
2020	16	36220.92	33956.00	32351.16	10.68
2021	2	3814.22	3765.00	3585.35	6.00
小计	58	150186.26	140885.36	131662.72	12.33
服　务					
年度	标段数/个	概算/万元	控制价/万元	签约合同价/万元	降幅率/%
2015	2	600.00	560.00	460.00	23.33
2016	5	320984.70	320694.70	256677.80	20.03
2017	22	36969.05	35154.00	28977.56	21.62
2018	41	89456.45	78544.00	68266.50	23.69
2019	34	29391.22	27588.00	24165.71	17.78
2020	22	14513.87	13446.20	11953.52	17.64
2021	1	100.92	130.00	129.05	−27.87
小计	127	492016.21	476116.90	390630.14	20.61
合计	258	4701363.65	4324840.69	3790696.11	19.37

表 1-2-3　　　　　　　　　　已完成非招标项目基本情况表

施　工					
年度	标段数/个	概算/万元	控制价/万元	签约合同价/万元	降幅率/%
无非招标项目					
货　物					
年度	标段数/个	概算/万元	控制价/万元	签约合同价/万元	降幅率/%
2015	0	0.00	0.00	0.00	0.00
2016	5	38.05	38.05	38.05	0.00
2017	18	72.45	72.45	72.45	0.00
2018	147	385.23	385.23	385.23	0.00
2019	52	70.83	70.83	70.83	0.00
2020	74	118.11	118.11	118.11	0.00
2021	6	5.40	5.40	5.40	0.00
小计	302	690.08	690.08	690.08	0.00
服　务					
年度	标段数/个	概算/万元	控制价/万元	签约合同价/万元	降幅率/%
2015	6	3552.88	3552.88	3552.88	0.00

服　务				
年度	标段数/个	概算/万元	控制价/万元	签约合同价/万元	降幅率/%
2016	4	75.59	75.59	75.59	0.00
2017	15	381.85	379.85	377.85	1.05
2018	34	481.14	481.14	436.68	9.24
2019	26	1281.11	1279.61	1271.76	0.73
2020	46	2287.46	2227.36	2173.41	4.99
2021	0	0.00	0.00	0.00	0.00
小计	131	8060.04	7996.44	7888.18	2.13
合计	433	8750.12	8686.52	8578.26	1.96

表 1－2－4　　　　　　　　已完成代建项目基本情况表

年度	标段数/个	概算/万元	控制价/万元	签约合同价/万元	降幅率/%
2015	0	0.00	0.00	0.00	
2016	0	0.00	0.00	0.00	
2017	0	0.00	0.00	0.00	
2018	5	213006.83	213006.83	202057.15	
2019	18	202785.93	202785.93	202904.13	
2020	7	161122.57	161122.57	161122.57	
2021	0	0.00	0.00	0.00	
小计	30	576915.33	576915.33	566083.85	

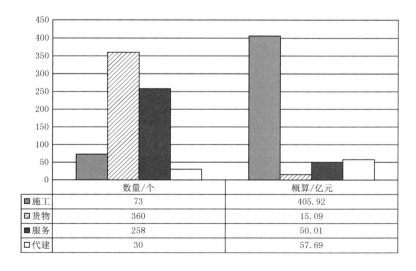

	数量/个	概算/亿元
施工	73	405.92
货物	360	15.09
服务	258	50.01
代建	30	57.69

图 1－2－1　已完成招标采购项目数量和概算

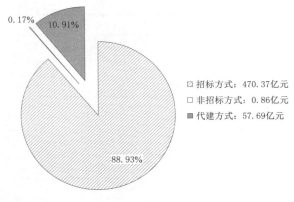

图 1-2-2 招标方式与非招标方式
完成概算比例图

- 招标方式：470.37亿元
- 非招标方式：0.86亿元
- 代建方式：57.69亿元

二、年度招标计划和完成情况

该工程 2018—2020 年招标完成项目总概算 4434365.65 万元，完成招标项目数量 243 个。

（1）2018 年度招标完成概算 2575713.01 万元，较计划完成概算 2429737.90 万元超出 145975.11 万元，超出 6.01％，招标数量 85 个，较计划数量 65 个增加 20 个，增长 30.77％。

（2）2019 年度招标完成概算 1189402.31 万元，较计划完成概算 1212667.40 减少 23265.10 万元，减少 1.92％，招标数量 90 个，较计划数量 82 个增加 8 个，增长 9.76％。

（3）2020 年度招标完成概算 666183.26 万元，较计划完成概算 555407.80 万元超出 110775.47 万元，超出 19.94％，招标数量 65 个，较计划数量 64 个增加 1 个，增长 1.56％。

年度计划目标均实现，招标计划执行效果显著。年度招标计划和完成情况见表 1-2-5、图 1-2-3、图 1-2-4。该工程年度招标计划中含代建项目，为进行年度对比需要，将代建项目纳入招标完成情况。

表 1-2-5　　　　　　　　年度招标计划和完成情况对比表

年度	类别	招 标 计 划		完 成 情 况			
		数量/个	概算/万元	数量/个	概算/万元	控制价/万元	签约合同价/万元
2018	施工	21	2120839.00	24	2243643.34	2018349.93	1768039.68
	货物	12	26069.90	15	29606.39	29134.36	27285.62072
	服务	26	65888.00	41	89456.45	78544.00	68266.50
	代建	6	216941.00	5	213006.83	213006.83	202057.15
合　计		65	2429737.90	85	2575713.01	2339035.11	2065648.95
2019	施工	19	904316.31	20	906062.98	869112.38	758947.67
	货物	18	51628.31	18	51162.18	48698.00	45569.71
	服务	37	39781.78	34	29391.22	27588.00	24165.71
	代建	8	216941.00	18	202785.93	202785.93	202904.13
合　计		82	1212667.40	90	1189402.31	1148184.32	1031587.22
2020	施工	17	413345.24	20	454325.90	450564.00	409722.39
	货物	18	54836.60	16	36220.92	33956.00	32351.16
	服务	27	17682.31	22	14513.87	13446.20	11953.52
	代建	2	69543.64	7	161122.57	161122.57	161122.57
合　计		64	555407.80	65	666183.26	659088.77	615149.65

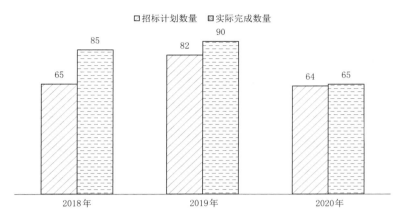

图 1-2-3　年度招标计划和完成数量对比图

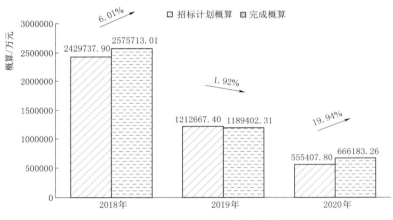

图 1-2-4　年度招标计划和完成概算对比图

第三节　引江济淮工程（安徽段）招标采购后评估工作简述

一、项目及承担单位概况

1. 项目概况

安徽省引江济淮集团有限公司（以下简称"集团公司"）于 2020 年 10 月对该工程招标采购后评估服务项目正式立项，并以询比方式公开采购，安徽安兆工程技术咨询服务有限公司中选，双方于 11 月 26 日签订了合同协议书，服务期为 7 个月。

2. 项目承担单位概况

安徽安兆工程技术咨询服务有限公司是水利部淮河水利委员会投资兴办的，以招标代理、造价咨询、安全评价、专题研究、政策咨询为主营业务的专业咨询公司。公司成立于 2004 年 8 月，注册资本 1000 万元。公司具有工程造价咨询资质，具有承担各类工程建设项目、中央投资项目、政府采购项目和机电国际项目招标代理的资格，具备工程咨询资格，是安徽省招标投标协会和安徽省建筑工程招标投标协会常务理事单位，中国招标投标协会和中国水利工程协会会员单位。

安徽安兆工程技术咨询服务有限公司承接了南水北调中线、东线以及引江济淮（安徽段）、治淮工程等国家重点水利工程项目的招标代理，开展了"水利工程电子招标投标实施现状及发展研究""水利建设履约监管机制研究项目""水利水电工程标准招标文件执行情况调研分析"等专题研究工作。安徽安兆工程技术咨询服务有限公司紧跟招标投标政策法规前沿，积极参与行业规范标准制定，先后主编、参编《水利水电工程标准施工招标文件》、《标准设计施工总承包招标文件》、《简明标准施工招标文件》、《南水北调东线一期江苏境内工程泵站工程施工监理标、土建及安装标招标文件指导文本》、《水利工程质量监督规程》、《水利工程施工转包违法分包等违法行为认定查处管理暂行办法》、《安徽省水利水电工程施工招标文件示范文本》（电子招标投标 2020 年版）等示范文本及《安徽省水利工程电子招投标造价数据交换导则》等多个规范标准。

安徽安兆工程技术咨询服务有限公司积极推动电子招标投标系统建设，建成并运营了水利部淮河水利委员会·安徽省水利厅电子交易平台，该平台由水利部淮河水利委员会和安徽省水利厅共同推动并作为行业推荐，以鲜明水利行业特色在行业内和安徽省提高了知名度。

二、评估范围、工作内容及目的

（1）本项目后评估范围为引江济淮工程（安徽段）自 2015 年 6 月 1 日至 2021 年 1 月 31 日已完成的招标采购项目（征地移民由地方政府实施，不纳入本次评估范围），包括工程类、货物类、服务类招标项目及非招标方式采购项目。

（2）评估主要工作内容是对该工程已完成的招标采购项目进行评估。通过对招标采购资料的收集整理形成数据库，对资料和数据进行分析、对比、挖掘，开展访谈、问卷调查等多渠道调查。借助专家咨询会议广泛吸收招标采购及后评估方面先进的分析方法和理论，采取定性和定量相结合的研究方法，系统、科学地对招标准备、招标实施、招标监督等过程以及招标采购效果、招标采购目标和可持续性全方位分析评估，内容涵盖工程、货物、服务等各种类别招标，兼顾非招标方式采购。通过评估形成结论，总结存在的主要问题、经验和教训，并对招标采购管理体制、制度，招标方案、评标办法、合同条款等提出建议。

（3）开展招标采购后评估的目的主要包括 5 个方面：①通过后评估全面系统地对已经完成的招标采购工作进行分析、总结可以提升项目法人招标采购工作管理水平乃至项目管理水平；②提炼该工程招标采购工作的管理创新亮点；③通过后评估对招标采购工作梳理、客观真实的评价，可以有效地服务于一期后续及二期工程招标采购管理工作；④招标采购工作作为项目管理工作中的重要组成部分，对整个工程项目的建设实施具有关键性的引导作用，招标采购后评估先行，为工程后评价奠定基础；⑤引江济淮工程是继三峡、南水北调工程后我国标志性水利工程，开展后评估可以展现项目法人招标采购管理水平，同时也为其他工程建设项目招标采购管理工作的开展提供有益借鉴。

三、评估方法、依据和原则

（一）评估方法

采取合理的评估方法方能保证项目工作质量，本项目后评估采用如下评估方法。

1. 调查法

调查法主要包括访谈方法、问卷调查法和文献方法。

（1）访谈的主要对象包括安徽省水利厅、安徽省交通运输厅、合肥市公共资源交易监督管理局、安徽合肥公共资源交易中心及现场建管处等；访谈的主要内容为招标投标管理、招标组织、电子招标投标等。

（2）问卷调查的对象主要为中标人（参建方）及未中标人；问卷调查表根据不同对象和不同项目类型，有针对性地设计，主要内容为招标采购过程、招标（采购）文件、主要合同条款等；根据问卷发放数量、回收情况、意见反馈等汇总分析，为评估提供相关数据信息。

（3）文献方法是以查阅和归纳的方法对已经存在的各种资料档案进行调查，从中获取与评估有关的内容。

2. 对比法

通过运用对比法分区域、行业、阶段进行比较分析；对比同类项目不同招标批次的差异变化；采用有无对比法比较评标办法各评审因素的作用效果。

3. 专家会议法

聘请招标采购、建设管理方面的专家，对大纲、初稿、征求意见稿、修订稿等重要成果文件以专家会议形式进行咨询，不断完善，以保证评估工作质量。

4. 德尔菲法

运用德尔菲法进行技术水平评估，主要是由调查者拟定调查表，专家基于知识、经验等，按照既定程序对招标竞争性、澄清修改内容、流标率、异议投诉成立比例等指标进行评审，形成集体的判断结果。

5. 多层次模糊综合评估法

采用模糊综合评价、熵权法和层次分析相结合的评估方法，对招标采购活动的合法合规性、竞争择优性、创新适用性目标进行综合分析，评估招标采购目标的实现程度。

（二）评估依据

本次后评估依据相关的法律、法规、规章和行政规范性文件、标准规程规范以及其他项目相关技术资料进行（说明：本书中涉及以下文件文号的，以此为准，其他章节略去文号）。

（1）招标采购及相关主要法律法规、规章及规范性文件。

1）《中华人民共和国招标投标法》（2007 年主席令第 86 号，以下简称《招标投标法》）。

2）《中华人民共和国招标投标法实施条例》（国务院令第 709 号，以下简称《招标投标法实施条例》）。

3）《中华人民共和国政府采购法》（主席令第 14 号，以下简称《政府采购法》）。

4）《中华人民共和国政府采购法实施条例》（国务院令第 658 号，以下简称《政府采购法实施条例》）。

5）《中华人民共和国民法典》（主席令第 45 号，以下简称《民法典》）。

6）《优化营商环境条例》（国务院令第 722 号）。

7）《保障农民工工资支付条例》（国务院令第 724 号）。

8）《电子招标投标办法》（国家发展改革委等 8 部委令第 20 号）。

9）《公共资源交易平台管理暂行办法》（国家发展改革委等 14 部委令第 39 号）。

10）《招标公告和公示信息发布管理办法》（国家发展改革委令第 10 号）。

11）《必须招标的工程项目规定》（国家发展改革委令第 16 号）。

12）《国务院有关部门 2018 年推进电子招标投标工作要点》（发改办法规〔2018〕426 号）。

13）《工程建设项目勘察设计招标投标办法》（国家八部委令第 2 号，国家九部委令第 23 号修改）。

14）《工程建设项目施工招标投标办法》（国家七部委令第 30 号，国家九部委令第 23 号修改）。

15）《工程建设项目货物招标投标办法》（国家七部委令第 27 号，国家九部委令第 23 号修改）。

16）《评标委员会和评标方法暂行规定》（国家七部委令第 12 号，国家九部委令第 23 号修改）。

17）《工程建设项目招标投标活动投诉处理办法》（国家七部委令第 11 号，国家九部委第 23 号修改）。

18）《水利部关于废止和修改部分规章的决定》（水利部令第 49 号）。

19）《水利部关于印发水利工程建设项目代建制管理指导意见的通知》（水建管〔2015〕91 号）。

20）《水利部关于印发〈水利工程建设项目法人管理指导意见〉的通知》（水建设〔2020〕258 号）。

21）《水利工程建设项目招标投标管理规定》（水利部令第 14 号）。

22）《水运工程建设项目招标投标管理办法》（交通运输部令 2012 年第 11 号）。

23）《公路工程建设项目招标投标管理办法》（交通运输部令 2015 年第 24 号）。

24）《安徽省公共资源交易监督管理办法》（安徽省政府令第 255 号）。

25）《安徽省水利工程建设项目招标投标监督管理办法》（皖水基〔2016〕144 号）。

26）《安徽省公路水运工程建设项目招标投标管理办法》（皖交建管〔2016〕147 号）。

27）《安徽省房屋建筑和市政基础设施工程招标投标监督管理办法（试行）》（建市〔2018〕164 号）。

28）各类标准招标文件。

（2）项目后评价的主要规定和标准规范。

1）《国家发展改革委关于印发中央政府投资项目后评价管理办法和中央政府投资项目后评价报告编制大纲（试行）的通知》（发改投资〔2014〕2129 号）。

2）《水利建设项目后评价管理办法（试行）》（水规计〔2010〕51号）。

3）《水利建设项目后评价报告编制规程》（SL 489—2010）。

4）《项目后评价实施指南》（GB/T 30339—2013）。

（3）主要标准、规范及其他政策性文件。

1）《招标代理服务规范》（GB/T 38357—2019）。

2）《非招标方式采购代理服务规范》（ZBTB/T 01—2018）。

3）《国有企业采购操作规范》（T/CFLP 0016—2019）。

4）《水利部监督司关于印发水利建设项目稽察常见问题清单（试行）的通知》（监督质函〔2020〕16号）。

5）《关于印发〈安徽省水利建设项目工程总承包工作意见（试行）〉的通知》（皖水建设函〔2019〕367）。

6）各类招标标准文件或示范文本。

（4）项目相关方管理办法、制度要求。

（5）项目立项文件、批复文件、招标方案等。

（6）招标文件、投标文件、评标报告和中标通知书等招标其他过程文件。

（7）采购文件、响应文件、评审报告和成交通知书等采购其他过程文件。

（8）合同及变更、违约、索赔等合同执行过程文件。

（9）招标采购相关稽查审计、有关部门的检查资料。

（10）其他。

（三）工作原则

本次后评估工作遵循以下4个工作原则。

1. 独立性原则

评估人员不受其他方面的干扰和影响，独立根据合同及工作大纲的既定要求开展评估相关工作。

2. 公正性原则

在评估的过程中，公正对待各类评估对象，不偏不倚地分析评估，公正出具评估结论和建议。

3. 客观性原则

评估人员在后评估工作过程中，以真实资料和数据为评估基础，以国家适用法律法规和行业制度规范为准绳，客观地对招标采购项目进行评估。

4. 科学性原则

确定评估内容和选择评估方法应具备科学性，针对本工程招标采购特点，从不同角度、不同侧重点、多维度对招标采购工作进行分析评估，确保评估程序和评估结果科学合理。

四、评估工作流程

1. 前期准备工作

收集招标采购过程中形成的管理制度文件、招标采购过程文件、合同执行过程文件、稽查审计等基础性资料，编制工作大纲，协助组织召开大纲评审会议。

2. 调查和分析

开展问卷调查与访谈，对调查结果进行分类汇总，分析处理各项意见和建议。

3. 后评估报告编制

组织编制后评估报告初稿，通过征求相关方意见，召开专家评审会，逐步完善形成征求意见稿、修订稿。

4. 提交后评估报告

正式提交最终成果，参加验收会议，对项目资料进行整编。

5. 后续工作

跟进论文发表和图书出版的进展，确保顺利完成。

评估工作流程见图 1-3-1。

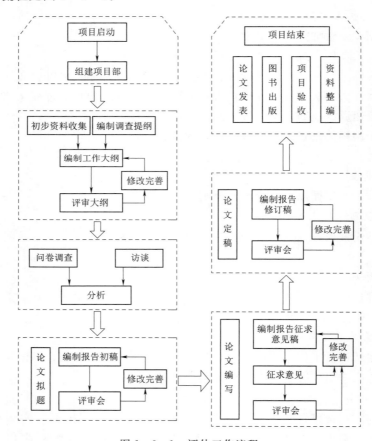

图 1-3-1 评估工作流程

第二章 招标采购管理体制机制评估

第一节 招标采购管理体制评估

一、项目建设管理体制

(一) 建设管理体制概述

1. 体制和机制

体制是指管理系统的结构和组成方式，主要指的是组织职能和岗位责权的调整与配置。管理体制是规定中央、地方、部门等在各自方面的管理范围、权限职责、利益及其相互关系的准则。机制是协调各个部分之间关系以更好地发挥作用的具体运行方式。工作机制是工作程序、规则的有机联系和有效运转，贯穿于工作的各个环节。从机制运作的形式划分，包括行政-计划式的运行机制、指导-服务式的运行机制和监督-服务式的运行机制；从机制的功能来分，包括激励机制、制约机制和保障机制。体制主要是层级关系、隶属关系，工作机制就是实际工作的方式。

2. 国内外的建设管理体制

(1) 国外建设管理体制特点。发达的西方国家经过几百年的探索建立了一系列建设管理体制，既符合国际惯例，又行之有效。综合起来，有如下特点：

1) 法规体系健全。发达国家的法规体系大都分为 3 个层次：法律-实施条例-技术规范与标准。法律一般是对建筑管理活动的宏观规定，内容侧重于对政府机构、社会团体、行业协会或学会的组织、职能、权利、义务等的规定以及对基本建设程序的确定。实施条例是对法律条款的细化。技术规范与标准侧重于建筑管理及工程技术的细节规定。

2) 政府职责明确。一些西方国家在发达的市场经济体制下，国家对于建设项目的管理主要体现在完善建设法律体系，使之成为规范行业行为的有力武器。

3) 配套制度实用。

a. 设计竞赛和设计审查制度。典型的是德国，设计竞赛一般是以个人的名义参加，也可以以单位的名义参加。设计竞赛仅针对设计本身技术上是否先进、经济上是否合理，不需报告设计费用与设计进度。在施工图设计阶段之前，德国规定必须进行设计审查阶段的工作。设计审查的合格证明将成为政府批准施工许可证和使用许可证的主要参考，使设计质量控制真正成为工程建设的重要保障。

b. 质量监督检查制度。工程质量监督检查是建筑业管理的核心。典型的是日本特色鲜明的工程质量监督管理模式，建筑工程监理一般只限于施工监理（日本人称之为"工事监理")。施工监理者必须具有建筑师资格,由业主选定,具体负责施工过程中的监督管理。政府的监督管理主要侧重于工程质量对"公共利益"的影响。日本的建筑企业非常重视工程质量,企业的生产经营管理主要围绕着质量管理进行,企业内部自上而下质量意识极强,所有部门都要对工程质量负责。在施工现场,严格的质量管理制度和频繁的质量监督检查也是日本式管理的一大特点。

c. 建筑产品技术认可制度。德国的建筑产品技术认可制度十分严格,《建筑产品法》创造了以国家法律形式对建筑产品质量进行规范管理的成功范例。建筑产品检验认证合格后,这种建筑产品允许使用在欧盟内部通行的代表建筑产品合格的 CE 标志,表示该建筑产品可以使用,然后这种产品才能允许投入使用和进行自由贸易。

d. 建筑安全生产制度。安全生产是各行各业的宗旨之一。如德国在建筑安全生产方面有完整的管理制度,包括教育培训和工伤保险制度。

4)行业协会作用大。行业协会一方面与政府部门存在着密切的联系,另一方面与企业有着密不可分的关系,是联系政府和企业的坚实桥梁。行业协会以法律、政府法规、行政指导为依据对企业进行微观的非强制性的管理,对规范行业的正常运作,促进行业整体水平的提高发挥着不可替代的作用。

(2)我国建设管理体制的发展。中国的工程建设管理体制形成于"一五"计划时期,建设项目的组织实施是通过计划安排、行政分配来实现的,完成建设任务的设计、施工单位主要采用了与之相适应的内包、外包、自营等几种形式。

随着党的十一届三中全会召开这一具有深远意义的历史转折,工程建设和建筑业开始打破计划经济的束缚,率先开始了进行以市场为导向的改革内容。全面引入了竞争机制,改变了按行政系统分配建设任务的老办法,逐步形成了多种所有制并存、专业门类齐全、适应经济和社会发展需要、能够承担各类工业与民用建筑任务的产业大军,之后以推广鲁布革工程管理经验为契机,以推行"项目法施工"为核心,在当时计划经济和市场调节相结合的条件下,启动了施工管理体制的综合改革。

进入 20 世纪 90 年代以来,工程建设管理体制改革也随之进一步深化:①一系列基本制度的确立和《中华人民共和国建筑法》(以下简称《建筑法》)的颁布实施,项目法人责任制、招标投标制、建设监理制、质量、安全监督制等;②建筑业建立现代企业制度试点工作的开展;③调整建筑业企业组织结构、培育骨干企业发展;④建筑市场的培育和发展、进行执法监察活动;⑤建筑工程定价机制改革的逐步推进等。

我国建设体制(政府投资项目)正在按照前期筹划和实施两个阶段进行深化改革。在项目筹划阶段,强调了项目建议书、可研和立项审批等工作程序,加强了评估、论证等决策咨询工作。在实施阶段,重点推行了以建设项目投资包干为核心的项目法人责任制、招标投标、建设监理、政府质量监督,正在初步建立一个以工程建设为核心的决策咨询、项目评估、建设监理、质量监督为内容的管理服务体系。

(二)引江济淮工程(安徽段)的建设管理体制

1. 建设管理体制

该工程是重大的战略性水资源配置工程,同时也是重大基础设施和重大民生工程,具有很强的基础性、公益性、战略性。工程沟通长江、淮河两大流域,集供水、航运、生态三大效益为一体，工程线路长、受益面积广、建设任务重，涉及输水、配水、航运、治污等诸多问题和输水沿线河湖的防洪、排涝、蓄水、灌溉、桥梁、移民、征地等诸多矛盾。为保障工程顺利建设和高效运行，该工程建设管理体制采用"省级政府主导、项目法人负责制"方式。

（1）省级政府主导。安徽省政府成立的由省人民政府、流域机构和省有关部门参加的安徽省引江济淮工程领导小组，是工程建设和运营期的议事协调机构，负责协调解决工程实施中的重大问题。安徽省引江济淮工程领导小组办公室是领导小组办事机构，负责统筹协调项目前期工作推进和工程建设有关问题，研究提出工程建设有关政策、办法，起草相关法规草案；监督控制工程投资总量，综合协调平衡计划、资金和工程建设进度；协调调度工程前期工作推进、重大设计方案变更、征地移民、实施建设中有关问题；组织编制相关规划并监督实施。省发展改革委（含省移民局）、财政厅、人力资源和社会保障厅、国土资源厅、环保厅、交通运输厅、农业委员会、水利厅、林业厅、国资委等领导小组成员单位按照分工各自职责，发挥职能作用，为该工程建设做好服务和保障工作。

沿线各市、县（市、区）人民政府是工程征地拆迁工作和工程沿线治污规划的实施主体，负责按计划完成工程建设用地的征收、拆迁安置、临时用地占用等相关工作；组织实施沿线治污工程和相关配套工程建设；保障工程建设环境，维护地方社会稳定；负责本行政区域内水质保障工作等。

（2）项目法人负责制。安徽省引江济淮集团有限公司是该工程项目法人，全面负责项目前期工作推进、工程实施建设、建设资金筹措和项目运营管理等，对工程质量、安全、环保和建设进度、投资控制等负主体责任。该公司性质为省政府出资的省属大型国有独资企业。

（3）工程建设期管理。工程建设期间，安徽省引江济淮集团有限公司作为项目法人，负责落实项目法人责任制、招标投标制、建设监理制和合同管理制，负责资金筹措和贷款偿还，对工程质量、安全、进度、投资控制等负主体责任。

2. 建设管理办法

根据《安徽省引江济淮工程建设管理办法》（皖政办秘〔2018〕44号），主要建设管理事项明确如下。

（1）工程建设监督管理。该工程建设管理执行水利工程建设管理相关规定，水运设施、跨河构筑物、环境保护等专项工程结合执行相应行业建设管理规定和技术规程规范，省水利、交通运输等行业主管部门依法依规对该工程涉及本行业的工程招标投标活动全过程和质量、安全实施监督管理，涉及铁路、市政、通信、军事等专项建设项目的招标投标活动按照相关规定执行。

（2）工程建设资金管理。工程建设投资来源包括中央预算内投资、中央专项资金、国家专项建设基金、地方配套投资、信贷资金、社会资本投入及其他资金，按照"静态控制、动态管理"的原则，纳入统一投资计划管理。

（3）工程质量管理。树立"质量第一、安全为先"的理念，全面落实各方的责任，特别要强化项目法人的首要责任和勘察、设计、施工单位的主体责任，项目法人应建立技施设计阶段设计审查制度。

（4）建设稽查和审计。省发展改革委会同有关单位对工程实施稽查工作，省审计主管部门负责工程建设全过程审计监督管理并进行跟踪审计。

（5）工程验收管理。实行项目法人验收和政府验收制度，竣工验收由水利部会同交通运输部、安徽省人民政府主持。

3. 工程建设管理模式

该工程建设全面推行了"项目法人责任制、招标投标制、建设监理制和合同管理制"，以公司化运营方式实施项目建设，以建管一体化为导向，统筹"建"与"管"，以直接建设管理为主，委托建设管理制（含代建）为辅，并推行工程总承包。

（1）项目法人直接建设管理。该工程主要项目为法人直接建设管理，由项目法人直接组建项目现场管理机构负责。其主要责任包括组织编制工程初步设计，落实主体工程建设计划和资金，对主体工程质量、安全、进度和资金等进行管理，为工程建成后的运行管理提供条件，协调工程建设的外部关系。项目法人直接建设管理采用强矩阵组织模式，突出扁平化的组织和管理，尤其是根据线路行政区域和区段投资情况设置 6 个现场管理处，现场全面履行法人管理职能。

（2）委托制管理。该工程环保、影响处理类工程委托地方建设管理，由项目法人以合同的方式将部分工程项目委托项目所在省、市建设管理机构组织建设；涉及铁路、市政、通信、军事等专项建设项目委托各自主管部门建设管理。项目法人与项目建设管理单位通过签订合同明确双方的职责。项目建设管理单位受项目法人的委托，承担委托项目在初步设计批复后建设实施阶段全过程（初步设计批复后至项目竣工验收）的建设管理。项目建设管理单位依据国家有关规定以及签订的合同，独立进行委托项目的建设管理并承担相应责任，同时接受依法进行的行政监督。

（3）代建制管理。省界段工程等采用代建方式建设管理，签订代建合同。代建单位依据国家有关规定以及与项目法人签署的代建合同，独立进行项目建设管理并承担相应责任，同时接受依法进行的行政监督及合同约定范围内项目法人的检查。

二、招标采购管理体制

（一）我国招标投标管理体制

根据《招标投标法》的授权，国务院办公厅于 2000 年 3 月发布了《关于国务院有关部门实施招标投标活动行政监督的职责分工的意见》（国办发〔2000〕34 号），确立了分散管理和综合管理相结合的招标投标管理体制，并由《国务院办公厅关于进一步规范招投标活动的若干意见》（国办发〔2004〕56 号）中作了更具体的规定，具体为：国家发展改革委负责招标投标工作的宏观指导和协调，并负责对重大建设项目和工业项目招标投标活动的监督和检查；商务部门负责国际招标投标活动的监督和检查；水利、交通运输、建设、工业信息等管理部门分别负责本行业范围内招标投标活动的监督和检查；财政部门负责政府采购活动的监督和检查。

根据法律规定，招标投标的组织、实施机构包括以下两种类型：第一种类型是自行招标，自行招标由招标人负责组织、实施；第二种类型是委托招标，委托招标大部分具体工作由招标代理机构完成。

《招标投标法》第五条规定："招标投标活动应当遵循公开、公平、公正和诚实信用的原则。"

（二）引江济淮工程（安徽段）招标采购管理体制

1. 招标采购管理体制

（1）招标投标管理体制。根据该工程建设管理体制和我国的招标投标管理体制框架，该工程招标投标管理的总体框架为：严格按照国家行业建设管理规定，水利部分由省水利厅实施监督管理；水运部分由交通部水运局实施监督管理；跨河交通桥梁由桥梁所属地交通运输主管部门（或桥梁所属地市、县级人民政府规定的招标投标监督管理部门）实施监督管理；跨地市的公路工程服务类及涉及高速公路改建项目由省交通运输厅实施监督管理；跨河市政桥梁（均在合肥市境内）由合肥市公共资源交易监督管理局实施监督管理；涉及铁路、通信、军事等专项建设项目的招标投标活动按照相关规定执行。项目法人安徽省引江济淮集团有限公司作为该工程主体工程招标投标管理责任主体，负责具体实施招标投标管理工作。

（2）采购管理体制。该工程的项目法人安徽省引江济淮集团有限公司，性质为大型国有独资企业，因此，项目法人根据我国国有企业管理的相关规定制定了较为完备的采购管理制度，构建了采购管理体制，对公司采购的组织形式、采购方式及其流程进行了规定，并对企业的管理架构、采购实施、绩效评价、监督管理等方面进行规范。采购主要适用于公司管理、运营方面的采购，也适用于不属于依法必须招标项目且采用非招标方式进行采购的项目。

2. 招标采购管理工作职责

招标采购管理工作职责分为项目法人的招标管理工作职责和采购人的采购管理工作职责。

（1）招标管理工作职责。

1）负责建立集团公司招标管理制度和工作规程，建立健全集团公司招标管理体系。

2）编制工程总体招标采购方案、分标方案和年度招标采购计划。

3）负责办理项目招标备案工作。

4）负责组织编制招标文件、最高投标限价、招标澄清及修改，并进行审核。

5）负责招标信息发布，组织开评标（依法申请组建评标委员会）。

6）负责招标过程中的异议处理，配合投诉处理。

7）组织清标及合同谈判，负责合同签约工作。

8）配合相关部门开展招标投标监督、检查等活动。

9）负责处理招标工作相关法律纠纷的诉讼、仲裁。

10）决定并批准项目暂停招标、终止招标。

11）负责招标投标资料归档工作。

（2）采购管理工作职责。

1）负责建立集团公司采购工作管理制度和程序，建立健全集团公司采购工作管控体系。

2）编制年度采购计划（非工程类年度采购计划，以及非工程类采购计划的年中调整）。

3）负责组织编制采购文件、澄清及修改，并进行审核。

4）负责采购信息发布，组织磋商或评审（依法申请组建评标委员会、磋商小组或评审小组）。

5）处理异议、质疑或投诉。

6）组织清标及合同谈判，负责合同签约工作。

7）负责处理采购工作相关法律纠纷的诉讼、仲裁。

8）决定并批准项目采购暂停、终止。

9）负责上述项目的采购资料归档工作。

3．招标采购工作程序

项目法人颁布的《安徽省引江济淮集团有限公司工程招标投标管理办法》（皖引江合同〔2019〕184号，以下简称《工程招标投标管理办法》）和《安徽省引江济淮集团有限公司采购管理办法（试行）》（皖引江合同〔2020〕198号，以下简称《采购管理办法试行》）分别明确了招标和采购工程程序。

（1）招标工作阶段及主要工作内容。

1）招标准备阶段：主要工作内容包括招标需求部门制订招标方案；准备招标所需技术资料（图纸、工程量清单、技术条款等）；申请启动招标工作。

2）招标实施阶段：主要工作内容包括招标文件编制、审查；招标信息发布；评标委员会组建；开标、评标。

3）定标和合同签订：主要工作内容包括中标候选人公示；清标；异议处理和配合投诉处理（如有）；合同谈判；发出中标通知书；向相关主管部门报告招标结果；签订合同。

4）整理归档。

5）建立招标工作台账。

（2）采购工作程序。

1）招标采购程序。招标采购程序见"（1）招标工作阶段及主要工作内容"。

2）询比采购程序。编制采购文件→采购领导小组审定、批准采购文件→发布采购公告、发售采购文件（或发出采购邀请书，发售采购文件）→现场踏勘（如有）→澄清及修改（如有）→组建评审小组→开启响应文件、组织评审→候选成交供应商公示→清标→合同谈判→发出成交通知书→签订合同→资料归档。

3）竞争磋商采购程序。编制磋商文件→采购领导小组审定、批准磋商文件→磋商信息发布→现场踏勘（如有）→澄清及修改（如有）→组建磋商小组→开启初始响应文件→组织磋商→候选成交供应商公示→发出成交通知书→签订合同→资料归档。

4）比价采购程序。采购需求→成立采购小组→确定被比价的供应商名单→比价并确定成交供应商→将比价采购结果告知所有被询价的供应商→资料归档。

5）网上商城采购程序。徽采商城采购程序：登录商城→商品采购→确认订单→合同备案→订单验收，其中"确认订单"采购可选择使用"直接结算""直接竞价""多品牌竞价"等采购方式。其他网上商城采购程序：登录商城→商品采购→确认订单→订单验收→保留订单截图、支付截图、发票等。

6）直接采购程序。编制采购需求→组建谈判小组→谈判→谈判结果报批→签订合同→资料归档。

4. 招标采购管理

（1）项目法人内部机构设置。项目法人按中央和省委有关规定设立党委会，按照《中华人民共和国公司法》（以下简称《公司法》）和现代企业制度要求，设立董事会、监事会、经理层。内设纪检、工会、共青团、妇联等党群机构和综合管理部（董事会办公室、信息中心）、发展计划部、财务审计部、纪委办公室、建设管理部（工程技术部）、运营管理部、合同管理部（法务办公室）、质量安全管理部、人力资源部（党群办公室）9个职能部门，在工程沿线设安庆、庐江、肥西、合肥、淮南、江水北送6个现场建管处。

（2）内部职责划分。项目法人的《工程招标投标管理办法》和《采购管理办法（试行）》明确了内部招标投标工作职责和采购人的采购管理工作职责。

（3）内部工作程序。

1）招标项目工作程序。项目法人招标项目的工作程序为：现场建管处招标准备，项目申请立项→合同管理部组织招标代理机构编制招标文件商务条款并审查，需求部门组织设计单位编制招标所需技术资料（图纸、工程量清单、技术条款、最高投标限价等）并审查→提交采购领导小组审查定稿→合同管理部组织招标代理机构进行招标备案、发布招标信息→合同管理部组织招标代理机构进行招标文件答疑、澄清和修改（如有）并报采购领导小组审查→合同管理部组织招标代理机构开展开评标（依法申请组建评标委员会）、发布中标候选人公示→合同管理部组织招标代理机构处理异议、投诉（如有）并报采购领导小组审议→评标结束后合同管理部组织清标及合同谈判→定标会签、合同管理部组织代理机构发出中标通知书→合同管理部负责合同签约→合同管理部负责招标资料归档、代理结构考核等工作。

2）内部工作程序分析。由上述内部工作机制和招标职责划分可以看出，该工程的招标工作在招标领导小组领导下，由合同管理部和现场建管处分工负责完成项目招标工作，职责比较明确，同时发挥了合同管理部和现场建管处的职能和技术业务专长，保证了整体招标的进度，取得了良好招标成效。

三、分析与评估

（一）与制度对照分析

本次评估通过与《水利部关于印发水利工程建设项目法人管理指导意见的通知》（以下简称水利法人制度）对照进行建设管理体制评估。通过对照分析，该工程建设管理体制较为规范。引江济淮工程（安徽段）建设管理体制对照制度评估见表2-1-1。

（二）与南水北调工程的比较分析

该工程作为跨流域跨区域重大引调水工程，作为安徽省基础设施建设"一号工程"，在建设管理体制上明显借鉴吸纳了南水北调工程的成功经验，利用我国的制度优势，集中力量办大事，省级政府主导，各部门（各地区）形成合力，统一推动，局部服从全局，集中保障资金、用地等建设要素，统筹做好移民安置等工作，有力保障了工程的顺利进展。

表 2 - 1 - 1   引江济淮工程（安徽段）建设管理体制对照制度评估表

比较项目		水 利 法 人 制 度	引江济淮工程 （安徽段）对照情况	评估 结果
建设管理体制	项目法人组建	（1）政府出资的水利工程建设项目，应由县级以上人民政府或其授权的水行政主管部门或者其他部门（以下简称政府或其授权部门）负责组建项目法人。水利工程建设项目可行性研究报告中应明确项目法人组建主体，提出建设期项目法人机构设置方案。 （2）跨地级市的大型引调水工程，应由省级人民政府或其授权部门组建项目法人，或由省级人民政府授权工程所在地市级人民政府组建项目法人。 （3）鼓励各级政府或其授权部门组建常设专职机构，履行项目法人职责，集中承担辖区内政府出资的水利工程建设。 （4）积极推行按照建设运行管理一体化原则组建项目法人。对已有工程实施改、扩建或除险加固的项目，可以已有的运行管理单位为基础组建项目法人。 （5）各级政府及其组成部门不得直接履行项目法人职责；政府部门工作人员在项目法人单位任职期间不得同时履行水利建设管理相关行政职责	（1）安徽省政府组建； （2）国有独资企业，常设； （3）建设运行管理一体化； （4）无政府工作人员任职情况	组建规范
	明确项目法人职责	（1）项目法人对工程建设的质量、安全、进度和资金使用负首要责任； （2）项目法人组建单位应按照权责一致的原则，在项目法人组建文件中明确项目法人的职责和权限，对项目法人履行职责予以充分授权，保障项目法人依法实施建设管理工作的自主权； （3）县级以上人民政府可根据工作需要建立工程建设工作协调机制，加强对水利工程建设的组织领导，协调落实工程建设地方资金和征地拆迁、移民安置等工程建设相关的重要事项，为项目法人履职创造良好的外部条件	（1）《安徽省引江济淮工程建设管理办法》中明确； （2）成立了省引江济淮工程领导小组，是工程建设和运营期的议事协调机构	职责明确
	项目法人履职能力	（1）水利工程建设项目法人应具备基本条件：具有独立法人资格；具备与工程规模和技术复杂程度相适应的组织机构；总人数应满足工程建设管理需要，大、中、小型工程人数一般按照不少于 30 人、12 人、6 人配备，其中工程专业技术人员原则上不少于总人数的 50%；项目法人的主要负责人、技术负责人和财务负责人应具备相应的管理能力和工程建设管理经验；水利工程建设期间，项目法人主要管理人员应保持相对稳定。 （2）水利工程建设项目可行性研究报告批准后，项目法人组建单位应尽快按照第十一条要求完成项目法人组建。不能按照第十一条要求的条件组建项目法人的，应通过委托代建、项目管理总承包、全过程咨询等方式，引入符合相关要求的社会专业技术力量，协助项目法人履行相应管理职责。代建、项目管理总承包和全过程咨询单位，如具备相应监理资质和能力，可依法承担监理业务。 （3）代建、项目管理总承包和全过程咨询单位，按照合同约定承担相应职责，不替代项目法人的责任和义务	（1）国有独资企业，部门设置齐全，人员数量和能力较强，主要管理人员相对稳定； （2）项目法人在可行性研究报告批准前完成组建； （3）代建和总承包单位承担相应职责	履职能力强

续表

比较项目		水 利 法 人 制 度	引江济淮工程 （安徽段）对照情况	评估 结果
建设 管理 体制	履行 项目 法人 职责	（1）项目法人必须严格遵守国家有关法律法规，结合建设项目实际，依法完善项目法人治理结构，制定质量、安全、计划执行、设计、财务、合同、档案等各项管理制度，定期开展制度执行情况自查，加强对参建单位的管理。 （2）项目法人应根据项目特点，依法依规选择工程承发包方式。合理划分标段，避免标段划分过细过小。禁止唯最低价中标等不合理的招标采购行为，择优选择综合实力强、信誉良好、满足工程建设要求的参建单位。对具备条件的建设项目，推行采用工程总承包方式，精简管理环节。对于实行工程总承包方式的，要加强施工图设计审查及设计变更管理，强化合同管理和风险管控，确保质量安全标准不降低，确保工程进度和资金安全。 （3）项目法人应加强对勘察、设计、施工、监理、监测、咨询、质量检测和材料、设备制造供应等参建单位的合同履约管理。要以工程质量和安全为核心，定期检查相关内容。 （4）项目法人应建立对参建单位合同履约情况的监督检查台账，实行闭环管理。对检查发现的问题，要严格按照合同进行处罚。问题严重的，对有关责任单位采取责令整改、约谈、停工整改、追究经济责任、解除合同、提请相关主管部门予以通报批评或降低资质等级等措施进行追责问责。 （5）项目法人应切实履行廉政建设主体责任，针对设计变更、工程计量、工程验收、资金结算等关键环节，研究制定廉政风险防控手册，落实防控措施，加强工程建设管理全过程廉政风险防控	（1）项目法人治理结构完善，制度齐全； （2）依法招标，大标段分标，采用综合评估法和三阶段评审法，推行工程总承包； （3）成立了6个现场建管处，加强对参建单位管理，定期检查； （4）履约管理完善； （5）履行了廉政建设责任，但未制定廉政风险防控手册	总体 履职 尽责
	项目 法人 监督 管理	（1）项目法人组建单位应建立对项目法人的考核机制，设定主要考核指标，明确奖惩措施。考核内容应涵盖项目法人和主要负责人的管理行为和项目建设的质量、安全、进度、资金管理等情况。 （2）项目法人组建单位应根据工程实际定期对项目法人及其主要负责人、技术负责人、财务负责人开展考核评价。 （3）鼓励各地结合本地实际，建立与项目法人履职绩效相挂钩的薪酬体系和奖惩机制。 （4）县级以上人民政府水行政主管部门应通过督查、稽查、暗访等方式，对项目法人履职情况进行监督检查。对监督检查发现的问题，按照水利部相关监督检查办法，采取责令整改、约谈、停工整改、通报批评等措施进行追责问责。 （5）县级以上人民政府水行政主管部门应将项目法人及其主要管理人员纳入水利行业统一的信用监管，其信用信息在全国水利建设市场监管平台进行公开，实施信用动态监管和联合惩戒	（1）安徽省政府按国有企业管理规定建立健全了考核机制，包括对主要负责人等的考核评价，与薪酬体系和奖惩机制挂钩； （2）水利部、交通运输部、安徽省政府授权省发展改革委和省审计厅，进行了督查、稽查、审计、暗访	监督 管理 到位

　　当然，相比南水北调工程，该工程有其自身特色，包括水利、交通运输（水运和公路桥梁）、市政桥梁等建设内容及铁路、通信等专项内容，多行业融于一体；同时在建设管理体制方面为省级政府主导，受限于非国家级主导，在当前建设管理分行业监管的背景下，该工程建设管理（含招标采购管理）执行相应行业建设管理规定和技术规程规范，涉及多行业交叉，还明确省发展改革委会同有关单位对工程实施稽查工作，省审计主管部门负责工程建设全过程审计监督管理并进行跟踪审计，建设管理体制及招标采购管理体制均

相对复杂。引江济淮工程（安徽段）与南水北调工程招标采购管理体制对比见表2-1-2。

表2-1-2　引江济淮工程（安徽段）与南水北调工程招标采购管理体制对比表

比较项目		引江济淮工程（安徽段）	南水北调工程
建设管理体制	总体框架	省级政府主导、项目法人负责制	国务院南水北调工程建设委员会领导，国务院南水北调办公室具体承办；南水北调工程项目法人是工程建设和运营的责任主体；南水北调工程建设委员会专家委员会提供决策咨询
	行政监管	省水利、交通运输等行业主管部门依法依规对引江济淮工程涉及本行业的工程招标投标活动全过程和质量、安全实施监督管理，涉及铁路、市政、通信、军事等专项建设项目的招标投标活动按照相关规定执行。此外，省发展改革委会同有关单位对工程实施稽查工作，省审计主管部门负责工程建设全过程审计监督管理并进行跟踪审计	国务院南水北调办公室对南水北调主体工程建设实施政府行政管理。工程沿线各省、直辖市的南水北调工程建设领导小组及其办事机构受国务院南水北调办委托，对委托由地方南水北调建设管理机构管理的主体工程实施部分政府管理职责
	建设管理	安徽省引江济淮集团有限公司作为引江济淮工程项目法人，负责落实项目法人责任制、招标投标制、建设监理制和合同管理制，对工程质量、安全、进度、投资控制等负主体责任	以南水北调工程项目法人为主导，项目法人是工程建设和运营的责任主体
	决策咨询	安徽省政府成立的安徽省引江济淮工程领导小组，是工程建设和运营期的议事协调机构，负责协调解决工程实施中重大问题。安徽省引江济淮工程领导小组办公室是领导小组办事机构	（1）国务院南水北调工程建设委员会，作为工程建设高层次的决策机构，决定南水北调工程建设的重大方针、政策、措施和其他重大问题。 （2）南水北调工程建设委员会专家委员会对南水北调工程建设中的重大技术、经济、管理及质量等问题进行咨询；对南水北调工程建设中的工程建设、生态环境、移民工作的质量进行检查、评价和指导
招标管理体制	总体框架	（1）招标投标管理体制：严格按照国家行业建设管理规定，水利部分由省水利厅实施监督管理；水运部分由交通部水运局实施监督管理；跨河交通桥梁由省交通运输厅实施监督管理；跨河市政桥梁由项目所在地市政工程招标监督部门（合肥市公共资源交易监督管理局）实施监督管理；涉及铁路、通信、军事等专项建设项目的招标投标活动按照相关规定执行。 （2）采购管理体制：根据国有企业管理的相关规定构建了采购管理体制	以国务院南水北调办对南水北调主体工程项目招标投标活动实施监督管理，各省（直辖市）南水北调办（建管局）根据国务院南水北调办的委托，对委托范围内的项目招标投标活动进行监督管理，招标人作为南水北调主体工程招标投标管理责任主体的招标投标管理体制
	行政监管	省水利厅、交通部水运局、省交通运输厅、合肥市公共资源交易监督管理局进行行业监管，铁路、军事等实施专项监管	国务院南水北调办对南水北调主体工程项目招标投标活动实施监督管理，各省（直辖市）南水北调办（建管局）根据国务院南水北调办的委托，对委托范围内的项目招标投标活动进行监督管理
	招标管理	安徽省引江济淮集团有限公司作为项目法人，对招标管理和自身的采购管理负主体责任	南水北调工程项目法人是工程招标投标管理的责任主体
	决策咨询	项目法人成立招标领导小组和采购领导小组，进行招标采购决策；建立代理机构库，对招标采购提供中介服务；招标优选的全过程造价咨询机构对招标投标阶段造价进行咨询	（1）国务院南水北调办对南水北调主体工程项目招标投标活动进行决策。 （2）南水北调工程建设委员会专家委员会对招标重大事项进行咨询、检查、评价和指导

（三）评估结论和建议

1. 评估结论

该工程根据项目建设管理体制和我国的招标投标管理体制框架，发挥我国的制度优势，集中力量办大事，省级政府统一推动，建立了符合国家、行业和地方以及国有企业管理规定的招标采购管理体制，框架清晰，职责明确，行业专业性鲜明，招标采购的组织形式、招标流程、采购方式及其流程等均较为符合工程建设和企业采购实际，使得招标采购活动公正、公平、公开地开展，确保了招标采购工作的规范有序和科学实效。尤其该工程强化了稽查、审计的监督，建设过程中开展了稽察和多次审计，其建设管理体制监督职能进一步强化，促进了招标采购工作规范性提升。

2. 评估建议

（1）进一步完善项目法人管理制度。根据水利法人制度的相关规定，建议针对设计变更、工程计量、工程验收、资金结算等关键环节，研究制定廉政风险防控手册，进一步完善防控措施，加强工程建设管理全过程廉政风险防控，较为简洁的实施路径是委托专业机构和人员编制，该专业机构人员需熟悉引江济淮工程建设情况并具有水利工程建设领域廉政风险防控手册编制经验。

（2）进一步完善招标采购管理体制。由于该工程招标采购接受多行业行政监督，各行业主管部门在制定本系统的具体管理规章时，各有侧重，导致在一些交叉或多重性的项目招标投标的具体操作时，需要多方协调，而在一些具体的工作环节存在不同尺度、不同规则的情况，带来了局部同一项目不同表述和不同尺度的问题。同时，省发展改革委会同有关单位对工程实施稽查工作，省审计主管部门负责工程建设全过程审计监督管理并进行跟踪审计，相关部门对个别法律法规条文的理解不尽相同，有时给招标采购带来困扰。此外，由于各部门管理本部门工程招标投标工作，虽发挥了主管部门和政府在专业管理上的优势，但管理职能交叉、条块分割、行业与地区垄断等弊端显现，一定程度上影响了该工程统一的招标采购市场形成。综上，建议在后期招标时针对上述问题综合研究，完善建设管理和招标采购管理体制，厘清职责权利，统一规范招标管理体系，加强部门沟通交流，探索建立统一监管的实施路径。

（3）完善专家委员会相关制度。建议参照南水北调工程做法，收集整理参与引江济淮工程（安徽段）的勘察设计、施工、运行、科研、招标、征地移民、生态环境及经济社会等单位或机构的知名专家学者，根据相关标准筛选形成专家建议名单，并建立专家委员会组织形式和日常管理服务机构，制定《引江济淮工程（安徽段）专家委员会章程》，明确专家委员会的工作任务和工作机制，充分发挥专家咨询指导作用。

第二节 招标采购管理制度机制评估

一、招标采购管理制度概述

（一）制度和制度建设

制度也称规章制度，是国家机关、社会团体、企事业单位，为了维护正常的工作、劳

27

动、学习、生活的秩序，保证国家各项政策的顺利执行和各项工作的正常开展，依照法律、法令、政策而制定的具有法规性或指导性与约束力的应用文。企业的制度一般包括：领导班子领导干部工作制度、日常办公制度、纪检监察工作制度、干部纪律工作制度、财务管理工作制度及其他工作制度。

制度建设是通过组织行为改进原有规程或建立新规程，以追求一种更高的效益，其大致包括 3 方面内容：①制定公共规则；②保证规则执行；③坚持公平原则。制度建设是规范化管理的一个极其重要的部分。

（二）工程招标投标制度

我国的招标投标制度体系是以《招标投标法》为基础，以相关法律、法规、规章和行政规范性文件为补充。根据法律的效力等级，招标投标制度体系可以分为 3 个层次。

（1）第一个层次是法律，包括全国人民代表大会或全国人民代表大会常务委员会制定的招标投标法律。如《招标投标法》以及关联性的《建筑法》《中华人民共和国民法典》等法律规范。

（2）第二个层次是法规，包括国务院制定的招标投标行政法规和地方人民代表大会及其常务委员会制定的地方招标投标法规，如国务院制定的《招标投标法实施条例》等。

（3）第三个层次是规章和行政规范性文件，包括国务院有关部门制定的有关招标投标的部门规章及有立法权的地方人民政府制定的地方招标投标规章和行政规范性文件。以水利部为例，在《招标投标法》颁布施行后，制定了《水利工程建设项目施工招标投标管理规定》规章和《关于印发水利水电工程标准施工招标资格预审文件和水利水电工程标准施工招标文件的通知》等规范性文件及标准文件。

（三）国有企业招标采购制度

国有企业采购兼具公共采购和企业采购的双重属性，在当前形势下，一般要求参照行政事业单位做法，制定相关采购管理办法，成立采购管理活动领导决策及执行机构，完善组织架构和工作机制，约束规范采购过程。主要需遵守的规定如下。

（1）国有企业采购方式的原则性规定。《企业国有资本与财务管理暂行办法》（财企〔2001〕325 号）第十八条对国有企业采购做了原则性规定。其中，工程建设项目招标投标活动按照《招标投标法》《招标投标法实施条例》及其配套规章的相关规定执行。

（2）使用国有资金投资或国家融资项目采购方式的具体规定。《招标投标法》第三条规定，全部或者部分使用国有资金投资或者国家融资的工程建设，包括项目的勘察、设计、施工、监理以及与工程建设有关的重要设备、材料等采购，必须进行招标。《必须招标的工程项目规定》第二条规定了"全部或者部分使用国有资金投资或者国家融资的项目"范围。

（3）国有资金占控股或主导地位的依法必须招标项目的具体规定。《招标投标法实施条例》对国有资金占控股或主导地位的依法必须招标项目的规定主要有 3 点：①第八条关于招标方式选择的规定。国有资金占控股或者主导地位的依法必须进行招标的项目，应当公开招标。如果存在法律法规规定的情形，则可以采用邀请招标的方式采购。②第十八条关于审查资格预审申请文件的规定。国有资金占控股或者主导地位的依法必须进行招标的项目，招标人应当组建资格审查委员会审查资格预审申请文件。资格审查委员会及其成员应当遵守《招标投标法》和本条例有关评标委员会及其成员的规定。③第五十五条关于确定中标人的规定。国有资金占控股或者主导地位的依法必须进行招标的项目，招标人应当确定排名第一的中标候选人为中标人。

（4）国有企业采购操作规范的规定。《国有企业采购操作规范》是行业推荐性自律规范，适用的主体是国有企业。该规范侧重操作层面，明确了国有企业的采购流程和通用要求，以及各种采购方式的适用条件和程序规则，适用于国有企业在中国境内开展的非依法必须招标项目的采购活动。《国有企业采购管理规范》则主要对国有企业的管理架构、采购实施、绩效评价、监督管理等方面进行规范，是企业采购管理、监督体系建设的指导文件。两者互为补充、配套使用，共同构成国有企业采购管理和操作的制度指引。

二、引江济淮工程（安徽段）招标采购管理制度

（一）建设管理制度

该工程建设管理（包括招标采购管理）执行国家、行业和地方颁布施行的相关政策、法规文件。工程建设管理体制为省级政府主导，安徽省政府针对该工程出台了两个重要文件。其中明确工程招标采购监管的是《安徽省引江济淮工程建设管理办法》。该办法由安徽省省政府办公厅以皖政办秘〔2018〕44号文印发，对该工程管理体制、投资管理、招标投标、施工监理、质量安全、合同管理、稽查审计、信息档案、工程验收作出了规定。其中在招标投标监管明确：该工程建设管理执行水利工程建设管理相关规定，水运设施、跨河构筑物、环境保护等专项工程结合执行相应行业建设管理规定和技术规程规范，省水利、交通运输等行业主管部门依法依规对该工程涉及本行业的工程招标投标活动全过程和质量、安全实施监督管理，涉及铁路、市政、通信、军事等专项建设项目的招标投标活动按照相关规定执行；省发展改革委会同有关单位对工程实施稽查工作，省审计主管部门负责工程建设全过程审计监督管理并进行跟踪审计。

（二）项目法人的招标采购制度

1. 项目法人招标采购制度体系

项目法人安徽省引江济淮集团有限公司高度重视招标采购制度建设，专门制定了《工程招标投标管理办法》、《安徽省引江济淮集团有限公司清标及合同谈判实施细则》（以下简称《清标及合同谈判实施细则》）、《安徽省引江济淮集团有限公司招标人代表管理办法》（以下简称《招标人代表管理办法》）、《安徽省引江济淮集团有限公司招标代理机构库管理办法》（以下简称《招标代理机构库管理办法》）、《引江济淮工程（安徽段）招标代理工作通病手册》（以下简称《招标代理工作通病手册》）、《采购管理办法（试行）》、《引江济淮工程招投标工作负面清单表》（以下简称《招投标工作负面清单表》）、《引江济淮工程招标代理机构招投标工作要求》（以下简称《招标代理机构招投标工作要求》）等招标采购管理制度，并根据执行情况修订完善（包括《工程招标投标管理办法》《招标代理机构库管理办法》等），不断规范招标代理工作流程，提高招标代理工作质量。其中《工程招标投标管理办法》和《采购管理办法（试行）》是核心制度。

2. 工程招标投标管理办法

《安徽省引江济淮集团有限公司工程招标投标管理办法》以皖引江合同〔2018〕440

号文印发、以皖引江合同〔2019〕184号文修订印发，修订版共六章十六条及7个附件。

3. 采购管理办法

《安徽省引江济淮集团有限公司采购管理办法（试行）》以皖引江合同〔2020〕198号文印发，共七章三十五条及8个附件。

三、引江济淮工程（安徽段）招标采购工作机制

该工程招标采购工作机制主要依据管理制度建立，同时在招标采购实践中也形成了一些较好的工作机制。

（一）招标计划管理

项目法人特别重视招标计划管理，早在2016年10月制定了《引江济淮工程（安徽段）招标方案》（以下简称总体招标方案），方案包括：①概述；②工程招标范围、标段划分和投标资格；③工程招标方式、方法；④工程招标评审办法；⑤组建评标委员会；⑥工程招标工作目标和计划；⑦工程招标工作分解。

初步设计批复后，为进一步加强对工程建设投资完成计划动态管理，根据该工程总体控制性计划和工程建设需要，分别制定了《引江济淮工程2017—2019年建设投资完成三年滚动计划》《引江济淮工程2018—2020年建设投资完成三年滚动计划》和《引江济淮工程2019—2021年建设投资完成三年滚动计划》，在此基础上，汇总各部室及现场建管处的需求，同步制订招标采购三年滚动计划，年中根据项目推进情况组织修订计划，年末对执行情况进行全面总结。特别值得一提的是，总体招标方案中对工程标段划分作了较为合理的规划。

1. 招标计划完成情况

具体详见第一章第二节（不再赘述）。

2. 计划分标方案与实施标段对比

该工程规模大，线路长，建筑物多，涉及水利、公路、水运、市政桥梁、铁路、房建等多个行业，涵盖工程、货物、服务等领域，建设周期和招标周期时间跨度大，招标前期，谋划分标方案对后期年度招标计划制订、招标实施乃至工程建设均发挥了指导性的作用，意义重大。

（1）标段划分的重要性。

1）标段指的是对一个整体工程按实施阶段（勘察、设计、监理、施工、设备采购等）和工程范围切割成工程段落，并把上述段落或单个或组合起来进行招标。标段划分是指招标人在充分考虑合同规模、技术标准规格分类要求、潜在投标人状况，以及合同履行期限等因素的基础上，将一项工程、服务或一个批次的货物拆分成若干个合同进行招标的行为，是招标规划的核心工作内容。划分标段既要满足招标项目技术经济和管理的客观需要，又要遵守相关法律法规的规定。

《招标投标法》第四条、第十九条、第四十九条，《招标投标法实施条例》第二十四条，《建筑法》第二十四条，《中华人民共和国民法典》"合同编"第七百九十一条及《工程建设项目施工招标投标办法》第三条、第二十七条、第六十八条等对于标段划分均作出了相关规定。

标段划分不仅是项目法人工作中的一项重要内容，也是整个招标工作中的一项重要内容。由此可见，标段的合理划分在建设项目招标工作中占有举足轻重的地位。

2）工程建设项目招标的目的就是为项目法人选择一个优秀的承包单位，并最终获得满足事先约定的合格的建筑产品。标段划分的合理与否对招标是否能够成功有很大影响，合理划分标段有利于投标单位之间的充分竞争，降低工程造价，并且为后续的管理工作打下良好基础。一方面，从现场施工角度分析，合理的划分标段有利于缩短工期和实现资源的优化配置，从而有效地控制工程投资。另一方面，对于一些专业性较强的施工作业，按专业划分标段可以发挥专业承包单位的专业优势，可对工程质量提供强有力的保障；对于施工区域较大的项目，按照区域划分标段可同时进行施工，不但便于现场管理，更有利于实现工期目标。

（2）引江济淮工程标段划分的原则。

1）依法合规原则。严格按照相关法律法规的要求，划分标段时，不将应当由一个承包人完成的建筑工程肢解成若干部分分别招标发包给几个承包人投标。

2）科学合理原则。按照质量、安全、工期、投资、环保、技术创新"六位一体"要求，坚持项目整体安排最优，合理确定标段，实现建设项目系统效果最优。

3）竞争择优、适度规模原则。在市场调研基础上，与设计单位充分沟通，通过科学的划分标段，使标段具有合理适度的规模，保证足够竞争数量的单位满足投标资格能力条件，并满足经济合理性要求。既要避免规模较小，单位固定成本上升，增加招标项目的总投资，并可能导致大型企业失去参与投标竞争的积极性；又要避免规模过大，可能因符合资格能力条件的单位过少而不能满足充分竞争的要求；或者具有资格能力条件的单位因受资源投入的限制，而无法保质保量的按期完成招标项目，并由此增加合同履行的风险。要合理划分标段，鼓励实力强业绩优的大型施工企业参与工程建设，促进工程建设规范有序高效开展；有利于要求中标施工企业派出骨干队伍和先进的、完好的机械设备参加工程建设，有效预防转包、挂靠和违法分包。

4）利于施工组织原则。结合工程施工组织与场地平面布置，有利于土石方平衡、合理组织材料运输，有利于分段施工、分批调试，尽早发挥效益。

5）兼顾行政区域原则。结合行政区域情况，招标项目划分标段时应满足项目技术关联配套及其不可分割性的要求，满足不同承包商在不同标段同时生产作业及其协调管理的可行性和可靠性要求；尽量减少跨区域标段的划分，有利于减少永久征地和临时用地。

6）推行跨行业一体化原则。对于同一施工区域范围内分属不同行业（水利、公路、水运）的工程内容，采用大标段、联合体形式，有效解决施工交界面复杂、施工组织交叉，工程管理协调难度大等问题。

7）货物类分标原则。水泵、电机、启闭机等同类型设备尽可能打捆批次招标，使设备品牌及配件统一，便于后期管理和维护，同时考虑供应商制造加工能力，适度规模。

8）监理和检测分标原则。按相应行业推行大标段，同时考虑市场供给能力，适度规模。

3. 计划与实施对比

（1）施工标计划分标方案与实施对比。该工程施工标计划标段划分数量 40 个，实际通过招标及代建实施标段数量103个，标段数量增幅了158%。其中，1亿元以下计划标段数量0个，实际招标数量29个；1亿~5亿元范围内计划标段数量3个，实际招标数量43个，标段数量增加了40个；5亿~10亿元和10亿~20亿元范围内标段数量变化较小，基本按计划执行；20亿元以上的计划标段数量13个，实际招标数量锐减至1个。

招标人在项目分标之初，标段以划分大标段为主导，随着工程项目的陆续实施，根据行业现状及潜在投标人施工能力，综合项目实施进度、技术和管理要求、经济效益等因素，在实际招标中对标段划分进行调整。施工标计划分标方案与实际分标情况对比见表2-2-1和图2-2-1。

表2-2-1 施工标计划分标方案与实际分标情况对比表

金额范围	计划分标		实际分标			
	标段数量/个	估算/万元	标段数量/个	概算/万元	控制价/万元	签约合同价/万元
1亿元以下	0	0.00	29	107887.11	107820.85	107105.76
1亿~5亿元	3	85000.00	43	1163065.38	1133196.25	1044203.49
5亿~10亿元	10	740800.00	15	1080939.40	1005080.50	912832.33
10亿~20亿元	14	1694000.00	15	2032072.64	1831517.74	1594277.86
20亿元以上	13	2078000.00	1	252112.00	207138.42	176067.66
合计	40	4597800.00	103	4636076.52	4284753.76	3834487.09
			其中代建标段			
			30	576915.33	576915.33	566083.85
最小金额标段		20000.00		4596.00		
最大金额标段		455000.00		252112.00		

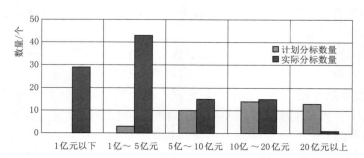

图2-2-1 施工标计划分标方案与实际分标情况对比图

（2）货物、服务计划分标方案与实际分标情况对比。该工程货物标计划标段划分数量69个，实际招标标段数量58个，标段数量减少11个。服务类项目中招标代理、跟踪审计、水土保持和环境保护检测、建设管理信息化等计划标段和实际招标数量基本相同；施工监理标计划标段数量20个，实际招标数量41个，标段数量增加21个；第三方检测服务计划标段数量3个，实际招标数量11个，标段数量增加8个；规划、候鸟监测、环保咨询等其他服务，计划分标方案中未列，实际招标数量56个。货物、服务计划分标方案与实际分标情况对比见表2-2-2。

表 2 - 2 - 2　　　　　　货物、服务计划分标方案与实际分标情况对比表

类　别		计划分标方案	实际分标情况	差值
货物		69	58	−11
服务	招标代理	1	2	1
	勘察、设计	1	1	0
	设计咨询	3	0	−3
	跟踪审计（全过程造价咨询）	6	7	1
	铁路改线代建	1	1	0
	施工监理	20	41	21
	第三方检测	3	11	8
	水土保持监测	3	2	−1
	环境保护监测	3	3	0
	建设管理信息化	1	1	0
	运行调度系统信息化	1	0	−1
	安全监测监控系统	6	2	−4
	其他包括规划、候鸟监测、环保咨询、专题研究、生态监测、水保验收等服务项目	—	56	56

　　货物标实际招标数量的减少，主要是同类型设备货物合并标段统一招标，目的是尽量使全线设备品牌及配件统一，便于运营维护。监理标标段与施工标对应划分，随施工标招标标段的增加而增加。检测计划分标为水利、水运、公路 3 个行业作为 3 个标段，后期考虑线路较长，检测咨询机构的服务能力等因素，将水利划分为 4 个标段（引江济淮试验工程、引江济巢段、江淮沟通段、江水北送段各 1 个标段），将公路划分为 3 个标段（引江济巢段、江淮沟通段及钢结构专项检测各 1 个标段），水运仍为 1 个标段，增加了市政行业桥梁 3 个标段。

　　4. 标段划分评估

　　计划分标方案为后期分标起到了指引作用，施工标"大标段"虽然在后期实施时，首（20 亿元以上）尾（1 亿元以下）标段数量调整较大，但指导原则没变；货物类项目分标与实际差异较小，整体数量降幅 20%；监理和检测分标从实际实施来看，计划分标标段过大，对工程所需服务及行业服务能力把握不足，同时对服务项目的类型，在计划初期未能够全面掌握。

　　（二）招标采购工作机制

　　项目法人安徽省引江济淮集团有限公司在招标、采购工作过程中还形成了多项具有鲜明特色且行之有效的工作机制。

　　1. 招标采购决策机制

　　项目法人先后成立招标领导小组和采购领导小组，作为招标和采购工作决策机构，领导招标和采购工作。招标、采购重大事项均上会研究，进行集体决策。

　　2. 代理机构库机制

　　代理机构库通过招标采购的形式建立，项目法人的招标或采购工作均由代理机构协助

进行。同时发布施行《招标代理机构库管理办法》（含考核办法），及时在每次招标采购后对各招标代理公司的服务情况进行总结评价，强化招标代理机构的退出机制。通过代理机构库考核激励，形成代理机构之间的劳动竞赛，提高其业务和服务水平，保证招标采购工作顺利开展。

3. 清标及合同谈判机制

项目法人制定固化的清标及合同谈判工作流程，在开标工作结束后，第一时间组织各招标需求部门对中标候选单位的投标文件对照招标文件认真梳理；对存在与招标文件要求不一致或商务报价存在不平衡报价等情况进行分析。根据不同情况，采取组织评标委员会复评，或在合同洽谈时要求中标候选单位进一步承诺、确认，预控在合同履约过程中加强管理、减少变更，对标后合同履约的投资控制及风险防范发挥了较为明显的作用。

4. 造价咨询单位审核机制

项目法人通过公开招标，优选全过程造价咨询公司，共选定了 6 家（每个建管处 1 家）。在招标投标阶段要求造价咨询机构配备专业技术力量对招标工程量清单、最高投标限价进行审核，借助于专业技术力量提高清单、控制价的编制质量。此外，造价咨询机构还配合对投标报价文件进行清标，也有利于保证清标的工作效果。

5. 招标文件范本化机制

项目法人组织代理机构针对该工程特点，不断总结招标经验，在主管部门颁发的招标文件标准文本或示范文本基础上，组织制定该工程招标文件示范文本，并结合现场创优、建设标准化管理等方面进行修改完善。此外，还根据招标过程中发现的问题不断修订完善。

6. 负面清单机制

项目法人制定并动态管理《招投标工作负面清单表》，通过梳理招标投标工作流程和重要节点，对照法律法规和招标投标规范，制定负面清单，持续规范和提升招标采购工作水平。

7. 招标人代表评委库机制

项目法人内部建立参与评标的招标人代表评委库，吸纳行业内资深专家进入。每次开标前根据开标项目具体特点随机抽取招标人代表参与评标评审，有效提高评标质量。

8. 招标后评估反馈机制

项目法人加强后评估体系建设，用招标和合同管理实现建设目标，以后评估提升招标和合同管理。组织招标代理机构从招标策划到定标，全程参与招标工作，要求其安排专人协助招标人收集过程资料，并对相关数据进行分析、整理，对项目的目标、执行过程、经济效益、作用和影响进行系统的、客观的分析和总结，同时结合合同履行过程中的问题和难点，以后评估为出发点，形成良性循环，提升招标和合同管理水平。

9. 信息公开机制

项目法人积极推进公开招标和招标信息公开工作。所有招标项目均发布信息公告及结果公示，每年初在项目法人网站发布招标预告公示年度招标计划，同时持续加大公示公告信息内容，强化信息公开机制。项目法人发布招标预告的这一做法已在《招标投标法》修订中明确，《中华人民共和国招标投标法（修订草案送审稿）》[以下简称《招标投标法（修订草案送审稿）》〕第十二条中明确"国家鼓励招标人发布未来一定时期内的招标计划公告，供潜在投标人知悉和进行投标准备"，可见此做法具有一定的前瞻性。

四、分析与评估

（一）与南水北调工程的比较分析

（1）监督层面的制度。相比南水北调工程，该工程多行业融于一体，在监督层面接受相应行业主管部门的监督，同时受限于非国家级主导，招标管理制度行业性、专业性较强，但制度体系庞杂。

（2）项目法人层面的制度。相比南水北调工程，该工程项目法人单一，委托建设和代建制项目数量相对较少，从而基本实现了项目法人层面的招标采购制度集中统一。

（3）工作机制。南水北调工程的九大工作机制主要为招标监管层面的工作机制。与之相比，该项目招标采购工作机制为项目法人（国有企业采购）层面的工作机制，其工作基础为严格执行国家、相应行业规定及安徽省地方公共资源交易（招标采购）规定。在合法合规的前提下，为保证招标采购质量和效果，项目法人（公司）建立了包括招标采购计划管理机制、清标及合同谈判机制、招标文件范本化机制、负面清单机制等十大工作机制。

引江济淮工程（安徽段）与南水北调工程招标采购管理制度对比见表2-2-3，招标采购工作机制对比见表2-2-4。

表2-2-3　引江济淮工程（安徽段）与南水北调工程招标采购管理制度对比表

项目	引江济淮工程（安徽段）	南水北调工程
监督层面	工程建设管理（包括招标采购管理）执行国家、行业和地方颁布施行的相关政策、法规文件。同时，安徽省政府针对该工程出台了两个重要文件，分别为《安徽省人民政府办公厅关于做好引江济淮工程建设征地拆迁工作的通知》和《安徽省引江济淮工程建设管理办法》	建立以《南水北调工程建设管理的若干意见》为核心，在规范招标投标活动、评标专家和评标专家库管理、施工招标标段划分、施工单位和监理单位信用管理、行贿犯罪档案查询和招标评标结果公示等方面重点突出的管理制度体系，各项相关招标投标管理制度达三十余个，涵盖了整个招标投标活动
项目法人（建设单位）层面	项目法人先后制定了《工程招标投标管理办法》《清标及合同谈判实施细则》《招标人代表管理办法》《招标代理机构库管理办法》《招标代理工作通病手册》《采购管理办法（试行）》《招标工作负面清单表》《招标代理机构招标投标工作要求》等专门的招标采购管理制度，并根据执行情况修订完善（包括《工程招标投标管理办法》《招标代理机构库管理办法》等），不断规范招标代理工作流程，提高招标代理工作质量。其中，《工程招标投标管理办法》和《采购管理办法（试行）》是核心制度	南水北调工程各项目法人（建设管理单位）在认真贯彻执行国家有关法律、法规和国务院南水北调办及各省（直辖市）南水北调办（建管局）有关规章制度的基础上，结合自身管理要求以及委托制、代建制项目管理特点，制定了内部招标投标管理工作制度如《南水北调江苏省境内工程招标投标工作细则》《南水北调中线干线工程建设管理局招标投标管理办法》《南水北调中线干线工程委托项目招标投标管理规定》《南水北调中线干线工程代建项目招标投标管理规定》《南水北调中线干线工程建设管理局工程运行维护项目采购管理办法》《南水北调中线干线工程建设管理局招标委员会工作规则（修订）》《南水北调中线水源有限责任公司工程建设招标管理办法》《关于新开工项目施工标段划分原则的意见》《湖北省南水北调工程建设管理局关于进一步做好招标投标工作的意见》《淮河水利委员会治淮工程建设管理局工程建设管理手册》

表 2 - 2 - 4　引江济淮工程（安徽段）与南水北调工程招标采购工作机制对比表

项目	引江济淮工程（安徽段）	南 水 北 调 工 程
招标管理工作机制	在国家、行业和地方招标采购管理规定以内的工作机制外，项目法人（采购人）构建了招标采购管理工作机制： （1）招标采购计划管理机制； （2）招标采购决策机制； （3）代理机构库建立和考核机制； （4）清标及合同谈判机制； （5）造价咨询单位审核机制； （6）招标文件范本化机制； （7）负面清单机制； （8）招标人代表评委库机制； （9）招标后评估反馈机制； （10）信息公开机制	招标监管层面的工作机制： （1）市场准入机制； （2）分标方案核准机制； （3）招标备案机制； （4）失信惩戒机制； （5）评标专家评标前培训机制； （6）全过程监督管理机制； （7）联动监督管理和稽查工作机制； （8）社会监督机制； （9）专家咨询机制
内部工作机制	引江济淮工程的招标工作在招标领导小组领导下，由合同管理部和现场建管处分工负责完成项目招标工作，合同管理部负责商务部分，现场建管处牵头负责具体项目招标，负责技术、清单和限价	南水北调主体工程建设单位的招标工作一般由计划合同部牵头负责完成项目招标工作，其他部室协助，并邀请专家委员会参与咨询指导

（二）招标采购管理制度机制的评估结论和建议

1. 评估结论

该工程招标采购管理严格执行国家、行业和地方颁布施行的相关政策、法规文件，主动接受相应行业主管部门的监督管理。同时，该工程项目法人单一，委托建设和代建制项目数量相对较少，从而基本实现了项目法人层面的招标采购集中统一，项目法人先后制定了《工程招标投标管理办法》《采购管理办法（试行）》等一系列专门的招标采购管理制度，并根据执行情况持续修订完善。在工作机制方面，在项目法人招标投标管理和国有企业采购管理层面建立招标采购计划管理机制、清标及合同谈判机制、全过程造价咨询机制、招标文件范本化机制、负面清单机制等十大工作机制。

（1）核心制度明确，该工程招标采购工作制度以《工程招标投标管理办法》和《采购管理办法（试行）》为核心。这两项制度全面具体、职责明确、程序符合要求、严密闭合、可操作性较强。

（2）配套制度基本齐全，尤其对招标代理考核有办法有细则，可操作性极强，同时出台了招标代理机构工作要求、负面清单等，有效规范了招标代理机构工作，促进其提升业务和服务水平。

（3）工作机制既有特色又行之有效。首先，通过招标方案做好招标总体部署，通过工作分解制定年度招标采购招标计划并采取措施严格执行，保证了该工程招标采购的有序开展。其次，不断总结招标采购工作过程中的经验教训，形成工作机制，逐步建立了十大机制。特别值得一提的是代理机构库建立和考核机制、清标及合同谈判机制、造价咨询单位审核机制、招标人代表评委库机制和负面清单机制。代理机构库通过招标的形式择优选择建立，并通过管理办法加强管理和考核，形成代理机构之间的劳动竞赛，提高其业务和服务水平；清标及合同谈判机制通过多方面参与对投标文件进行清标，对中标人投标文件进行全面研究，从而提前掌握中标人情况，并预控了合同风险，取得了明显的效果；造价咨询单位审核机制借助造价咨询机构专业技术力量对招标工程量清单、最高投标限价进行审核，提高清单、控制价的编制质量；内部建立参与评标的招标人代表评委库，并吸纳行业内资深专家进入，每次开标前根据开标项目具体特点随机抽取招标人代表参与评标评审，有效提高评标质量，《招标投标法》修订中也规定了可以由业内专家作为招标人代表评委；负面清单机制直面招标投标工作痛点堵点，有力规范了招标工作水平。这几项机制在国内虽偶有实施，但形成完整机制尤其在重大水利工程建设中尚未见报道。

总体而言，项目法人建立完善了企业内部招标采购管理制度体系，优化招标采购流程，推进招标采购工作集中化、标准化、规范化；建立健全企业内部招标采购管理机构，明确管理职责及与风险管理、法律事务、监察、审计等职能部门对招标采购活动的管理职责分工；建立内部法律风险防范机制，切实发挥法律管理的支撑保障作用；招标采购部门强化人员自律责任约束，提高从业人员职业素质，推进招标采购人员专业化，同时不断规范招标代理工作流程，提高招标代理工作质量，招标采购制度较为完备有效。招标采购工作机制认真执行政策法规要求，在招标采购管理上结合工作实际，大胆改革创新，优化细化工作机制，工作机制齐全有效，有力地保证了招标采购工作的顺利开展。

2. 评估建议

（1）进一步完善制度体系。该工程招标在严格遵守国家、行业和地方招标采购管理规定的基础上，项目法人（采购人）还构建了招标采购计划管理机制、招标采购决策机制、代理机构库建立和考核机制、清标及合同谈判机制、全过程造价咨询机制、招标文件范本化机制、负面清单机制、招标人代表库机制、招标后评估反馈机制、信息公开机制十大机制，但只有代理机构库建立和考核机制、清标及合同谈判机制、负面清单机制、招标人代表库机制、全过程造价咨询机制形成了制度规范，招标文件范本化机制、招标后评估反馈机制还没有制度，建议提炼上述机制的成熟做法，上升形成制度予以规范。同时，鉴于配套制度仍有所不足，尤其在一些风险防控上虽然有了负面清单，但针对性仍有不足，建议针对一些招标采购中的专项工作出台一些工作细则，比如招标调研工作、异议（质疑）处理、风险防控（包括廉政风险防控）等，不断充实招标采购制度体系。

（2）优化岗位工作职责。建议进一步提升制度制定的科学性，在制定制度前多进行调研，特别是对国内同行先进经验的调研。

（3）进一步完善工作机制。增加分标方案咨询、核准机制，优化分标方案，避免合同及工作界面争议产生；强化招标计划管理，采取任务分解和目标责任制的方式完善招标计划的执行。

第三节　招标采购代理机构评估

一、招标采购代理机构的发展与现状

招标代理机构是依法设立、受招标人委托代为组织招标采购活动并提供相关服务的社会中介组织。我国从 20 世纪 80 年代初开始在建设工程领域引入了招标投标制度，2000年的《招标投标法》、2002 年的《政府采购法》、2004 年的《机电产品国际招标投标实施办法》等一系列相关法律法规相继实施。伴随着我国市场经济的不断发展和工程建设、政府采购、国际机电产品采购等项目的开展，招标代理机构迅速地在全国范围内发展起来，形成了以提供招标代理服务为主业的服务型行业。招标代理服务行业的发展历程可以概括为四个阶段。

（1）产生阶段。20 世纪 80 年代，随着改革开放和利用外资项目的增多，政府对于招标投标的研究也逐步深入，推出了各项政策，《建筑安装工程招标投标试行办法》《关于改革建筑业和基本建设管理体制若干问题的暂行规定》《建筑工程招标投标暂行规定》等相继出台；1984 年成立的中国技术进出口总公司国际金融组织和外国政府贷款项目招标公司（后改为中技国际招标公司）是中国第一家招标代理机构，自此，招标代理机构在国内正式产生。

（2）资质管理阶段。随着《招标投标法》的颁布实施和我国招标投标事业整体蓬勃发展，招标代理作为一个新兴行业也实现了快速扩张，从业机构数量、人员和业务规模总体呈现增加态势，招标代理行业亟须规范和加强管理。1996 年国家经贸委出台了《机电设备招标机构资格管理暂行办法》，2005 年财政部公布了《政府采购代理机构资格认定办法》，2006 年建设部发布了《工程建设项目招标代理机构资格认定办法》，2012 年国家发展改革委公布了《中央投资项目招标代理资格管理办法》等行政许可，这也进一步把招标代理机构划分为机电产品国际招标代理、政府采购代理、工程招标代理、中央投资项目招标代理等。

（3）无资质管理阶段。2014 年 8 月，全国人大常委会会议表决通过《政府采购法》修正案，取消政府采购代理机构的资格认定；2017 年 12 月，全国人大常委会会议审议通过《招标投标法》修订意见，取消了招标代理机构的资格认定，招标采购代理机构资质全部取消，招标代理行业进入无资质管理时期。财政部、住建部、国家发展改革委等相继取消、废止相关招标采购资格认定，行业管理由原来的事前事中监管步入事中事后监管。根据中国招标投标协会 2018 年的不完全统计，与以往其他类别招标采购代理资质放开后市场呈现的演进趋势类似，工程招标代理资格许可取消后，在参与对比的 11 个省份中，仅有 2 个省份出现代理机构数量略有减少的情况，大部分省份则大幅增长，平均增幅高达 60％。在整体营收规模和利润水平趋于下调的背景下，工程招标代理市场竞争程度更趋白热化。总体来看，市场容量逐渐趋于饱和，服务供给出现过剩、技术手段和实施成本趋于透明、从业众多和价格竞争激烈、平均利润水平进入下行空间等市场特征的显现，以简单程序化业务为主的传统招标代理业务已提前进入衰退期。

（4）变革阶段。招标代理行业经历较长时间的发展后，已进入更为开放和动荡的新阶段。在传统市场日渐萎缩、替代产品和技术持续冲击、市场竞争不断加剧等各种因素叠加下，招标代理行业必将进入变革期。围绕招标投标活动，新需求、新技术、新模式的不断涌现，传统的招标代理服务的运营模式需要在变更中创新，才能使行业永葆青春，充满活力，才不至于被淘汰出局。为了顺应这场变革，未来代理机构的发展之路概括为以下 3 点。

1）以自身优势为基础，坚持走专业化、差异化发展的道路。随着市场竞争的加剧，招标代理机构逐步地由重程序轻专业的低层次的程序式服务、会务式服务，向以依法合规为根基，重专业、高价值的高层次的技术咨询服务转变。随着优胜劣汰的基本市场价值规律逐步发挥更大的作用，只有那些注重诚信和自身能力提高，并在服务领域、专业知识、信息资源、技术手段等方面具备比较优势的代理机构才更有机会在激烈的市场竞争中脱颖而出。

2）招标代理业务与第三方交易系统的融合发展。随着电子招标投标应用范围的不断推广和深入，第三方招标投标交易系统陆续建设和投入运营，部分实力较强的代理机构也加入其中。电子交易系统除完成开标评标过程外，不断向信息挖掘、智能决策、金融服务等延伸，其服务边界和能力的显著提升，开创了全新的商业模式。电子招标投标交易系统的建设运营，"互联网＋招标投标"的深度融合，无疑延长了招标代理行业的生命周期，为此应全面提升信息化水平，加快信息化进程，重视业务向电子化转型，实现业务和信息技术的充分融合，探索招标采购数字化转型服务实践路径，努力创造专业化、个性化、精准化和规范化的招标采购交易服务。

3）向全过程工程咨询服务转型升级。全过程咨询服务模式得到国家大力扶持和广泛推行，招标代理机构也应以招标采购环节为核心，向前延伸至工程前期咨询、工程造价，向后延伸至合同管理、绩效评价和后评价等业务领域，实现业务多元化发展，向项目管理全生命周期业务链条上下游延伸拓展，从单项服务供给向综合性、跨阶段、一体化的咨询服务供给转变，迎接全过程咨询服务带来的机遇和挑战。

二、招标代理机构的选择

招标采购是一项专业性较强的工作，有完整的程序步骤，环节较多，组织复杂。招标人往往受限于自身专业力量不足，难以满足自行招标法定备案条件的要求，或出于提高效率、规范行为、降低风险等目的，倾向于采用委托招标的方式。招标代理机构在人员能力和招标投标经验方面有招标人无法比拟的条件，国际上越来越多的大型招标投标项目的招标投标工作由招标代理机构代行；另外，从社会分工细化、相互监督的角度考虑，委托第三方专业机构承办招标采购有利于规范采购程序，有利于杜绝腐败的发生。

鉴于该工程招标采购的复杂性，结合招标人自身情况，该工程同样采用委托招标的组织形式，依据《招标投标法》第十二条第一款的规定，招标人有权自行选择招标代理机构，委托其办理招标事宜。该工程招标代理机构先后两次以招标方式产生，并组建招标代理机构库。

（一）引江济淮项目控制性工程招标代理机构的选择

1. 资格要求

在2015年6月开展的"引江济淮项目控制性工程招标代理服务"招标项目中，针对招标代理机构的资质、业绩、项目负责人资格及项目组人员组成，提出了以下主要要求。

（1）资质要求，具有有效的中央投资项目招标代理甲级和工程招标代理甲级资质。招标代理机构资质要求的主要依据是，《招标投标法》第十四条"从事工程建设项目招标代理业务的招标代理机构，其资格由国务院或者省、自治区、直辖市人民政府的建设行政主管部门认定。具体办法由国务院建设行政主管部门会同国务院有关部门制定。从事其他招标代理业务的招标代理机构，其资格认定的主管部门由国务院规定"（2017年已修订删除本条）。结合本项目投资规模及资金来源，依据《工程建设项目招标代理机构资格认定办法》（建设部令第 154 号）（2018 年 3 月 8 日废止）和《中央投资项目招标代理资格管理办法》（国家发展改革委令第 13 号）（2017 年 12 月 28 日已取消资质），招标代理机构资质要求具有中央投资项目招标代理甲级和工程招标代理甲级资质。

（2）业绩要求，近三年具有中央投资项目或水利水电项目招标代理业绩。

（3）项目负责人要求，具有中级及以上职称和招标师执业资格。

（4）项目组人员要求，除项目负责人外，需具有招标师 2 人、注册造价师 1 人。项目负责人和项目组人员的资格设置主要依据是《招标投标法实施条例》第十二条"招标代理机构应当拥有一定数量的取得招标职业资格的专业人员。取得招标职业资格的具体办法由国务院人力资源社会保障部门会同国务院发展改革部门制定"（2017 年已修订）和《招标师职业资格制度暂行规定》（人社部发〔2013〕19 号）（2016 年 6 月已取消）。

2. 评审标准及结果

招标代理机构的选择采用综合评估法，选择 4 家招标代理机构入围承担引江济淮项目控制性工程招标代理服务，综合评审包括商务标评审（报价评审）、单位实力、项目组织机构、招标方案及相关措施等内容，评标委员会推荐总得分大于 60 分（其中商务标得分不得低于 20 分）为招标代理服务入围单位。入围单位分别为安徽安兆工程技术咨询服务有限公司、安徽省招标集团股份有限公司、安徽省技术进出口股份有限公司和安徽中技工程咨询有限公司。

（二）项目法人招标代理机构选择

1. 资格要求

2018 年 3 月开展的"安徽省引江济淮集团有限公司招标代理服务"项目采用公开招标方式，针对招标代理机构须具备业绩及项目负责人资格做出相应要求。

（1）业绩要求，近 5 年至少具有 1 个单标段（包）中标（成交）金额不少于人民币 1 亿元的水利项目或公路项目招标代理业绩。

（2）项目负责人要求，具有高级及以上职称，具有注册造价工程师或招标师资格，近 5 年至少在一个"类似水利项目"或"类似公路项目"中担任过项目负责人，应为本单位人员且不得为退休人员。

2. 评审标准及结果

采用综合评估法选择入库招标代理机构，综合评审包括报价评审、企业荣誉、代理业绩、项目负责人及项目实施机构人员、现场述标、招标方案及相关措施等内容，按照有效投标人综合总得分由高到低进行排序，依次排出前 6 名中标候选人（技术资信得分未达到42 分的不被推荐为中标候选人）。最终入围的单位为安徽安兆工程技术咨询服务有限公司、安徽省招标集团股份有限公司、安徽安天利信工程管理股份有限公司、安徽省公路工程建设监理有限责任公司、安徽中技工程咨询有限公司。

（三）结论

两次选择招标代理机构的选择方式与评审标准符合项目开展和实际情况需要。首先，从招标代理机构选择方式看，通过招标方式竞争择优确定招标采购服务入围单位，获得了更为优质的专业服务，也有效降低了招标代理服务支出。其次，从招标代理机构评审标准

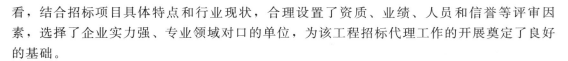

看，结合招标项目具体特点和行业现状，合理设置了资质、业绩、人员和信誉等评审因素，选择了企业实力强、专业领域对口的单位，为该工程招标代理工作的开展奠定了良好的基础。

三、代理合同的主要内容

作为招标代理机构，取得招标人的委托，订立招标委托代理合同是从事招标代理工作的前提，按照合同做好招标代理工作是招标代理机构的职责和义务。订立招标代理合同是一项法律行为，《招标投标法》第十五条规定"招标代理机构应当在招标人委托的范围内办理招标事宜，并遵守本法关于招标人的规定"，《招标投标法实施条例》第十四条规定"招标人应当与被委托的招标代理机构签订书面委托合同，合同约定的收费标准应当符合国家有关规定"。

（一）合同主要条款及评估结论

该工程项目招标代理合同采用《建设工程招标代理合同》（GF－2005－0215），其中《通用条款》全文引用，合同专用条款主要约定了招标代理工作的具体范围和内容、受托人应按约定的时间和要求完成的主要工作及双方违约的具体责任等；并在补充条款中载明了委托人将制定《安徽省引江济淮集团有限公司招标代理机构库管理暂行办法》，受托人应按照管理办法的相关要求执行；另以附件《招标文件编制质量措施》明确了招标文件编制的具体要求。

该工程招标代理服务合同，保障了该工程招标工作合法有序地开展，维护了双方的合法权益。

（二）对完善代理合同的建议

现阶段制定工程招标代理合同主要有3个方面的参考和依据：①建设部和国家工商行政管理总局出版的《建设工程招标代理合同》（GF－2005－0215）；②由中国招标投标协会、中国标准化研究院起草的《招标代理服务规范》，规范对招标代理委托合同的编制提出了基本要求并给出了招标代理服务内容；③2021年1月1日生效的《民法典》中的代理的基本原则和二十三章委托合同，由于《民法典》实施不久，相关理论研究尚需进一步深入。

1. 引入《招标代理服务规范》中与时俱进的相关条款

依据目前正在实施的代理服务合同，建议按照《招标代理服务规范》相关内容，作出进一步的约定或在后期招标代理服务合同中完善合同条款。随着电子招标投标的快速发展，原合同中对电子招标投标的相关事项未做约定，建议明确实施电子招标投标的范围和使用的电子交易平台等。另外，可补充要求代理机构定期开展自我评价，以持续提高招标代理服务质量。

2. 依据《民法典》解读委托代理双方责任

《民法典》自2021年1月1日起施行，《中华人民共和国民法总则》（以下简称《民法总则》)、《中华人民共和国民法通则》（以下简称《民法通则》)和《中华人民共和国合同法》（以下简称《合同法》)同时废止，招标代理委托合同的法律依据变更为《民法典》。因此，应当依据《民法典》对招标代理活动和行为进行认知，看是否符合《民法典》的相关要求。

从当前招标代理机构的实践习惯来看，代理机构都会和招标人签订代理委托合同，但招标人一般并不签发授权书，招标代理活动并不是直接代理行为，而是间接代理行为。所谓间接代理，是指代理人以自己的名义从事民事法律行为，并符合《民法典》关于间接代理构成要件的代理，它是与直接代理相对应的，《民法典》当中继承了《合同法》这一规定，将间接代理纳入了分则的特别规则委托合同章节当中，招标代理行业的代理符合《民法典》第九百二十五条（即《合同法》第四百零二条）的规定，应当属于间接代理，应当按照《民法典》第二十三章委托合同进行规范。招标代理机构签订委托代理合同后，所有的招标工作都是以自己的名义进行的。根据《招标代理服务规范》，所有重要招标工作程序中均有经招标人审核确认的环节，招标工作的各项内容须经过招标人认可后方可继续进行。

经比较，《民法典》代理部分和《民法总则》代理部分内容相同，实际上，《民法总则》就是《民法典》的总则编，规定了民事活动的基本原则和一般规定；《民法典》基本上继承了《民法通则》和《合同法》的内容，变化不大，《民法典》代理部分和《民法通则》比较变化稍大些，委托合同部分在《民法典》中较《合同法》变化较小。

《民法典》的修改更为严谨准确，适用范围更广，比如《民法典》第一百六十七条规定"代理人知道或者应当知道代理事项违法仍然实施代理行为，或者被代理人知道或者应当知道代理人的代理行为违法未做反对表示的，被代理人和代理人应当承担连带责任"；《民法通则》第六十七条规定"代理人知道被委托代理的事项违法仍然进行代理活动的，或者被代理人知道代理人的代理行为违法不表示反对的，由被代理人和代理人负连带责任"。原来的规定是"知道某事"要承担责任，现在增加"应当知道"也要承担责任，这与原来条文相比，在概念上和证据取得上就发生了重大变化，加大了当事人的法律责任。

综上，无论作为被代理人的招标人还是作为代理人的招标代理机构，双方均应知法守规，相互监督，共同维护三公原则；责任面前不推诿、不扯皮，真正形成利益共同体；作为咨询机构更应当"敢言、真言和实言"，真正为委托方提供过硬的专业服务和政策咨询。

四、对代理机构的管理与考核

（一）管理与考核的必要性和作用

新的宏观环境下，招标投标行业整体形势有了新变化，行政管理色彩逐渐淡化，投资建设模式创新取得突破性进展，新的市场需求和活力逐步显现，招标人对招标代理机构的评价标准、技术要求和综合能力等方面提出了新期望和新要求。招标作为建设工程发包的重要制度，招标代理机构在其中起到了纽带作用，科学合理规范的招标采购代理工作管理机制是招标采购质量的重要保障，面对日益严格的稽查、审计对招标成果的高质量要求，加强招标代理机构的管理工作，严格把控招标工作质量，从而充分体现招标人在招标工作中的职责。招标代理机构考核是招标代理机构管理的关键环节，是对招标代理机构业务能力评价的主要依据，理论上具有指导、激励、监督、评价和管理的功能，有利于规范招标代理机构的从业行为，提高项目招标工作质量。招标代理行业进入无资质管理时期后，行业管理由原来的事前事中监管转为事中事后监管，招标人对招标代理机构的管理与考核显得更为重要，是促进招标代理行业向健康与可持续发展的重要一环。

招标代理工作包含从招标准备到协助合同签订等多个环节，尤其在招标文件（含招标公告）发布、开评标工作及定标等环节具有较为严格的不可逆性，通过对招标代理工作的管理和招标代理机构的考核，可以规范招标投标工作，加强过程管控，规范招标代理机构的从业行为，提升招标代理服务专业水平，维护招标投标各方的合法权益，保证项目招标采购质量，也是招标人关于招标投标工作内控管理制度的重要内容。

（二）制定的管理与考核办法

为规范该工程招标投标管理工作，项目法人相继印发了《工程招标投标管理办法》、《招标代理机构库管理办法》（含附件《引江济淮工程招标代理机构考核办法》）、《招标代理机构招投标工作要求》、《招投标工作负面清单表》等多项制度，对招标代理机构库的建立和管理、招标代理机构招投标工作要求及负面清单作出了详细约定，对该工程招标投标工作的有序开展起到至关重要的作用。

（1）招标代理机构库的管理。依据《代理机构库管理办法》，项目法人通过招标方式，选择招标代理机构，建立招标代理机构库。充分运用考核机制，择优分配招标代理业务，并规定了暂停项目委托和清除出库的情形，有效地实现了对招标代理机构库的动态管理，使管理有章可循、有规可依。

（2）加强对入库招标代理机构的考核。作为《代理机构库管理办法》配套制度，同步印发了《引江济淮工程招标代理机构考核办法》。考核内容包括招标代理机构的业务能力、服务意识和工作纪律、档案管理、合理化建议等，由项目法人合同管理部和各建管处（或需求部门）、质量安全管理部、建设管理部、招标人代表对招标代理机构在具体项目招标代理活动中所承担的项目进行评价，考核周期按一个季度进行打分，季度考核评分70分以下（不含70分）的为不合格，考核结果应用到下一季度的任务分配中，对代理机构起到了督促和激励作用。

（3）招标流程及招标质量的管理。为进一步贯彻落实招标投标有关法规标准和稽查、审计相关要求，依据《招标代理服务规范》等有关标准，项目法人不断加强招标采购内控制度建设，通过对招标代理工作的梳理及招标工作中发现的问题及不足，及时出台、修订、健全了对代理机构的管理的相关制度。《招标代理机构招投标工作要求》建立了规范化的工作流程，通过对招标准备、招标、开标前准备、开评标及公示等各环节的实施标准和要求作出了明确的约定，合理有效地规范了招标投标工作，对招标代理机构工作的开展起到了指导和约束的作用。《招投标工作负面清单表》则是对招标工作及稽查审计中发现的问题进行反思和总结，明确问题阶段、问题类型、具体事项，分析典型案例，提出改进措施，明示在招标文件编制、开评标等阶段的"禁区"，使招标质量得到进一步的保障。

（三）对管理与考核办法的建议

对代理机构的管理与考核对于提高招标工作质量发挥了重要的作用，需继续加强对代理机构的管理：①针对代理机构团队结构相对简单、三级复核不足、市场调研广度、深度不够等问题，加强督促检查，促其持续改进；②对招标采购工作人员进行表彰评优，激励增强责任心和荣誉感，提高工作能力和水平；③进一步完善招标代理考核机制，对履约情况好、在招标采购上做出突出成绩，尤其在创新招标采购模式方面做出贡献的代理机构进行表彰评优，在反向激励的同时，充分运用好正向激励，真正形成利益共同体；④随着招标投标有关法律法规、标准规范的不断颁布、修订，特别是《招标投标法》即将作出重大调整，招标人需要首先识别关于招标、投标相关的规定，结合自身实际及招标项目特征，行之有效地持续改进对招标代理机构管理办法，在制定管理制度、办法时，要注意严格把控其合规性，以免造成隐患和风险。

五、评估结论和建议

（一）评估结论

招标代理机构作为招标活动的重要一方，在招投标工作中起到了关键的纽带作用。只有招标人和招标代理机构共同努力，真正形成利益共同体，方能保证招标采购工作的顺利开展，更好地满足该工程的建设需要。

对于该工程招标采购工作而言，招标代理机构发挥了规范招标投标活动、提高招标投标效率等积极的作用，保障了招标投标工作有序地开展，与此同时，委托招标代理在很大程度上起到节约招标成本、提高招标工作效能的作用，主要表现为以下 4 个方面。

（1）该工程投资规模大、工程技术复杂、社会关注度高，且涉及水利、交通、市政等多个行业，招标工作更是高度繁杂。招标代理机构作为专业的招标中介服务组织，熟悉国家、地方招标有关的法律法规及规章制度，具备专业的代理人员，能够综合运用在以往招标项目的经验和教训，在项目招标工作的开展和实施过程中，能够编制优质的招标文件和提供规范的招标流程，使得各项工作顺利开展得到较好的保障。

（2）该工程招标代理机构库内的代理机构综合能力均较强，而且各有特长，在水利、公路等行业有一定的行业优势，这一点在整个招标过程中也得到了验证，其行业的专业能力得到了发挥和体现，并且与行业主管部门保持了高效沟通。

（3）有些代理公司还参与了行业标准、规范、范本的编制，对政策前沿把握得较为精准，为招标人提供了专业理论方面的技术支撑。

（4）部分代理公司自建自营了电子交易平台，有些还作为行业推荐，随着电子招标投标的深入开展，以电子交易平台为依托，为该工程开发具有个性化和大数据统计分析功能的专区，势必会进一步提升招标的规范化、时效性，进而发挥智能辅助决策的功能。

（二）评估建议

招标代理工作存在如下不足：①项目团队结构相对简单，有些项目组对于电子招标投标实操熟练程度不够，电子招标投标应急处理能力欠缺；②三级复核形式大于实质，效果欠佳，主要表现在招标文件编制质量把控、澄清及修改通知、信息公示等环节；③市场情况调查力度有所不足，信息整合能力欠缺，市场调研的广度、深度及准确度仍有待提高；④代理机构之间尚缺乏主动的沟通交流，过程中分享经验教训不够，未能形成有效合力攻坚克难；⑤在为招标人提供增值服务方面缺乏主动性和创新性，以招标采购环节为核心，向工程前期咨询、合同管理、绩效评价和后评价等环节延伸的开拓意识和服务意识不强。对于发现的问题、暴露的短板，需要认真总结，吸取教训，在今后的工作中持续不断地改进。

针对以上不足，为进一步规范招标代理从业行为，提升招标代理服务专业水平，更好地维护招标投标各方的合法权益，保证该工程招标质量，提出以下建议：①在电子招标投标政策理论方面的研究需要不断提升，电子招标投标交易系统操作的技能尚需改进；②需要从合同管理的角度，统筹考虑各建管处及各招标批次之前相关条款的一致性；③针对不同的调研对象，制定有针对性的市场调研的流程、方式、内容；④定期召开座谈会、研讨会，互相借鉴和取长补短，发挥各自专长解决重点、难点问题；⑤需将企业的转型升级融入项目实践，为委托方提供全方位的咨询服务。

第四节　招标采购监督评估

招标采购监督体制属于建设管理体制的重要组成部分，集团公司非招标采购的内容不属于依法必须招标的工程建设内容，因其为国有企业，采购监督主要依据企业内部规章制度而进行的内部监督机制，在本章第一节和第二节已进行评估，不再赘述。本节主要对工程招标投标监督进行评估。

一、招标投标监督管理

（一）招标投标监督的由来

根据《国务院办公厅印发国务院有关部门实施招标投标活动行政监督的职责分工意见的通知》，对于招标投标过程的监督执法，分别由有关行政主管部门负责并受理投标人和其他利害关系人的投诉。也就是说，住房城乡建设、水利、交通运输、工业信息、商务等行业和产业项目的招标投标活动的监督执法，分别由其行政主管部门负责。住房城乡建设行政主管部门负责房屋和市政工程项目的招标投标活动的监督执法；其他项目招标投标活动的监督执法，分别由相关行业行政主管部门负责；国家发展改革委负责组织国家重大建设项目稽查特派员，对国家重大建设项目的工程招标投标活动进行监督检查。

（二）工程招标投标监督的法律法规体系

1. 工程招标投标监督的法律依据

工程建设招标投标监督管理的依据是与招标投标有关的整个法律、法规体系，其中最基本的是《招标投标法》。该法第七条规定"招标投标活动及其当事人应当接受依法实施的监督。有关行政监督部门依法对招标投标活动实施监督，依法查处招标投标活动中的违法行为。对招标投标活动的行政监督及有关部门的具体职权划分，由国务院规定"，明确了工程建设招标投标监督的分工和职责。

2. 工程招标投标的法律法规体系

法律法规包括三个层次。第一层次是全国人大及其常委会制定的招标投标管理法律，如《招标投标法》《建筑法》；第二层次是由国务院颁布的招标投标行政法规以及有立法权的地方人大颁布的地方性招标投标管理法规；第三层次是由国务院有关部门颁发的有关招标投标的部门管理规章，以及由地方人民政府颁布的地方性招标投标管理规章，如安徽省政府发布的《安徽省公共资源交易监督管理办法》。

《招标投标法》规定了招标、投标、开标、评标和中标及法律责任等基本原则，各部委、地方政府的法规、规章则针对工程建设招标投标的实施涉及众多的领域和环节，以及各自的特点等制定具体实施细则，使招标投标各个环节都有法可依。如《工程建设项目施工招标投标办法》《工程建设项目勘察设计招标投标办法》《工程建设项目招标投标活动投诉处理办法》《评标委员会和评标方法暂行规定》等，这些法律、法规或规章规定了招标投标活动中不同类型、领域和环节应遵循的基本原则，是在实践中不断建立起来的制度、规范，它们构成了我国目前招标投标法律制度的基本框架体系。

（三）工程招标投标的监督体系

在招标投标法律制度体系中，对于当事人监督、行政监督、司法监督、社会监督都有具体规定，构成了招标投标活动的监督体系。

1. 当事人监督

指招标投标活动当事人的监督。招标投标活动当事人包括招标人、投标人、招标代理机构等，由于当事人直接参与，并且与招标投标活动有直接利害关系，因此，当事人监督往往最积极，最深切，是行政监督和司法监督的重要基础。《工程建设项目招标投标活动投诉处理办法》具体规定了投标人和其他利害关系人的投诉及有关行政监督部门处理投诉的要求，这种投诉就是当事人监督的重要方式。

2. 行政监督

行政机关对招标投标活动的监督，是招标投标活动监督体系的重要组成部分。依法规范和监督市场行为，维护国家利益、社会公共利益和当事人的合法权益，是市场经济条件下政府的重要职能。《招标投标法》第七条规定，有关行政监督部门依法对招标投标活动实施监督，依法查处招标投标活动中的违法行为。

3. 司法监督

指国家司法机关对招标投标活动的监督。《招标投标法》具体规定了招标投标活动当事人的权利和义务，同时也规定了有关违法行为的法律责任。如招标投标活动当事人认为招标投标活动存在违反法律、法规、规章规定的行为，可以起诉，由法院依法追究有关责任人的法律责任。

4. 社会监督

社会监督指除招标投标活动当事人以外的社会公众的监督。"公开、公平、公正"原则之一的公开原则就是要求招标投标活动必须向社会透明，以方便社会公众的监督。任何单位和个人认为招标投标活动违反招标投标法律、法规、规章时，都可以向有关行政监督部门举报，由有关行政监督部门依法调查处理。因此，社会公众、社会舆论及新闻媒体对招标投标活动的监督是一种第三方监督，在现代信息公开的社会发挥着越来越重要的作用。

（四）招标投标行政监督

招标投标监督中最为常见的是行政监督。

1. 招标投标行政监督

招标投标的行政监督是指法律授权的有关行政监督部门，依法在职责范围内对招标投标活动及当事人遵守招标投标法律、法规，执行招标投标行政命令等情况进行检查、监督，对招标投标活动中的违纪违法行为进行依法查处的行政行为。

招标投标行政监督必须坚持"有法可依、有法必依、执法必严"的原则。监督执法必须依法实施才能使法律被真正贯彻执行。招标投标行政监督必须依法实施是"依法行政"原则的要求，是行政合法性原则的要求。行政合法性原则要求行政机关的监督执法行为不仅要合乎行政实体法，也要合乎行政程序法。其内容主要包括以下3个方面：①行政监督执法职权必须基于法律的授予才能存在，也就是要求行政主体必须在其法定的权限内行使职权。②行政监督执法职权必须依据法律行使，这是合法性原则为行政主体设定的一项义务或职责，职权和职责是统一的，相互依存的。滥用职权、不依法行使职权、放弃应尽的职责都要承担相应的行政责任。③行政授权，行政委托必须有法律依据，符合法律程序，不得违反法律要旨。

2. 行政监督方式

招标投标行政监督的方式主要包括监督检查、接受备案审查、监督处罚，招标投标监督处罚一般为"不符合，责令改正"或"按招标投标法第××条处理"。

3. 行政监督主要内容

对招标投标全过程实施监督，包括对招标准备工作的监督、对资格审查（含预审和后审）的监督、对发售招标文件的监督、对标底（如有）编制过程的监督、对开标的监督、对评标的监督、对定标的监督和对异议处理的监督和进行投诉处理。

二、引江济淮工程（安徽段）的招标投标监督

（一）招标投标监督主体

该工程招标投标监督管理主体包括安徽省水利厅、交通运输部水运局、安徽省交通运输厅、合肥市公共资源交易监督管理局。此外，在《安徽省引江济淮工程建设管理办法》未发布即项目建设管理体制未明确前，前期招标项目主要由安徽省发展改革委实施监督；还有一些行业交叉招标项目由不同监督机构共同监督的情况和一些委托建设项目由当地（合肥市以外的其他设区市）监督的情况。

1. 安徽省水利厅

安徽省水利厅主要负责该工程水利部分的招标项目的监督管理，截至目前已招标项目共162项。

2. 交通运输部水运局

交通运输部水运局负责该工程水运（航道）部分的招标项目的监督管理，截至目前已招标项目共27项。

3. 安徽省交通运输厅

安徽省交通运输厅主要负责该工程跨渠交通桥梁招标项目的监督管理，截至目前已招标项目共9项。

4. 合肥市公共资源交易监督管理局

合肥市公共资源交易监督管理局主要负责该工程跨渠市政桥梁及房屋建筑的招标项目监督管理，截至目前已招标项目共27项。

5. 安徽省发展改革委

安徽省发展改革委为招标投标综合监督管理部门，在《安徽省引江济淮工程建设管理办法》未发布即项目建设管理体制未明确前，前期招标项目主要由安徽省发展改革委实施

监督，截至目前已招标项目11项。

6. 其他监督机构

主要包括一些行业交叉即由不同监督机构共同监督的情况和一些委托建设项目由当地（合肥市以外的其他设区市）监督的情况，截至目前行业交叉由不同监督机构共同监督的已招标项目11项，委托建设项目由当地（合肥市以外的其他设区市）监督的已招标项目4项。招标项目监督分布见表2-4-1和图2-4-1。

表 2-4-1 招标项目监督分布表

招标监督部门	数量/个	数量占比/%	概算/万元	概算占比/%	控制价/万元	签约合同价/万元
安徽省水利厅	162	64.54	2659906.50	56.58	2434118.19	2090364.44
交通运输部水运局	27	10.76	714724.14	15.20	693665.58	627929.34
安徽省交通运输厅	9	3.59	9026.00	0.19	8677.00	7110.82
合肥市公共资源交易监督管理局	27	10.76	556180.72	11.83	544698.03	496235.85
安徽省发展改革委	11	4.38	75190.00	1.60	58899.64	50542.77
安徽省水利厅、合肥市交通运输局	6	2.39	283946.80	6.04	245938.83	220360.83
安徽省水利厅、安庆市交通运输局	3	1.20	274220.00	5.83	225798.70	192693.82
安徽省水利厅、交通运输部水运局	2	0.80	6180.00	0.13	5460.00	4871.32
淮南市公共资源交易监督管理局	4	1.59	121695.00	2.59	107298.57	100333.88
合计	251		4701069.16		4324554.55	3790443.08

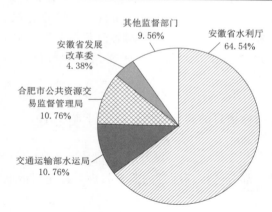

图 2-4-1 招标项目监督分布图

值得一提的是，根据《安徽省引江济淮工程建设管理办法》，安徽省发展改革委会同有关单位对工程实施稽查工作，省审计主管部门负责工程建设全过程审计监督管理并进行跟踪审计。在稽查、审计过程中，安徽省发展改革委和安徽省审计厅也履行了一定行政监督职能。

（二）招标投标监督职责

1. 安徽省水利厅

安徽省水利厅主要依据《安徽省水利工程建设项目招标投标监督管理办法》实施监督。其主要职责是：

（1）负责组织、指导、监督全省水利行业贯彻执行有关招标投标的法律、法规、规章和政策。

（2）依照有关法律、法规和规章，制定地方水利工程建设项目招标投标的管理办法。

（3）负责省本级水利工程建设项目招标投标活动的行政监督，受理相关投诉，依法查处违法违规行为。

（4）负责省综合评标评审专家库水利行业评标专家的资格初审、行业培训，并依法监督管理省本级水利工程建设项目中评标专家的评标评审活动。

（5）建立省水利建设市场信用信息平台，发布水利建设市场主体信用信息，并与省公共资源交易监管平台互联互通。

（6）监督管理日常工作。

需要备案的内容如下：

（1）**招标备案：**招标人填写《安徽省水利工程招标投标备案及入场交易申请表》；提供招标报告〔招标已具备的条件、招标方式、招标组织形式、分标方案、招标计划安排、交易场所、投标人资质（资格）条件、评标方法、评标委员会组建方案及开标、评标的工作具体安排等〕，项目审批、核准复印件，委托代理招标合同和招标代理机构资质证书复印件以及招标公告（或资格预审公告或投标邀请书）和招标文件（或资格预审文件）。

（2）**招标投标情况的书面报告，**内容包括：招标公告、招标文件、中标人的投标文件、评标评审报告、中标公示、中标通知书等。

（3）书面合同副本。

2. 交通运输部水运局

交通运输部水运局主要依据《水运工程建设项目招标投标管理办法》和《水运建设市场监督管理办法》（交通运输部令 2016 年第 74 号）实施监督。根据上述规定招标人需要进行备案的内容有：资格预审文件和招标文件、资格预审审查结果、招标投标情况书面报告、邀请招标的招标文件、不再招标或谈判确定中标人谈判情况报告。

3. 安徽省交通运输厅

安徽省交通运输厅主要依据《安徽省公路水运工程建设项目招标投标管理办法》实施监督。

4. 合肥市公共资源交易监督管理局

合肥市公共资源交易监督管理局主要依据《合肥市公共资源交易管理条例》（2019 年 9 月 27 日安徽省第十三届人民代表大会常务委员会第十二次会议通过）和《合肥市公共资源交易管理条例实施细则》（合政秘〔2020〕12 号）实施监督。其主要职责如下：

（1）制定公共资源交易工作程序和管理规定。

（2）推动公共资源交易全过程信息公开。

（3）监督公共资源交易中心的工作。

（4）受理公共资源交易中的投诉，查处公共资源交易中的违法行为。

（5）实施公共资源交易信用管理和联合奖惩。

（6）法律、法规规定的其他职责。

公共资源交易文件实行事先登记备查，对登记后的交易文件采取定期抽查与随机抽查相结合形式进行监督检查。

（三）引江济淮工程（安徽段）招投标监督实施

1. 电子监管平台监督

信息化手段是目前较好的招标投标监管手段，招标投标活动合法性、合规性、有效性的监管都依赖于信息平台内提供的各项数据资源。目前安徽省已基本形成了"一体化、多部门联动"的管理机制和电子监管平台，招标投标监管工作依托这一电子监管平台对招标投标各个环节进行监督管理。

2. 招标投标合法性、合规性监管

该工程初步设计已由水利部、交通运输部以《关于引江济淮工程安徽段初步设计报告的批复》（水许可决〔2017〕19 号）予以批复，项目合法合规性毋庸置疑，对招标投标活动合法性、合规性的监管主要针对招标投标程序的合法、合规性进行审查。《招标投标法》及相关部门规章、地方性法规规章均对工程招标投标的程序做了严格规定，招标投标程序包括投标邀请、投标人资格预审、招标文件澄清、编制投标文件及提交、开标、评标（含投标文件澄清）和中标等。该工程行政监督部门主要依据这些规定通过招标备案、现场监督、听取汇报、发出监督指示等多种监管手段对招标投标程序的合法、合规性实施监督。

3. 招标投标有效性监管

招标投标有效性监管是指通过一系列监管手段对招标投标活动各个阶段的实际完成效果进行全过程事前、事中、事后效果监管。

（1）事前效果监管。主要是招标投标准备阶段的效果监管，包括招标条件、招标方式、招标范围、招标程序、各参与主体资格、资格审查材料等方面的效果监管。该工程行政监督部门主要通过招标备案材料的审核进行此项监督。

（2）事中效果监管。主要是招标投标实施阶段和定标阶段的效果监管，包括资格预审文件、招标公告或投标邀请书、招标文件、招标控制价、投标保证金、施工组织设计文件、投标报价计算、评标方式、评标文件等方面的效果监管。该工程行政监督部门主要通过相关文件备案材料的审核、开评标现场监督、查看监控等手段进行此项监督。

（3）事后效果监管。主要是招标投标合同履行阶段的效果监管，包括工程变更、合同主要条款变更、竣工验收、合同纠纷等方面的效果监管。该工程行政监督部门主要通过合同备案、现场检查等手段进行此项监督。

4. 区分监管对象实施监督

（1）对招标人和招标代理机构的监管。当前招标投标市场仍然为"买方"市场，招标人在市场中占据主导地位，自主权利大，容易利用手中的权力发生腐败行为，所以对招标人的监管尤为必要。招标代理机构作为受招标单位委托，根据招标单位的要求编制招标文件并进行后续评标活动的中介组织机构。对招标代理机构的监管同样必不可少。该工程行政监督部门通过信用监管、接受相关资料备案、现场监督、日常工作汇报沟通、接受投诉举报等方式对其加强监管，要求其严守法律法规及其程序。

（2）对投标人的监管。通过有序市场竞争选择最优投标单位为中标人进行工程项目建设，是推行招标投标制度的重要目标。在招标投标活动过程中，如果投标人不严格约束并控制自身行为使其规范，加之监管部门的监管工作不到位，极有可能引发工程质量安全问题。因此，对投标人工作的监管是招标投标监管工作的重点。该工程行政监督部门通过信用监管、现场监督、接受投诉举报等方式对其加强监管。

（3）对评标专家的监管。评标是招标投标活动的重要环节，评标是否公平、公开、公正进行直接关系到中标人的确定，关系到合同的实施。作为参与评标方法、程序、标准执行的主体，评标专家在选择优秀中标人的过程中发挥着关键作用，因此对评标专家的监管显得非常重要。该工程行政监督部门通过现场监督、专家库管理、接受投诉举报等方式对其进行监管。

5. 区分监管阶段加强监督

监管工作实施"事前、事中、事后"全过程监管，具体包括招标准备、招标实施、定标、合同履行 4 个阶段。

（1）招标准备阶段。招标单位发布招标公告前，需要做一系列前期准备工作。准备工作越充分、细致，整个招标投标工作越会顺利开展。该工程行政监督部门主要通过招标备案材料的审核进行此项监督。

（2）招标实施阶段。从发布招标公告开始，到投标截止日期为止，需要进行招标实施工作。实施工作是招标投标监管的主要内容，应针对招标实施阶段的关键环节进行核查。该工程行政监督部门主要通过相关文件备案进行审核等方式进行此项监督。

（3）定标阶段。在最终确定中标人前，需要通过开标、评标、定标这三个定标环节。在相关部门的监督下，招标人在规定期限内通知所有投标人参加开标活动，进行评标、定标办法的宣读，投标文件、补充函件的启封，投标文件主要内容的公布等相关事项，从而择优确定中标人。该工程行政监督部门主要通过开评标现场监督、查看监控、投诉举报受理调查、接受招标投标情况报告备案等手段进行此项监督。

（4）合同履行阶段。确定中标人后，应监督投标人的合同履约情况，包括合同签订、合同执行情况等的检查。合同履行的好坏直接关系到招标投标活动的最终效果，选择中标人只是招标投标活动的一个环节，中标人是否按合同条款要求完成具体工作内容显得更为重要。该工程行政监督部门主要通过合同备案、现场监督检查、工程建设稽查、工程全过程跟踪审计等手段进行此项监督。

6. 明确重点监管内容

监管内容包括招标人和招标代理机构、投标人、评标专家在招标投标活动各阶段信用、资格、报表、合同、文件、变更、行为等系列内容。

（1）在招标准备阶段，鉴于该工程均进行委托招标，监管部门通过接受招标备案、听取汇报等方式对招标代理机构所进行的招标投标准备阶段的行为活动进行监督管理。

（2）在招标实施阶段，监管部门对招标人和招标代理机构编制的资格预审文件、招标公告、招标文件进行监督审查，对投标人编制的施工组织设计文件、投标报价文件、评标专家编制的评标报告进行审核，一般采取备案、抽查的方式进行审查审核。

（3）在定标阶段，监管部门对招标人和招标代理机构在评标环节的处理、合同签订是否与投标文件一致、是否按要求备案等方面加强监督管理，对投标人和招标人签订的合同协议书内容重点是合同协议条款进行审核，一般采取备案、抽查的方式进行审查审核。

（4）在合同履行阶段，监管部门应对招标人和招标代理机构是否完成合同变更备案进行确认，主要包括工程变更备案、合同条款变更备案，同时应监督其与投标单位间合同纠纷的解决情况，即招标投标双方是否有效履行合同验收、合同变更，一般采取合同备案、现场检查、信用监管等手段加强监管。

（四）引江济淮工程（安徽段）接受情况

项目法人安徽省引江济淮集团有限公司主动接受各方监督，积极配合行政监督部门的工作。

1. 当事人监督

（1）投标人的监督。该工程招标过程中投标人监督渠道畅通。招标人（招标代理机构）严格按照相关规定进行异议处理。在异议处理过程中，认真调查，核实异议内容，并组织专家咨询和原评标委员会委员进行评审，根据法律法规、调查核实情况、专家咨询意见和评委复审意见认真回复异议，得到投标人、行政监管部门、公共资源交易中心等有关方面的一致认可。同时，行政监督部门按照相关规定严肃认真地进行投诉处理。异议、投诉处理的具体情况详见第七章。

（2）招标代理机构的监督。招标人重视发挥招标代理机构作用，听取代理机构的合理化建议，每年召开总结会议、建立 QQ 群和微信群，畅通沟通渠道。

（3）评标专家的监督。招标人（代理机构）通过每次招标的总结收集评标专家意见，对其合理化意见建议予以采纳。

2. 行政监督

招标人（招标代理机构）主动接受并积极配合行政监督。

（1）严格按照招标项目的项目功能情况区分行政监督部门（安徽省水利厅、交通运输部水运局、安徽省交通运输厅、合肥市公共资源交易监督管理局），认真准备并积极报送备案材料。

（2）加强沟通协调，对招标投标过程的重大事项主动汇报沟通。

（3）认真落实贯彻监督意见，对需要整改的积极整改落实。

（4）认真配合投诉、举报处理，积极提供相关资料。

（5）主动接受、积极配合接受工程建设稽查、工程全过程跟踪审计的监督。

招标人（招标代理机构）的招标工作得到了上述监督部门的一致认可和高度评价，这一点在本次评估的访谈中已得到证实。

3. 司法监督

该工程招标工作严格按照法律法规的规定组织，在招标立项、招标策划和调研、招标文件编制、审查、备案、答疑、开评标、定标等各个环节实行规范化、标准化运作，同时加强人员的管理和规范代理人员的执业纪律，取得了良好效果，自 2015 年 6 月开始招标采购以来，尚未因招标投标发生诉讼案件。

4. 社会监督

（1）招标人（招标代理机构）严格按照"公开、公平、公正"原则组织招标，持续加大信息公开力度，招标投标活动重要事项向社会透明，主动发布年度招标预告，不断加大公示公告内容范围，以方便社会公众的监督。

（2）积极参加行业协会的行业自律活动。集团公司已加入安徽省招标投标协会企业招标采购专业委员会、中国水利学会调水专业委员会以及安徽省水利学会，多次参加行业协会组织的培训和考核，积极主动接受行业协会的监督。

（3）加大宣传力度，营造良好舆论环境。该工程开始以来建立门户网站、积极发布重大事项，如在招标投标方面主动发布年度招标预告，风清气正的作风营造了良好的舆论环境。

三、评估结论和建议

（一）评估结论

（1）该工程招标监督体制根据项目建设管理体制和现行招标投标管理体制框架建立，监督体系健全；行政监督机构、职责明确，行业专业性强，起到了明显的行业指导协调和监督管理作用，对招标采购文件、评标评审、异议投诉均按规定进行审核和处理，取得了很好的效果，有力保障了工程招标投标的顺利开展。

（2）该工程招标监督机制结合安徽公共资源交易机制的实际建立，监督方法和监督手段较为符合工作实际，达到了预期目的。

（3）该工程主动接受各方监督，完善监督体系，主动接受并积极配合行政监督，为招标投标工作的顺利开展奠定了坚实基础。

1）重视发挥代理机构和评标专家的作用，收集并吸纳其合理化建议，同时依法合规进行异议处理，积极配合进行投诉及举报处理。

2）加强汇报及沟通，认真准备并积极报送备案材料，落实贯彻监督意见，积极提供相关资料并汇报情况，配合进行投诉处理。

3）严格按照"公开、公平、公正"的原则组织招标，持续加大信息公开力度，接受社会公众的监督；积极参加行业协会的行业自律活动，接受行业协会的监督；不断加大宣传力度，营造良好舆论环境。

4）主动接受、积极配合接受工程建设稽查、工程全过程跟踪审计的监督，持续规范和改进招标采购工作。

（二）评估建议

（1）加强顶层设计，优化监督体制机制。由于该工程多行业融于一体的特殊性，招标采购接受有关行业的行政监督，由于各行业主管部门在制定本系统的具体管理规章时，各有侧重，导致在一些交叉或多重性的工程，在招标投标的具体操作时，需要多方协调；同时在一些具体的工作环节存在不同尺度、不同规则的情况。建议加强顶层设计，适当精简监督部门，在全国范围内整合专家库资源。

（2）推进电子监管系统对接。目前，安徽省"一体化、多部门联动"的电子监管平台尚未与公共资源交易公共服务系统和电子交易系统对接，建议相关行政监督部门进一步整合电子招标投标平台，完善招标投标"一站式"办公系统、计算机辅助评标系统，并与履约监管信息系统对接，打造一体化招标投标电子平台，实现与项目管理、企业管理、质量安全监管、施工许可、行政处罚等信息的有机串联和互动；实现资格预审文件、招标文件的网上传输和无纸化办公，方便办事主体，降低行政成本和社会成本；实现与招标代理机构负责人、经办人制度的衔接，为监督检查对招标代理机构的管理提供信息支持；实现与投诉、信访的衔接，使投诉处理在网上实现对投诉、信访项目资料的调阅等；实现与履约监管系统的衔接，确保全部招标投标信息能最终流入履约管理系统；实现查询、统计报表生成等功能：实现整个招标投标管理信息系统与建筑市场监管平台的衔接、互通。

（3）加强对评标专家和评标活动的管理和监督，进一步提高评标质量。建议国家层面逐步对现有专家库进行整合，组建国家统一的评标专家库，实现评标专家库的"扩容"。同时，加强对评标专家的培训、考核、评价和档案管理，强化评标专家的动态管理，严明评标纪律，对评标专家在评标活动中的违法违规行为，予以严肃查处。建议对一些社会影响较大的项目、招标中存在异议和投诉的项目及有代表性的专业项目组织资深专家（含评标专家）实施评标后评估，通过后评估规范招标投标各方特别是评标专家的行为。

（4）开展智慧监管，丰富监督手段，尤其要充分利用大数据等先进技术，通过大数据分析，加强事中事后监管。建议有关监督部门充分运用公共资源交易电子服务系统、电子交易系统、电子监管系统，实现交易信息全过程全流程记录、实时交互，确保招标投标交易信息来源可溯、去向可查。充分运用云计算、大数据等现代化信息技术手段，对招标投标活动进行实时监测，为招标投标监管提供有力保障。同时，利用大数据分析系统对平台沉淀的海量数据进行地区性、历史性和横向、纵向分析，实现对招标投标主体异常行为的研判，使招标投标由现场监管向电子化在线监管转变，由静态监管向全流程动态监管转变，由被动监管向大数据分析应用的主动监管转变，实现智慧监管。

（5）继续健全招标投标信用制度，实施全方位信用监管，完善"守信激励、失信惩戒"机制。建议有关监督部门通过电子招标投标系统互联互通，共享招标投标数据，为建立以信用为核心的全方位监管机制奠定了基础。通过招标投标大数据进行智能分析，识别具有不良行为投标人与评标专家，并将其拒之门外，让失信行为无处遁形，使失信单位与个人"一处受罚，处处受限"真正能够实现并落实。同时，综合投标单位的业绩、履约情况、获奖情况、从业人员、不良行为和良好行为记录等基本信息，对投标企业信息状况进行评分，并建立完善"中标后评估"制度，从而提高招标投标的整体效能。

（6）进一步加大信息公开力度，充分发挥当事人监督和社会监督作用。该工程招标投标工作具有涉及各方主体众多、资金投入巨大、社会影响广泛等特点，社会关注度高，建议项目法人引入行业协会监督，充分利用社会监督的力量，定期征求各方意见看法，畅通监督渠道。将招标投标全过程不涉及商业机密的信息向公众公示，进一步扩大招标采购信息的公开范围和透明程度。

第五节　电子招标投标应用评估

一、电子招标投标概述

（一）基本概念

《电子招标投标办法》规定：电子招标投标活动是指以数据电文形式，依托电子招标投标系统完成的全部或者部分招标投标交易、公共服务和行政监督活动。电子招标投标系统根据功能的不同，分为交易平台、公共服务平台和行政监督平台。

交易平台是以数据电文形式完成招标投标交易活动的信息平台；公共服务平台是满足交易平台之间信息交换、资源共享需要，并为市场主体、行政监督部门和社会公众提供信息服务的信息平台；行政监督平台是行政监督部门和监察机关在线监督电子招标投标活动的信息平台。

（二）国内外的电子招标投标情况

1. 国外电子招标投标情况

电子招标投标在国外实行较早，20 世纪 90 年代，日本已经探索出了电子招标投标的运行模式，并在"电子日本战略"中将这种探索作为重要的组成部分。同时，加拿大、美国、韩国等国政府也在大力发展电子招标投标，世界银行、亚洲开发银行等国际金融组织已经制定了适用于其贷款项目的电子招标投标规则。电子招标投标被普遍应用到政府采购和建筑工程行业中，部分国家根据自己的实际情况进行了调整，强化了法律制度建设，使之更加符合本身的发展现状。

2. 我国电子招标投标的发展历程

我国电子招标投标发展相对较晚，从 20 世纪 90 年代末开始初步探索，经过持续发展电子招标投标已从早期的网上发布招标公告、公示中标结果，逐步发展到整个招标投标过程全部实现电子化，同时引入互联网的思维和手段，提出了"互联网＋"招标采购，实现了服务业与实体经济的深度结合。我国电子招标投标的整个发展历程，可以概括为 3 个阶段。

（1）探索和研究阶段（1990—2012 年）。1999 年，外经贸纺织品被动配额招标中，通过中国国际电子商务网接收电子标书，我国首次使用电子招标投标方式。2001 年，商务部所属中国国际招标网率先开始运营针对机电产品国际招标采购的电子化运作系统，主要业务流程实现了在线操作，开启了我国电子招标平台先河，随后，世界银行和亚洲开发银行项目、外国政府贷款项目招标采购也采用电子招标投标方式。2007 年，四川省采用电子评标系统进行评标。2008 年 4 月，国内首个建设工程远程评标系统在苏州开通，并于 2009 年 7 月 1 日起在江苏全省推行。2008 年 12 月，宝华招标公司自主研发成功国内首个全流程网上招标平台，并顺利完成首个"网络设备及相关技术服务项目"网上招标，该项目的实施标志着全国第一个网上全流程招标投标项目的诞生。2009 年 3 月，北京市出台了《北京市建筑工程电子化招标投标实施细则（试行）》，规范了工程电子招标投标活动。2011 年发布的《招标投标法实施条例》，明确提出鼓励利用信息网络进行电子招标投标。

（2）试点和深化试点阶段（2013—2016 年）。2013 年国家发展改革委等八部委发布了《电子招标投标办法》及《电子招标投标系统技术规范》，制订了电子招标投标行为及电子招标投标交易平台开发建设、运营维护的基本规范，是电子招标投标的纲领性文件，为电子招标投标活动提供了制度保障，同年 7 月为做好贯彻实施工作，《关于做好〈电子招标投标办法〉贯彻实施工作的指导意见》配套出台。随后，为有效推动电子招标投标工作，国家发展改革委会同有关部门于 2015 年和 2016 年先后发布了《关于扎实开展国家电子招标投标试点工作的通知》和《关于深入开展 2016 年国家电子招标投标试点工作的通知》，试点工作全面开展期间，发展改革委批准深圳作为国家首个电子招标投标创新试点城市，成为创新示范点。

（3）全面推广阶段（2017 年以后）。2017 年 1 月 1 日，全国公共资源交易平台正式上线运行，成功构筑了纵横贯通的全国公共资源交易"一张网"，平台从依托有形场所向以电子化平台为主转变。2017 年 2 月，六部委联合发布了《"互联网＋"招标采购行动方案（2017—2019 年）》，方案中主要任务明确了需要推进交易平台建设，积极引导社会资本按照市场化方向建设运营电子招标投标交易平台，满足不同行业电子招标采购需求，推行依法必须招标项目全流程电子化招标采购；明确了交易平台的作用，交易平台应当以在线完成招标投标全部交易过程为目标，逐步消除电子采购与纸质采购并存的"双轨制"现象。方案规划了招标采购与互联网深度融合发展的时间表和路线图，提出了分年度建立完善制度标准和平台体系架构，各类信息平台互联互通、资源共享，实现招标投标行业向信息化、智能化转型。2019 年 5 月，国务院转发国家发展改革委《关于深化公共资源交易平台整合共享的指导意见》，要求到 2020 年，各级公共资源交易平台电子化交易全面实施。2020 年疫情发生后，财政部和国家发展改革委相继发布《关于疫情防控期间开展政府采购活动有关事项的通知》（财办库〔2020〕29 号）和《关于积极应对疫情创新做好招投标工作保障经济平稳运行的通知》（发改电〔2020〕170 号），要求尽快在各行业领域全面推广电子招标投标。业界单位积极响应，纷纷启动或加快推进电子招标投标工作。

（三）水利工程电子招标投标发展现状和展望

从全国范围看，电子招标投标在水利工程的应用相较于房建和市政工程有所滞后。安徽省电子招标投标起步于 2011 年，合肥、芜湖、池州等地在全省先行先试，电子化、专业化程度较高。依据《安徽省招标投标行业发展报告（2020）》相关统计，安徽省各市公共资源交易中心全流程电子化交易率平均达到 90％以上。水利行业受制于无电子招标文件示范文本及电子清标工具，导致相应进程有所滞缓。2019 年由水利部淮河水利委员会和安徽省水利厅共同推动的"水利部淮河水利委员会·安徽省水利厅电子交易平台"率先对安徽省水利厅六类电子招标文件示范文本进行了开发并成功应用，推进了安徽省水利工程电子招标投标的进程。

随着全国电子招标投标的发展已臻于成熟，特别是房建和市政工程项目已由综合推广向精细化实操和外延服务转变，水利工程电子招标投标需要以行业特点为考量，建立健全水利工程电子招标制度体系和配套标准。同时发挥第三方交易平台的作用，相关主管部门应助推具有行业特色的专业化第三方电子交易平台的建设和发展，利用市场活力促进电子招标投标向更高层级发展。

二、该工程应用电子招标投标情况

（一）电子招标投标应用的基本情况

截至 2021 年，该工程招标已实施进场和非进场交易项目 271 项，其中采用电子招标投标（指全流程电子招标投标，下同）的共 64 项，电子招标投标率为 23.62％，该工程采用电子招标投标项目年度汇总见表 2-5-1，该工程采用电子招标投标项目年度比例趋势见图 2-5-1。

表 2-5-1   该工程采用电子招标投标项目年度汇总表

年度	标段数量/个	采用电子招标投标标段数量/个	电子招标投标的比例/％
2015	2	0	0.00
2016	7	0	0.00
2017	33	1	3.03

续表

年度	标段数量/个	采用电子招标投标标段数量/个	电子招标投标的比例/%
2018	78	0	0.00
2019	79	1	1.30
2020	71	59	83.10
2021	3	3	100.00
合计	273	64	23.44

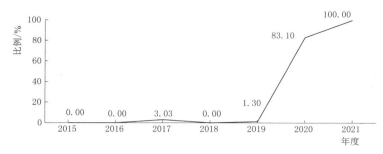

图 2-5-1 该工程采用电子招标投标项目年度比例趋势图

该工程电子招标投标的实行主要以疫情为分水岭,在疫情发生以前,以纸质招标投标模式为主,电子招标投标为辅,随着国家及安徽省大力推广电子招标投标以及疫情的实际需要,自 2020 年 3 月以来,已基本采用电子招标投标形式。

为该工程进行招标代理服务的五家单位,其代理项目的电子招标投标率为 13%～32%,总体较为均衡,该工程招标代理机构采用电子招标投标项目汇总见表 2-5-2。

表 2-5-2 该工程招标代理机构采用电子招标投标项目汇总表

代理机构	代理项目标段数量/个	采用电子招标投标标段数量/个	电子招标投标的比例/%
代理机构 1	108	15	13.89
代理机构 2	78	23	29.49
代理机构 3	27	8	29.63
代理机构 4	19	6	31.58
代理机构 5	39	12	30.77
合计	271	64	23.62

(二) 电子招标投标率不高的原因分析

该工程整体电子招标投标使用率不高,究其原因,大致可归纳为以下几点。

1. 交易系统的制约

交易系统往往对于房建市政行业的适应性较强,对于其他行业尤其是水利、水运等行业缺乏较为针对性的开发建设,加之交易系统逐步推行市场化建设后,政府逐步弱化了对交易系统的投入,而市场化建设的交易平台也未能够及时补充到位,在一定程度上影响了全流程电子招标投标的开展,在很长一段时间出现了电子采购与纸质采购并存的"双轨制"现象。

2. 招标模式的定向延续

引江济淮试验工程总承包作为该工程的第一个招标项目，于2015年年末正式启动招标工作，当时全国处于电子招标投标的试点阶段，该项目采用的是纸质招标投标方式。2017年起，国家全面推广电子招标投标，而该工程的招标模式和习惯已经形成，加之该工程招标项目复杂，前后招标批次之间连贯性较强，各方交易主体也适应了纸质招标投标的模式，直至疫情发生后，电子招标投标才开始全面启用。

3. 电子清标的制约

电子招标投标的核心内容之一是能够实现"电子清标"，尤其是对该工程而言，工程量清单有时多达上千项，在评标期间清标工作耗费的时间较多且容易出错，在稽查审计通报问题中，清单的评审错误较为突出。一直以来水利、水运、公路行业电子清标工具均没有上线，无论是前期的纸质招标投标，还是现在的电子招标投标，均无法实现电子清标，无法有效解决这一难题，所以，对于招标人来说，目前的电子招标投标吸引力不够，其主动应用的意愿不强。

三、评估结论与建议

电子招标投标作为招标投标行业发展的核心，在提升管理能力、发挥运营效率、打破信息盲区、防止越权办事、开展实时监督、保证市场秩序等方面均能够发挥积极的作用，同时实行电子招标投标还可以有效促进招标投标制度的进一步改革、创新和健康发展；促进招标投标行业的技术结构调整，提升行业的职业素质、服务水平和服务价值，具有显著的经济、社会和政治效益。根据本项目评估问卷调查反馈结果，潜在投标人对电子招标投标的效益认可度高，大多也接受过此方面的培训，自身具备良好的应用条件，对实际应用支持率高。同时，实行电子招标投标也能更好地满足该工程各类审计、巡视、稽查的实际工作需要。

（一）评估结论

总体而言，招标人在推行电子招标投标方面作出了很多努力，比如加强了电子招标投标风险防范和问题应对措施，确保不同招标文件同样环节或内容的统一性，有效保障电子招标投标的顺利开展。特别是疫情发生后，更是克服了很多实际困难，积极响应国家疫情防控的有关要求，和地方公共资源交易中心密切配合、联合保障，全面推行电子招标投标，起到了示范作用。

（二）评估建议

（1）提高电子招标投标的使用能力。以疫情为拐点，该工程电子招标投标在短时间内从应急启用到全面运用，招标人和招标代理机构熟悉电子招标投标流程操作的人员不足，电子招标投标应急处理能力不强，应对招标人、招标代理机构和项目经办人尤其是参加评标的招标人代表，开展有针对性的电子招标投标培训，提升相应水平。

（2）选择专业的电子交易平台。该工程后续项目在实行电子招标投标中要充分运用电子清标、在线述标、电子档案一键归档、远程全时监控、远程合同签署、远程在线培训等功能，充分发挥其经济效益和社会效益。上述功能都需要借助专业的电子交易平台方可实现，招标人可充分调研第三方电子交易平台建设运营情况，从专业化、市场化、社会评价及特色服务等方面择优选取。

（3）统一示范文本中电子招标投标的条款。在制定范本时，按照进场交易的相关规则要求，进一步规范和统一各行业、各类型项目电子招标投标的相关规则，减少差异性带来的执行上的不必要的争议。

（4）发挥电子交易平台的智能辅助决策功能。鉴于该工程的特性，其标后基础数据的统计和分析耗时耗力，效率不高且隐形数据价值难以提炼，不利于管理者科学决策。随着电子招标投标的不断深入开展，大数据、区块链、人工智能、移动互联、BIM 等新技术的赋能，电子交易系统向信息挖掘、智能决策等方面不断延伸，建议招标人在所使用的电子交易系统可以增设引江济淮个性化专区，发挥电子交易平台的智能辅助决策功能，同时探索将电子交易系统中招标投标的相关数据资料与招标人内部管理系统相对接，以降本增效，释放管理活力。

（5）助推电子招标投标的发展。该工程是国家实施淮河治理的重大战略工程，是安徽省的重大生态工程和重大惠民工程，意义重大，对全省乃至全国水利工程的发展影响深远。作为项目法人的集团公司，其相关举措在行业内也会衍生出带动效益，建议进一步提高全流程电子招标投标的运用，尽快引入电子清标功能和智能辅助决策，助推电子招标投标的高质量发展，发挥示范引领作用。

第三章 工程类项目招标投标过程评估

为规范进行该工程招标投标过程评估，本次参照国家标准《招标代理服务规范》所规定的招标投标流程对招标准备、招标投标、开标评标与定标、合同签订开展评估。其中，编制招标方案、招标公告发布、现场踏勘组织、投标预备会召开、投标保证金收取、投标文件的接收、评标委员会组建、中标结果公示、合同签订等内容在该工程各类招标投标中类似，只在本章第二节进行详细评估，本章其他节及第四章、第五章不再赘述。

第一节 工程类项目招标投标总体情况

一、基本情况

截至目前，该工程共计完成 73 个工程类项目招标工作，概算 4059161.18 万元，累计中标金额 3268403.24 万元，降幅金额 790757.94 万元，降幅率 19.48%。工程类项目招标情况汇总见表 3-1-1。

表 3-1-1　　　　　　　　工程类项目招标情况汇总表

类　　别	标段数量/个	概算/万元	中标金额/万元	降幅金额/万元	降幅率/%
水利施工（含水利＋公路、水利＋水运）	34	2881475.97	2247157.12	634318.85	22.01
交通施工（包括水运、公路）	18	596981.70	527561.43	69420.27	11.63
市政施工	5	416001.82	362961.17	53040.65	12.75
其他施工	9	20650.62	17380.96	3269.67	15.83
工程总承包	7	144051.07	113342.56	30708.51	21.32
合计	73	4059161.18	3268403.24	790757.94	19.48

二、招标计划完成情况

该工程初步设计于 2017 年 9 月批复，本节仅对 2018—2020 年的年度招标计划完成情况进行分析评估。该工程 2018—2020 年工程类项目招标完成概算 3604032.22 万元，完成招标项目数量 64 个。

（1）2018 年度招标完成概算 2243643.34 万元，较计划超出 122804.34 万元，超出 5.79%；招标数量 24 个，较计划增加 3 个，增加 14.29%。

（2）2019 年度招标完成概算 906062.98 万元，较计划超出 1746.67 万元，超出 0.19％；招标数量 20 个，较计划增加 1 个，增加 5.26％。

（3）2020 年度招标完成概算 454325.90 万元，较计划超出 40980.66 万元，超出 9.91％；招标数量 20 个，较计划增加 3 个，增加 17.65％。年度计划目标均顺利实现，尤其 2020 年受新冠肺炎疫情影响仍超额完成，招标计划执行效果显著。

年度招标计划和完成情况对比见表 3-1-2、图 3-1-1 和图 3-1-2。

表 3-1-2　　　　　　　　年度招标计划和完成情况对比表

年度	招 标 计 划		完 成 情 况			
	数量/个	概算/万元	数量/个	概算/万元	最高投标限价/万元	中标金额/万元
2018	21	2120839.00	24	2243643.34	2018349.93	1768039.68
2019	19	904316.31	20	906062.98	869112.38	758947.67
2020	17	413345.24	20	454325.90	450564.00	409722.39
合计	57	3438500.55	64	3604032.22	3338026.31	2936709.74

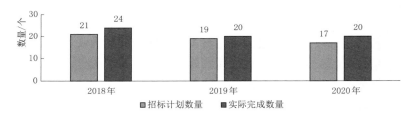

图 3-1-1　年度招标计划和完成数量对比图

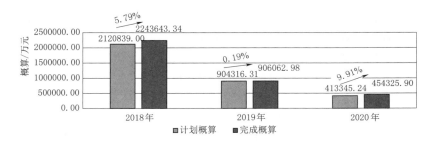

图 3-1-2　年度招标计划和完成概算对比图

第二节　水利类工程施工项目招标投标过程评估

一、基本情况

截至目前，该工程累计完成 34 个水利施工项目（含水利＋公路、水利＋水运）招标工作，概算 2881475.97 万元，累计中标金额 2247157.12 万元，降幅金额 634318.85 万元，降幅率 22.01％。水利类工程施工项目招标情况见表 3-2-1。

表 3 - 2 - 1　　　　　　　　　　水利类工程施工项目招标情况一览表

年度	标段数量/个	概算/万元	中标金额/万元	降幅金额/万元	降幅率/%
2016	1	14100.00	9137.92	4962.08	35.19
2017	6	384932.96	285463.98	99468.98	25.84
2018	18	1943818.50	1523129.48	420689.02	21.64
2019	7	513009.51	404050.55	108958.96	21.24
2020	2	25615.00	25375.19	239.81	0.94
合计	34	2881475.97	2247157.12	634318.85	22.01

二、招标准备

（一）招标方案

该工程招标准备阶段很重要的一项工作是编制招标方案，包括总体招标方案和每（批）次招标的具体项目招标方案。

1. 招标方案的主要内容

招标方案是以招标项目技术经济等各方面特点为基础，根据相关招标投标法律法规、行业管理规定编制的招标项目的实施目标、方式、计划与措施。该工程招标项目的招标方案主要内容包括项目概况、标段划分和招标范围、招标方式、发包模式、招标组织形式、招标计划安排、投标人资格条件、评标方法、合同主要条款、评标委员会组建方案、市场调研情况、主要问题分析和措施等。

2. 招标方案的编制和审查

（1）工程总体招标方案的编制。项目法人于 2016 年 10 月组织编制完成了《引江济淮工程（安徽段）招标方案》，包括概述，工程招标范围、标段划分和投标资格，工程招标方式、方法，工程招标评审办法，组建评标委员会，工程招标工作目标和计划，工程招标工作分解，工程招标方案的实施措施，以及工程合同主要条款要求，共 9 部分内容。

（2）具体招标项目招标方案的编制。具体招标项目立项后，按照项目法人管理招标代理机构的有关规定确定招标代理机构，要求招标代理机构认真分析招标项目的特点和需求，在开展市场调研的基础上，统筹考虑招标项目的竞争性和择优性，对项目招标乃至实施阶段可能存在问题进行分析预测，制定有针对性的措施，合理拟定投标人资格条件、评标办法和合同主要条款等，编制招标方案。合同管理部组织对招标方案进行审查，招标需求部门、各职能部门、招标代理机构、设计单位等参加，必要时还邀请业内专家参加审查。招标方案经审查后提交招标领导小组会议决策，会上由招标代理机构向招标领导小组汇报招标方案主要内容和市场调研情况，会议根据相关意见形成会议纪要，由招标代理机构根据纪要内容，做进一步修改完善直至审查通过。

3. 招标方案的作用

（1）进行招标策划。该工程招标通过编制招标方案做好招标策划。在编制招标方案的过程中，通过对招标项目的特点和需求的分析，同时认真开展市场调研，明确招标目标，从而对项目招标的重点难点加强把控，保证项目招标的顺利进行。

（2）制定工作依据。审查通过的招标方案作为开展招标工作的依据。

（3）进行招标备案。根据《安徽省水利工程建设项目招标投标监督管理办法》规定，公开招标的水利工程建设项目，招标人应当向招标行政监督部门完成招标备案后，再到相关公共资源交易中心办理招标投标登记，开展招标投标活动。招标人在开展招标备案工作时，需要编写招标项目的招标报告，招标报告的内容应包括招标项目已具备的条件、招标方式、招标组织形式、分标方案、招标计划安排、交易场所、投标人资质（资格）条件、评标方法、评标委员会组建方案以及开标、评标的工作具体安排等。所编制的招标方案涵盖了上述要求内容，根据审查通过的招标方案编写招标报告进行招标备案。

（二）标段划分

该工程是一项综合性的工程，线路长，建筑物多，且涉及多行业交叉，招标人在标段划分时主要区分大型建筑物和河道工程，同时综合考虑了行业交叉等问题。已完成招标工作的水利类工程施工项目共计 34 个，具体标段划分如下。

（1）根据主要建设内容划分：河道、堤防工程标段 23 个；泵站、节制闸、倒虹吸、渡槽等水工建筑物标段 9 个；管道供水工程标段 2 个。

（2）根据所涉行业划分：同时涉及水利和公路的标段 10 个；同时涉及水利和水运的标段 1 个；同时涉及水利、公路及水运的标段 1 个；仅涉及水利的标段 22 个。

（3）根据概算划分：1 亿元（含）以下，1 个标段；1 亿～5 亿元（含），14 个标段；5 亿～10 亿元（含），4 个标段；10 亿～20 亿元（含），14 个标段；20 亿元以上，1 个标段。

水利类工程施工项目标段划分见表 3-2-2。

表 3-2-2　　　　　　　　水利类工程施工项目标段划分一览表

序号	主要建设内容	涉及行业	金额范围/元	标段数量/个
1	河道工程	水利	1 亿～5 亿（含）	4
			5 亿～10 亿（含）	3
			10 亿～20 亿（含）	7
		水利＋公路	1 亿～5 亿（含）	3
			5 亿～10 亿（含）	1
			10 亿～20 亿（含）	4
			20 亿（含）以上	1
2	建筑物工程	水利	0.5 亿～1 亿（含）	1
			1 亿～5 亿（含）	5
		水利＋公路	10 亿～20 亿（含）	1
		水利＋水运	10 亿～20 亿（含）	1
		水利＋公路＋水运	10 亿～20 亿（含）	1
3	管道供水工程	水利	1 亿～5 亿（含）	2
合计				34

（三）市场调研

开展市场调研工作是实现本项目招标目标的重要保障。在该工程招标工作中，招标人（招标代理机构）经过不断总结、完善，逐步建立了系统规范的市场调研工作程序和有效的工作方法。在具体项目招标过程中，将该项措施贯彻落实到招标准备及招标文件编制全过程，通过查询公开发布的招标信息和企业信息及直接向相关单位问询调研，了解相关单位的资质、业绩及人员情况，搜集类似项目信息并分析其所属行业特点，研究类似项目资格条件、评标办法等，提出项目招标风险及对策，为科学制定资格条件、评标办法等提供了重要的参考依据。该工程为跨流域大型引调水工程，规模为大（1）型，工程等别为Ⅰ等，招标项目标的额大、复杂程度高，加之南水北调工程招标时间距今已有一段时间，在国内同等体量和技术难度的工程项目招标投标公开发布的信息量有限，市场调研需要在广度和深度上加大。

在水利类工程项目市场调研中，主要分为河道工程、建筑物工程、管道供水工程3类进行。

（1）河道工程项目，主要对1亿元及以上的水利水电工程或5000万元及以上的河道堤防工程或含5000万元及以上土石方工程的施工项目进行了调研；标段范围含跨河桥梁的对同等规模的桥梁工程施工项目进行了调研；标段范围含船闸工程的对同等规模的船闸工程施工项目进行了调研。

（2）建筑物工程项目，对同等规模的节制闸、泵站或单项签约合同价1亿元及以上的水利水电建筑物工程施工项目进行了调研。

（3）管道供水工程项目，对类似泵站及同等管径的供水管道安装工程进行了调研分析。

（四）招标设计

根据国家及行业有关规定，水利工程设计包括初步设计、招标设计及施工图设计，对于重大项目和技术复杂项目，可根据需要增加技术设计。水利工程招标设计阶段是为满足工程招标采购和签订合同的需要，深化、细化、优化完善设计成果的阶段，是在批准的初步设计或可行性研究报告的基础上，将确定的工程设计方案进一步具体化，详细定出总体布置和各建筑物的轮廓尺寸、标高、材料类型、工艺要求和技术要求等。其设计深度要求做到可以根据招标设计图较准确地计算出各种建筑材料如水泥、砂石料、木材、钢材等的规格、品种和数量，混凝土浇筑、土石方填筑和各类开挖、回填的工程量，各类机械、电气和永久设备的安装工程量等，以满足招标及签订合同的需要。可以说，其成果的深度与准确性对招标采购工作的成败起着关键性作用。根据该工程勘察设计合同，设计单位在招标设计阶段的主要工作包括：编制招标设计文件（含设计变更说明、工程量与投资对比清单及相关说明等）、编制招标文件技术条款、提供招标图纸、工程量清单及最高投标限价等。因此，对于该工程而言，设计单位在招标准备阶段发挥着重要作用，利用其专业性及对项目的了解，能够提供更为合理、准确的技术条款、工程量清单及最高投标限价等，提高招标采购的可靠性，降低施工阶段变更的发生概率。

该工程初步设计于2017年9月28日由水利部、交通运输部联合批复。为完成投资计划，初步设计批复后即进入大规模招标，设计单位需要努力进行招标设计，之后又需要在抓紧进行招标设计的同时对已开工项目进行施工图设计，因此，该工程设计时间紧、任务重特点极为明显。设计单位为此调集人力物力单独成立专门项目组，开辟专门场所进行设计工作，以努力满足招标和工程施工需要，在许多技术复杂的标段工程还组织了联合评审会对招标文件技术条款等进行质量把关，努力保证招标设计质量，总体满足了招标采购工作需要。但由于该工程规模大、工程技术复杂、涉及多行业交叉，且设计单位为四家设计单位联合体，协调工作量大，尤其时间特别紧、任务集中、招标设计成果存在一些不足，在本次评估调研（包括访谈和问卷调查）及招标澄清修改情况均有所体现。

（1）访谈中相关单位认为招标图纸、技术标准、清单控制价成果文件进度、质量总体较好，但招标图纸深度不够，清单准确度尚有待提高，与交通、市政项目相比，水利项目招标图纸深度偏低。招标文件技术条款和图纸要求存在少量不一致，应加强技术标准、工程量清单、合同条款要求的整体性和一致性。

（2）在问卷调查中认为施工招标图纸"完整准确"的占比为65%，认为"较完整准确"的占比为35%；认为工程量清单"完整准确"的占比为54%，认为"较完整准确"的占比为44%；认为技术条款"完整准确"的占比为60%，"较完整准确"的占比为36%。

（3）在水利类项目的招标项目中，发布关于图纸澄清修改通知的项目占11.8%，发布关于工程量清单澄清修改通知的项目占50%，发布关于技术条款澄清修改通知的项目占47.2%。

建议后续招标工作中，招标人加强与设计单位及造价咨询单位等各方沟通，合理安排工作计划，提前谋划，加强招标设计工作分解，提高各项工作时间节点的衔接，确保各项成果质量满足招标要求，减少澄清修改的发生率，从而提高招标采购的质量和效率。

（五）进一步加强项目预算管理

水利部于2000年起草了《水利工程建设实施阶段投资管理暂行办法》，推行项目预算管理，南水北调工程等大型水利工程据此开展了工程建设投资"静态控制、动态管理"试点工作，取得了较好的成果，有效地控制了工程投资，提高了投资效益。国务院南水北调工程建设委员会于2008年以国调委〔2008〕1号文发布了《南水北调工程投资静态控制和动态管理规定》，随后发布了《南水北调工程项目管理预算编制办法（暂行）》（国调办投计〔2008〕154号）和《南水北调工程年度价差报告编制办法（暂行）》（国调办投计〔2008〕155号）两个文件作为编制项目管理预算和年度价差报告的依据，在整个南水北调工程中全面推行工程造价"静态控制、动态管理"。从南水北调工程多年的实践经验来看，在水利工程建设管理中推行工程造价"静态控制、动态管理"是可行的，也是非常必要的。

项目管理预算按批准初步设计概算的价格水平年，以招标设计工程量为主进行编制。编制项目管理预算时，对因施工条件、工艺条件及其他原因造成的设计变化及其各项目工程量的变化，可在保证工程的功能、质量，且不突破初步设计概算静态总投资的前提下，对初步设计概算的各分项工程的投资进行合理调整。项目管理预算的静态总投资是项目法人管理静态总投资的最高限额，是编制年度投资计划、编制年度完成投资统计报表、编制年度价差计算报告、控制管理工程承发包合同、验核工程投资节余和超支，进行绩效考核的主要依据。

项目管理预算是将批准的概算总投资按建筑安装工程采购、设备采购、专项工程采购、技术服务采购、移民和环境、项目法人管理费用、预留风险费用等部分进行切块，明确各部分的投资额度、范围及内容，在不突破总投资的前提下分块控制，各负其责。编制项目管理预算，做到工程建设投资控制责任明确、目标明确，对提高投资效益意义重大，具体包括：

（1）招标策划阶段的项目管理预算，采用与施工招标标段范围和内容口径相同的批复概算（简称"同口径概算"）。项目管理预算的同口径概算是以批复概算为基础编制，其工程量和单价与批复概算工程量和单价一致，具体以拟招标的标段范围和内容进行概算的合理分拆，将批准的概算总投资按建筑安装工程采购、设备采购、专项工程采购、技术服务采购、移民和环境、项目法人管理费用、预留风险费用等部分进行切块，可在保证工程的功能、质量，且不突破初步设计概算静态总投资的前提下，对初步设计概算的各分项工程的投资进行合理调整，进一步明确各部分的投资额度、范围及内容，各负其责，合理划分施工标段。这一阶段是实现工程投资"静态控制"的重要阶段。这一阶段编制管理预算对建设单位不同项目的建设管理机制、建设管理模式均有切实的指导意义。同口径概算一般由设计单位编制。

（2）招标计划阶段的项目管理预算，以招标文件工程量清单工程量调整同口径概算工程量形成的概算（简称"调整工程量概算"）。调整工程量概算以同口径概算和招标文件工程量清单为基础编制，其工程量与招标文件工程量清单的工程量一致，单价与同口径概算的单价一致。这一阶段是实现工程投资"动态管理"的关键一步，应以拆分的概算为基础，分析招标文件工程量清单，剔除同口径概算项目范围以外的项目，统计批复概算漏列的项目，汇总的结果供项目法人编制标段划分方案时参考。调整工程量概算一般由设计单位编制，有利于设计单位进行设计复核和优化。

（3）项目招标实施阶段的项目管理预算，以招标文件工程量清单为基础编制，按照社会平均先进工效和管理水平、主要材料价格市场化和竞争等原则编制的对应于招标文件工程量清单的价格文件（简称"市场价文件"）。市场价文件的工程量与招标文件工程量清单的工程量一致，单价按市场价格计算。这一阶段的管理预算是在熟悉设计内容和合理的施工组织设计的基础上，深入现场调查研究，充分掌握第一手材料，密切联系实际，认真计算各项费用，可以做到科学、公正、合理地确定招标项目最高投标限价。市场价文件建议由专业造价咨询单位编制，以利对设计单位编制的同口径概算和调整工程量概算进行复核。市场价文件可作为项目最高投标限价的编制基础，有时直接切块作为最高投标限价。

总体而言，项目管理预算根据招标标段或者设计单元或者管理单元进行编制，较符合实施阶段的控制要求，根据该工程情况，可以分现场管理处或者招标批次编制项目管理预算，从而有效地进行投资控制；同时，对应需要开支的费用部分，预先了解，从而提高项目造价控制和项目法人内部管理效能。建议二期工程招标时在招标准备阶段开始编制项目管理预算，根据投资支配权限切块划分管理控制，对于投资管理做到心中有数，进一步提高工程建设投资的经济效益。

三、招标投标

（一）现行相关标准招标文件及示范文本概述

根据《招标投标法实施条例》第十五条第四款规定"编制依法必须进行招标的项目的资格预审文件和招标文件，应当使用国务院发展改革部门会同有关行政监督部门制定的标准文本"，该工程作为大型综合性工程，涉及多个行业，招标采购过程需要遵循的招标文件标准文本较多，有必要对现行相关标准招标文件及示范文本进行梳理。

1. 国家标准招标文件

（1）中华人民共和国标准施工招标文件。为了规范施工招标资格预审文件、招标文件编制活动，促进招标投标活动的公开、公平和公正，国家发展改革委等九部委联合制定了《〈标准施工招标资格预审文件〉和〈标准施工招标文件〉试行规定》及相关附件（以下简称为《标准文件》），于 2007 年 11 月 1 日以国家发展改革委等九部委 56 号令发布，2008 年 5 月 1 日起试行。

根据九部委 56 号令，国务院有关行业主管部门可根据《标准施工招标文件》并结合本行业施工招标特点和管理需要，编制行业标准施工招标文件；招标人应根据《标准文件》和行业标准施工招标文件（如有），结合招标项目具体特点和实际需要，按照公开、公平、公正和诚实信用的原则编写施工招标资格预审文件或施工招标文件。

（2）中华人民共和国简明标准施工招标文件及设计施工总承包招标文件。为落实中央关于建立工程建设领域突出问题专项治理长效机制的要求，进一步完善招标文件编制规则，提高招标文件编制质量，促进招标投标活动的公开、公平和公正，国家发展改革委等九部委联合编制了《中华人民共和国简明标准施工招标文件（2012 年版）》和《中华人民共和国标准设计施工总承包招标文件（2012 年版）》，于 2011 年 12 月 20 日以《关于印发简明标准施工招标文件和标准设计施工总承包招标文件的通知》（发改法规〔2011〕3018 号）发布，自 2012 年 5 月 1 日起实施。

根据发改法规〔2011〕3018 号文，依法必须进行招标的工程建设项目，工期不超过 12 个月、技术相对简单、且设计和施工不是由同一承包人承担的小型项目，其施工招标文件应当根据《中华人民共和国简明标准施工招标文件（2012 年版）》编制；设计施工一体化的总承包项目，其招标文件应当根据《中华人民共和国标准设计施工总承包招标文件（2012 年版）》编制；国务院有关行业主管部门可根据本行业招标特点和管理需要，对《中华人民共和国简明标准施工招标文件（2012 年版）》中的"专用合同条款""工程量清单""图纸""技术标准和要求"，以及《中华人民共和国标准设计施工总承包招标文件（2012 年版）》中的"专用合同条款""发包人要求""发包人提供的资料和条件"作出具体规定。

（3）中华人民共和国标准设备采购招标文件等五个标准招标文件。为进一步完善标准文件编制规则，构建覆盖主要采购对象、多种合同类型、不同项目规模的标准文件体系，提高招标文件编制质量，促进招标投标活动的公开、公平和公正，营造良好市场竞争环境，国家发展改革委等九部委联合编制了《中华人民共和国标准设备采购招标文件（2017 年版）》《中华人民共和国标准材料采购招标文件（2017 年版）》《中华人民共和国标准勘察招标文件（2017 年版）》《中华人民共和国标准设计招标文件（2017 年版）》《中华人民共和国标准监理招标文件（2017 年版）》，于 2017 年 9 月 4 日以《关于印发〈标准设备采购招标文件〉等五个标准招标文件的通知》（发改法规〔2017〕1606 号）发布，自 2018 年 1 月 1 日起实施。

根据发改法规〔2017〕1606 号文，五个标准招标文件适用于依法必须招标的与工程建设有关的设备、材料等货物项目和勘察、设计、监理等服务项目；国务院有关行业主管部门可根据本行业招标特点和管理需要，对《标准设备采购招标文件》《标准材料采购招标文件》中的"专用合同条款""供货要求"，对《标准勘察招标文件》《标准设计招标文件》中的"专用合同条款""发包人要求"，对《标准监理招标文件》中的"专用合同条款""委托人要求"作出具体规定。

2. 行业标准文件

（1）水利行业标准文件。为加强水利水电工程施工招标管理，规范资格预审文件和招标文件编制工作，依据《标准文件》，结合水利水电工程特点和行业管理需要，水利部组织编制《水利水电工程标准施工招标文件（2009 年版）》，于 2009 年 12 月 29 日以《关于印发水利水电工程标准施工招标资格预审文件和水利水电工程标准施工招标文件的通知》（水建管〔2009〕629 号）发布，2010 年 2 月 1 日起施行。

根据水建管〔2009〕629 号文，凡列入国家或地方投资计划的大中型水利水电工程使用《水利水电工程标准施工招标资格预审文件（2009 年版）》和《水利水电工程标准施工招标文件（2009 年版）》，小型水利水电工程可参照使用。

（2）交通行业标准文件。

1）《公路工程标准施工招标资格预审文件（2018 年版）》和《公路工程标准施工招标文件（2018 年版）》。为加强公路工程施工招标管理，规范招标文件及资格预审文件编制工作，依照《招标投标法》《招标投标法实施条例》等法律法规，按照《公路工程建设项目招标投标管理办法》，在《标准文件》基础上，结合公路工程施工招标特点和管理需要，交通运输部组织制定了《公路工程标准施工招标文件（2018 年版）》及《公路工程标准施工招标资格预审文件（2018 年版）》[以下简称《公路工程标准文件（2018 年版）》]，于 2017 年 11 月 30 日以《交通运输部关于发布公路工程标准施工招标文件及公路工程标准施工招标资格预审文件 2018 年版的公告》（交通运输部公告 2017 年第 51 号）发布，自 2018 年 3 月 1 日起施行。原《公路工程标准文件》（交公路发〔2009〕221 号）同时废止。

根据交通运输部公告 2017 年第 51 号，依法必须进行招标的公路工程应当使用《公路工程标准文件（2018 年版）》，其他公路项目可参照执行。

2）《公路工程标准施工监理招标文件（2018 年版）》和《公路工程标准施工监理招标资格预审文件（2018 年版）》。为加强公路工程施工监理招标管理，规范招标文件及资格预审文件编制工作，依照《招标投标法》《招标投标法实施条例》等法律法规，按照《公路工程建设项目招标投标管理办法》，在国家发展改革委牵头编制的《标准监理招标文件》基础上，结合公路工程施工监理招标特点和管理需要，交通运输部组织制定了《公路工程标准施工监理招标文件（2018 年版）》及《公路工程标准施工监理招标资格预审文件（2018 年版）》[以下简称《公路工程标准监理文件（2018 年版）》]，于 2018 年 2 月 14

日以《交通运输部关于发布公路工程标准施工监理招标文件及公路工程标准施工监理招标资格预审文件 2018 年版的公告》（交通运输部公告 2018 年第 25 号）发布，自 2018 年 5 月 1 日起施行。《公路工程施工监理招标文件范本（2008 年版）》同时废止。

根据交通运输部公告 2018 年第 25 号，依法必须进行招标的公路工程应当使用《公路工程标准监理文件（2018 年版）》，其他公路项目可参照执行。

3）《水运工程标准施工招标文件》（JTS 110 - 8 - 2008）。为规范水运工程招标投标活动，促进形成统一开放、竞争有序的水运工程建设市场，在《标准文件》基础上，结合水运工程建设行业特点，交通运输部组织编制《水运工程标准施工招标文件》（JTS 110 - 8 - 2008），于 2008 年 12 月 24 日以《关于发布〈水运工程标准施工招标文件〉（JTS 110 - 8 - 2008）的公告》（交通运输部公告 2008 年第 44 号）发布，2009 年 1 月 1 日起施行。

根据交通运输部公告 2008 年第 44 号，《水运工程标准施工招标文件》（JTS 110 - 8 - 2008）为行业强制性标准，适用于港口工程、航道工程、修造船厂水工建筑物以及与之配套的水运工程的招标投标，水运工程施工招标文件的编制应符合该标准规定。

4）《水运工程标准施工监理招标文件》（JTS 110 - 10 - 2012）。为规范水运工程施工监理招标投标活动，依照《招标投标法》《招标投标法实施条例》等法律法规，在总结水运工程施工监理招标投标实践经验的基础上，结合水运工程施工监理行业特点，交通运输部组织编制《水运工程标准施工监理招标文件》（JTS 110 - 10 - 2012），于 2012 年 12 月 25 日以《交通运输部关于发布〈水运工程标准施工监理招标文件〉（JTS 110 - 10 - 2012）的公告》（交通运输部公告 2012 年第 68 号）发布，2013 年 3 月 1 日起施行。

根据交通运输部公告 2012 年第 68 号，《水运工程标准施工监理招标文件》（JTS 110 - 10 - 2012）为行业强制性标准，适用于港口工程、航道工程、修造船厂水工建筑物及与之配套的施工监理招标投标，水运工程施工监理招标投标文件的编制应符合该标准规定。

（3）建筑行业标准文件。为了规范房屋建筑和市政工程施工招标资格预审文件、招标文件编制活动，促进房屋建筑和市政工程招标投标公开、公平和公正，在《标准文件》基础上，住房和城乡建设部制定了《房屋建筑和市政工程标准施工招标资格预审文件》和《房屋建筑和市政工程标准施工招标文件》（以下简称《建筑行业标准文件》），于 2010 年 6 月 9 日以《关于印发〈房屋建筑和市政工程标准施工招标资格预审文件〉和〈房屋建筑和市政工程标准施工招标文件〉的通知》（建市〔2010〕88 号）发布，自发布之日起施行。

《建筑行业标准文件》是《标准文件》的配套文件，适用于一定规模以上，且设计和施工不是由同一承包人承担的房屋建筑和市政工程的施工招标。

3. 安徽省地方相关标准招标文件、示范文本

（1）安徽省水利水电工程招标文件示范文本。为规范安徽省水利工程招标投标活动，在《水利水电工程标准施工招标文件（2009 年版）》的基础上，结合安徽省工程特点和行业管理需要，安徽省水利厅组织编制了《安徽省水利水电工程施工招标文件示范文本（2010 年版）》，并扩充了勘察设计、建设监理、设备采购等示范文本，于 2010 年 6 月 18 日以《关于试行〈安徽省水利水电工程招标文件示范文本〉的通知》（皖水基函〔2010〕494 号）发布示范文本（2010 年版）。后经数次修订分别形成示范文本（2011 年

版）、示范文本（2013年版）、示范文本（2014年版），至2017年形成了包括《安徽省水利水电工程施工招标文件示范文本（2017年版）》《安徽省水利水电工程建设监理（区域监理）招标文件示范文本（2017年版）》《安徽省水利水电工程勘察设计招标文件示范文本（2017年版）》《安徽省水利水电工程自动化系统设计制造及安装招标文件示范文本（2017年版）》《安徽省水利水电工程金属结构制作及安装招标文件示范文本（2017年版）》《安徽省水利水电工程其他货物采购招标文件示范文本（2017年版）》《安徽省水利水电工程项目建设管理招标文件示范文本（2017年版）》《安徽省农村饮水安全工程管材管件采购招标文件示范文本（2017年版）》等八个示范文本的示范文本（2017年版）。

2018年，为贯彻落实国家发改委等九部委印发的《标准设备采购招标文件》等五个标准招标文件和《安徽省人民政府办公厅关于推进工程建设管理改革促进建筑业持续健康发展的实施意见》（皖政办〔2017〕97号）精神，安徽省水利厅组织对示范文本（2017年版）进行了修订，形成了《安徽省水利水电工程施工招标文件示范文本（2018年版）》等八个示范文本。

2020年，为贯彻落实《水利建设市场主体信用信息管理办法》（水建设〔2019〕306号）、《水利建设市场主体信用评价管理办法》（水建设〔2019〕307号）精神，提高水利工程电子招标投标效率，依据《电子招标投标办法》（国家发展改革委令第20号），安徽省水利厅组织对2018年版的施工、监理、勘察（测）设计、金属结构制作及安装、其他货物采购、自动化系统设计制造及安装等6类招标示范文件进行了修订，形成《安徽省水利水电工程施工招标文件示范文本（电子招标投标，2020年版）》等六类示范文本。

根据《安徽省水利工程建设项目招标投标监督管理办法》，安徽省境内的水利工程建设项目，招标人应当根据国家有关规定，按照省水行政主管部门示范文本编制资格预审文件和招标文件。

此外，为规范安徽省水利建设项目工程总承包试行期招标工作，安徽省水利厅组织编制了《安徽省水利建设项目工程总承包招标文件示范文本（2019年版）》，以《关于印发〈安徽省水利建设项目工程总承包招标文件示范文本（2019年版）〉的通知》（皖水建设函〔2019〕471号）发布，适用于安徽省水利工程勘测、设计、采购、施工全过程的工程总承包招标，分类打捆方式总承包的小型水利工程参考使用。根据《安徽省水利建设项目工程总承包工作意见（试行）》，安徽省水利建设项目工程总承包招标文件应按照《安徽省水利建设项目工程总承包招标文件示范文本》编制。

（2）安徽省房屋和市政工程招标文件（标准）。为适应工程量清单招标投标，规范招标投标行为，根据住房和城乡建设部发布的《房屋建筑和市政工程标准施工招标文件》等，结合安徽省实际，安徽省住房和城乡建设厅组织编制了《安徽省房屋和市政工程施工招标文件（标准）》（DB34/T 1232—2010），于2010年8月30日以《关于发布安徽省地方标准〈安徽省房屋和市政工程施工招标文件（标准）〉的通知》（建标〔2010〕170号）发布，自2010年9月25日起施行。

该招标文件（标准）适用于安徽省境内的新建、扩建、改建等房屋工程和市政工程，且采用工程量清单的施工招标；各建设单位（业主）在进行施工招标时，应按招标文件（标准）要求编制招标工程的招标文件。招标文件（标准）分为通用部分和专用部分。通用部分条款内容作为地方标准，不得随意修改和调整，具有强制性；专用部分条款内容，可以结合工程实际情况和所在市的具体规定做调整或进一步明确。

（3）合肥市公共资源交易文件范本。为建立标准规范、规则统一的公共资源交易平台，进一步规范各类进场交易主体的交易活动，根据《合肥市公共资源交易市县一体化建设方案》总体要求，合肥市公共资源交易监督管理局组织编制了《房建与市政工程招标文件有效最低价法（201702 网招版）》等建设工程、政府采购、产权交易三大类 22个合肥市市县一体化公共资源交易文件范本，于 2017 年 2 月 13 日以《关于统一公共资源交易文件范本的通知》发布。根据交易文件范本使用总说明，范本适用于进入安徽合肥公共资源交易中心相应类别交易项目，省级进场项目可参照执行省级行业主管部门出台的范本。

2020 年，为实现合肥市公共资源交易招标文件标准化、模块化、电子化，合肥市公共资源交易监督管理局组织编制了《合肥市房屋建筑和市政工程施工招标文件示范文本（2020 年版）》《合肥市监理招标文件示范文本（2020 年版）》等房建与市政工程、交通工程、水利工程、政府采购四大类 53 个示范文本，于 2020 年 1 月 7 日以《关于印发合肥市公共资源交易文件范本的通知》（合公业〔2020〕12 号）发布。

根据《合肥市公共资源交易管理条例实施细则》（合政秘〔2020〕12 号）规定，合肥市行政区域内的公共资源交易项目单位应当参照交易文件范本编制交易文件。

综上，与该工程有关的现行标准招标文件及示范文本见表 3-2-3。

表 3-2-3　　　　　　　　现行相关标准招标文件及示范文本一览表

序号	名　　称	发布单位	发布文件	发布时间	施行时间	备　　注
一、国家标准文件						
1	中华人民共和国标准施工招标资格预审文件（2007年版）	发展改革委、财政部、建设部、铁道部、交通部、信息产业部、水利部、民航总局、广电总局	《〈标准施工招标资格预审文件〉和〈标准施工招标文件〉试行规定》（国家发展改革委等九部委 56 号令）	2007 年 11 月 1 日	2008 年 5 月 1 日起	适用于一定规模以上，且设计和施工不是由同一承包商承担的工程施工招标。既是项目招标人编制施工招标文件的范本，也是有关行业主管部门编制行业标准施工招标文件的依据
2	中华人民共和国标准施工招标文件（2007 年版）					
3	中华人民共和国简明标准施工招标文件（2012 年版）	发展改革委、工业和信息化部、财政部、住房和城乡建设部、交通运输部、铁道部、水利部、广电总局、中国民用航空局	《关于印发简明标准施工招标文件和标准设计施工总承包招标文件的通知》（发改法规〔2011〕3018 号）	2011 年 12 月 20 日	2012 年 5 月 1 日起	依法必须进行招标的工程建设项目，工期不超过 12个月、技术相对简单、且设计和施工不是由同一承包人承担的小型项目，其施工招标文件应当根据《简明标准施工招标文件》编制；设计施工一体化的总承包项目，其招标文件应当根据《标准设计施工总承包招标文件》编制
4	中华人民共和国标准设计施工总承包招标文件（2012 年版）					

续表

序号	名　称	发布单位	发布文件	发布时间	施行时间	备　注
5	中华人民共和国标准设备采购招标文件（2017年版）	发展改革委、工业和信息化部、住房城乡建设部、交通运输部、水利部、商务部、国家新闻出版广电总局、国家铁路局、中国民用航空局	《关于印发〈标准设备采购招标文件〉等五个标准招标文件的通知》（发改法规〔2017〕1606号）	2017年9月4日	2018年1月1日起	适用于依法必须招标的与工程建设有关的设备、材料等货物项目和勘察、设计、监理等服务项目
6	中华人民共和国标准材料采购招标文件（2017年版）					
7	中华人民共和国标准勘察招标文件（2017年版）					
8	中华人民共和国标准设计招标文件（2017年版）					
9	中华人民共和国标准监理招标文件（2017年版）					
二、相关行业标准文件						
10	水利水电工程标准施工招标资格预审文件（2009年版）	水利部	《关于印发水利水电工程标准施工招标资格预审文件和水利水电工程标准施工招标文件的通知》（水建管〔2009〕629号）	2009年12月29日	2010年2月1日起	凡列入国家或地方投资计划的大中型水利水电工程使用，小型水利水电工程可参照使用
11	水利水电工程标准施工招标文件（2009年版）					
12	公路工程标准施工招标资格预审文件（2018年版）	交通运输部	《交通运输部关于发布公路工程标准施工招标文件及公路工程标准施工招标资格预审文件2018年版的公告》（交通运输部公告2017年第51号）	2017年11月30日	2018年3月1日起	依法必须进行招标的公路工程应当使用《公路工程标准文件》（2018年版）
13	公路工程标准施工招标文件（2018年版）					
14	公路工程标准施工监理招标资格预审文件（2018年版）		《交通运输部关于发布公路工程标准施工监理招标文件及公路工程标准施工监理招标资格预审文件2018年版的公告》（交通运输部公告2018年第25号）	2018年2月14日	2018年5月1日	依法必须进行招标的公路工程应当使用《公路工程标准监理文件》（2018年版），其他公路项目可参照执行
15	公路工程标准施工监理招标文件（2018年版）					

序号	名　　称	发布单位	发布文件	发布时间	施行时间	备　　注
16	水运工程标准施工招标文件（JTS 110－8－2008）	交通运输部	《关于发布〈水运工程标准施工招标文件〉（JTS 110－8－2008）的公告》（交通运输部公告2008年第44号）	2008年12月24日	2009年1月1日	行业强制性标准，适用于港口工程、航道工程、修造船厂水工建筑物及与之配套的水运工程的招标投标，水运工程施工招标文件的编制应符合该标准规定
17	水运工程标准监理招标文件（JTS 110－10－2012）		《关于发布〈水运工程标准施工监理招标文件〉（JTS 110－10－2012）的公告》（交通运输部公告2012年第68号）	2012年12月25日	2013年3月1日	行业强制性标准，适用于港口工程、航道工程、修造船厂水工建筑物及与之配套的施工监理招标投标，水运工程施工监理招标投标文件的编制除应符合该标准规定
18	房屋建筑和市政工程标准施工招标资格预审文件	住房和城乡建设部	《关于印发〈房屋建筑和市政工程标准施工招标资格预审文件〉和〈房屋建筑和市政工程标准施工招标文件〉的通知》（建市〔2010〕88号）	2010年6月9日	2010年6月9日	《标准文件》的配套文件，适用于一定规模以上，且设计和施工不是由同一承包人承担的房屋建筑和市政工程的施工招标
19	房屋建筑和市政工程标准施工招标文件					
三、安徽省地方标准招标文件、示范文本						
20	安徽省水利水电工程施工招标文件示范文本（电子招标投标，2020年版）	安徽省水利厅	《关于印发〈安徽省水利水电工程施工招标文件示范文本（电子招标投标，2020年版）〉等六类示范文本的通知》	2020年10月19日	2020年10月19日	根据《安徽省水利工程建设项目招标投标监督管理办法》（皖水基〔2016〕144号），安徽省境内的水利工程建设项目，招标人应当根据国家有关规定，按照安徽省水行政主管部门示范文本编制资格预审文件和招标文件
21	安徽省水利水电工程建设监理招标文件示范文本（电子招标投标，2020年版）					
22	安徽省水利水电工程勘察（测）设计招标文件示范文本（电子招标投标，2020年版）					
23	安徽省水利水电工程金属结构制作及安装招标文件示范文本（电子招标投标，2020年版）					
24	安徽省水利水电工程其他货物采购招标文件示范文本（电子招标投标，2020年版）					

序号	名 称	发布单位	发布文件	发布时间	施行时间	备 注
25	安徽省水利水电工程自动化系统设计制造及安装招标文件示范文本（电子招标投标，2020年版）	安徽省水利厅	《关于印发〈安徽省水利水电工程施工招标文件示范文本（电子招标投标，2020年版）〉等六类示范文本的通知》			根据《安徽省水利工程建设项目招标投标监督管理办法》（皖水基〔2016〕144号），安徽省境内的水利工程建设项目，招标人应当根据国家有关规定，按照安徽省水行政主管部门示范文本编制资格预审文件和招标文件
26	安徽省水利水电工程项目建设管理招标文件示范文本（2018年版）		《关于印发〈安徽省水利水电工程施工招标文件示范文本（2018年版）〉等八个示范文本的通知》	2018年11月29日	2018年11月29日	
27	安徽省农村饮水安全工程管材管件采购招标文件示范文本（2018年版）					
28	安徽省水利建设项目工程总承包招标文件示范文本（2019年版）		《关于印发〈安徽省水利建设项目工程总承包招标文件示范文本（2019年版）〉的通知》	2019年5月27日	2019年5月27日	根据《安徽省水利建设项目工程总承包工作意见（试行）》，安徽省水利建设项目工程总承包招标文件应按照《安徽省水利建设项目工程总承包招标文件示范文本》编制
29	安徽省房屋和市政工程施工招标文件（标准）（DB34/T 1232—2010）	安徽省住房和城乡建设厅	《关于发布安徽省地方标准〈安徽省房屋和市政工程施工招标文件（标准）〉的通知》（建标〔2010〕170号）	2010年8月30日	2010年9月25日	适用于安徽省境内的新建、扩建、改建等房屋工程和市政工程，且采用工程量清单的施工招标；各建设单位（业主）在进行施工招标时，应按招标文件（标准）要求编制招标工程的招标文件。招标文件（标准）分为通用部分和专用部分。通用部分条款内容作为地方标准，不得随意修改和调整，具有强制性
30	合肥市房屋建筑和市政工程施工招标文件示范文本（2020年版）	合肥市公共资源交易监督管理局	《关于印发合肥市公共资源交易文件范本的通知》（合公业〔2020〕12号）	2020年1月7日	2020年1月7日	根据《合肥市公共资源交易管理条例实施细则》（合政秘〔2020〕12号）规定，合肥市行政区域内的公共资源交易项目单位应当参照交易文件范本编制交易文件
31	合肥市公路工程施工招标文件示范文本（2020年版）					
32	合肥市监理招标文件示范文本（2020年版）					

（二）招标文件编制

1．招标文件示范文本选用

根据招标实施时间，选择了相应最新的示范文本，包括《安徽省水利水电工程施工招标文件示范文本（2017年版）》《安徽省水利水电工程施工招标文件示范文本（2018年版）》《安徽省水利水电工程施工招标文件示范文本（电子招标投标，2020年版）》。在招标文件编制过程中，结合工程建设需要对范本进行了适当修订，形成自身范本体系，并根据自身范本编制具体招标项目招标文件，报行政主管部门备案。招标文件范本选用符合《安徽省水利工程建设项目招标投标监督管理办法》第十八条"招标人应当根据国家有关规定，按照省水行政主管部门示范文本编制资格预审文件和招标文件"的规定。

2．资格条件设置

招标人针对潜在投标人的资质、业绩等情况进行精准调研，确保了拟定的资格条件符合项目实际需求和市场竞争。水利类工程施工项目资格条件设置见表3-2-4。

表3-2-4 水利类工程施工项目资格条件设置一览表

序号	主要建设内容		涉及行业	概算/元	资质等级	近5年类似业绩要求
1	河道工程	河道、堤防	水利	1亿～5亿	水利水电工程施工总承包一级及以上	水利业绩：（根据不同标段投资规模针对性设置）（1）同时具有：①单项合同在3000万元及以上的河道（或堤防）工程施工，②单跨跨径不小于30m的新建桥梁工程项目；（2）单项签约合同价1亿元及以上的水利水电工程（水闸、泵站、水电站、大坝、涵洞、倒虹吸等）或5000万元及以上的河道堤防工程施工项目
				5亿～10亿		
				10亿～20亿		
		河道、桥梁	水利公路	1亿～5亿	（1）水利水电工程施工总承包一级及以上；（2）公路工程施工总承包一级及以上/公路工程施工总承包二级及以上	水利业绩：（1）中标价6000万元以上的河道工程施工项目业绩；（2）单站设计流量不小于50m³/s的大型泵站或单站设计流量不小于50m³/s的抽水蓄能电站工程施工项目；公路业绩：单跨跨径不小于30m的新建桥梁工程项目
				5亿～10亿		水利业绩：单项签约合同价1亿元及以上的水利水电工程（水闸、泵站、水电站、大坝、涵洞、倒虹吸等）或5000万元及以上的河道堤防工程施工项目；公路业绩：（根据不同标段桥梁规模针对性设置）（1）含单跨150m及以上钢结构桥梁工程施工项目；（2）含主跨30m及以上桥梁工程施工项目

序号	主要建设内容		涉及行业	概算/元	资质等级	近5年类似业绩要求
1	河道工程	河道、桥梁	水利公路	10亿～20亿	（1）水利水电工程施工总承包一级及以上； （2）公路工程施工总承包一级及以上/公路工程施工总承包二级及以上	水利业绩：单项签约合同价1亿元及以上的水利水电工程（水闸、泵站、水电站、大坝、涵洞、倒虹吸等）或5000万元及以上的河道堤防工程或含5000万元及以上土石方工程的施工项目 公路业绩：（根据不同标段桥梁规模针对性设置） （1）含单跨200m及以上钢结构桥梁工程施工项目； （2）含单跨110m及以上的钢结构桥梁工程施工项目； （3）主跨跨径不小于120m的预应力混凝土连续梁桥新建工程项目； （4）含单跨30m及以上的预应力混凝土桥梁工程施工项目
				20亿以上		水利业绩：单项签约合同价1亿元及以上的水利水电工程（水闸、泵站、水电站、大坝、涵洞、倒虹吸等）或5000万元及以上的河道堤防工程或含5000万元及以上土石方工程的施工项目 公路业绩：含单跨120m及以上的预应力混凝土桥梁工程施工项目
2	建筑物工程	节制闸		1亿以下	水利水电工程施工总承包一级及以上；钢结构工程专业承包一级（J008-1）	单项签约合同价5000万元及以上的水利水电建筑物工程（含水闸、泵站、水电站、大坝、涵洞、倒虹吸等任一项）施工项目
		泵站、节制闸、倒虹吸、渡槽钢结构	水利	1亿～5亿		倒虹吸：单项签约合同价1亿元及以上的水利水电建筑物工程（水闸、泵站、水电站、大坝、涵洞、隧洞、倒虹吸）施工项目 节制闸：大型水闸或Ⅱ级及以上船闸施工项目 泵站：含单站设计流量不小于50m³/s大型泵站的施工项目 渡槽钢结构：新建桥梁钢结构（仅指全焊或栓焊结合的钢箱梁或钢桁梁，单座桥梁的钢结构制作加工工程量不小于10000t的铁路、市政、公路桥梁）的制作加工业绩
		渡槽、桥梁	水利公路	10亿～20亿	（1）水利水电工程施工总承包一级及以上； （2）公路工程施工总承包一级及以上；桥梁工程专业一级	水利业绩：单项签约合同价1亿元及以上的水利水电工程（水闸、泵站、水电站、大坝、涵洞、倒虹吸等）或5000万元及以上的河道堤防工程或含5000万元及以上土石方工程的施工项目 公路桥梁业绩：含单跨110m及以上的钢结构桥梁工程施工项目

续表

序号	主要建设内容		涉及行业	概算/元	资质等级	近5年类似业绩要求
2	建筑物工程	泵站、船闸	水利水运	10亿~20亿	（1）水利水电工程施工总承包一级及以上； （2）港口与航道工程施工总承包一级及以上	水利业绩：含单站设计流量不小于50m³/s的大型泵站或单站设计流量不小于50m³/s的抽水蓄能电站工程施工项目 水运业绩：含1000t级或船闸有效尺度200m×23m×3.5m及以上船闸主体工程的施工项目
		泵站、节制闸、船闸、交通桥	水利公路水运		（1）水利水电工程施工总承包一级及以上； （2）公路工程施工总承包一级及以上； （3）港口与航道工程施工总承包一级及以上	水利业绩：单站设计流量不小于50m³/s的大型泵站或单站设计流量不小于50m³/s的抽水蓄能电站工程施工项目 水运业绩：含1000t级或船闸有效尺度200m×23m×3.5m及以上船闸主体工程的施工项目 公路业绩：含单跨100m及以上桥梁工程施工项目
3	管道供水工程	管道、泵站	水利	1亿~5亿	水利水电工程施工总承包一级及以上	同时具有：①新建大型泵站工程或新建大型水电站工程；②管径为DN1800及以上供水管道安装工程

（1）河道工程。河道、堤防工程要求施工企业具备水利水电工程施工总承包一级及以上资质，具备相应规模的水工建筑物或河道堤防工程施工业绩。

标段范围含跨河桥梁工程的还要求施工企业具备公路工程施工总承包一级及以上（部分为公路工程施工总承包二级及以上）资质，具备相应的桥梁工程施工业绩。

标段范围含船闸工程的还要求施工企业具备港口与航道工程施工总承包一级及以上资质，具备相应船闸主体施工业绩。

（2）建筑物工程。泵站、节制闸、倒虹吸等水工建筑物工程要求施工企业具备水利水电工程施工总承包一级及以上资质，具备相应水利水电建筑物工程施工业绩。

渡槽钢结构制作要求施工企业具备钢结构工程专业承包一级资质，具备新建桥梁钢结构的制作加工业绩。

（3）管道供水工程。管道供水工程要求施工企业具备水利水电工程施工总承包一级及以上资质，同时具备大型泵站（或大型水电站）和供水管道安装工程施工业绩。

企业资质等级的设置除执行《建筑业企业资质管理规定》《建筑业企业资质标准》规定外，还应执行《工程项目招投标领域营商环境专项整治工作方案》（发改办法规〔2019〕862号）中关于不得设定明显超出招标项目具体特点和实际需要的过高资质资格的规定，同时按照《安徽省发展改革委安徽省住房城乡建设厅安徽省交通运输厅安徽省水利厅安徽省公安厅关于进一步规范工程建设项目招标投标活动的若干意见》的要求，严格遵守资质管理规定，保障企业公平参与市场竞争。

3. 评标办法设置

水利工程施工项目采用的评标办法包括三阶段评审法和综合评估法。截至目前，仅渭河总干渠渡槽主体钢结构制造及焊接项目（J008-1）、西河侧拦污闸项目（X001-2）采用了综合评估法，其他项目均采用了三阶段评审法（也称有效最低价总价中位值法）。以下重点对三阶段评审法进行评估。

（1）采用三阶段评审法的由来。引江济淮试验工程总承包（设计、科研、施工）项目是该工程第一个进入安徽合肥公共资源交易中心交易的项目，按照当时的交易规则要求，要求使用三阶段评审法，三阶段评审法的第三阶段可以选用规范性评审法（有效最低价 A 类）、总价中位值法（有效最低价 B 类）、清单详细评审法（有效最低价 C 类）之一确定中标候选人，招标人结合工程实际情况并进行了优化，形成了该工程使用的三阶段评审法。之后在 2017 年安徽省水利厅组织修编施工招标文件示范文本时，吸纳了三阶段评审法。

（2）三阶段评审法评标程序。该工程使用的三阶段评审法，评标程序分为三个阶段进行，评标委员会对所有投标人技术标进行初步评审（第一阶段：技术标初步评审）；通过技术标初步评审的投标人的投标文件进入技术标详细评审（第二阶段：技术标详细评审），并按照得分由高到低的顺序确定入围投标人；再对入围的投标人进行商务标评审（第三阶段：商务标评审，仅对入围第三阶段的投标人商务标公开开启并评审），经商务标评审合格的投标人（最终入围投标人，若入围投标人商务标经评审被否决，使得入围投标人不足三家，则按技术标得分由高到低依次递补足三家），按照有效最低价总价中位值法，对投标报价高于或等于评标有效值的按由低到高顺序推荐中标候选人。

三阶段评审法需要二次开标，且二次开标仅开启入围投标人的商务标，其开评标程序相对复杂，同时对评标质量要求极高，一旦评审错误，程序不可逆，则带来一定的招标风险。

（3）有效最低价总价中位值的确定。第一步计算投标人投标总价平均值 A。投标人投标总价平均值等于通过商务标初步评审合格的前 N 家投标人的投标总报价去掉 n 家最高和 n 家最低投标人投标报价后的算术平均值。当 $N \leqslant 5$ 时，$n = 0$；当 $N > 5$ 时，$n = 1$。第二步计算基准价 B。本阶段通过商务标评审合格的前 N 家投标人中，将投标总报价大于 $1.10A$ 和小于 $0.90A$ 的所有投标人投标总报价的算术平均值各视为一个报价，然后和进入该阶段评审的有效投标人投标总报价在 $0.90A$（含）至 $1.10A$（含）之间的其他有效投标人报价组成一组数，按数值大小由低到高进行排序，经过排序的该组数中最中间位置的数值为中位数（若该组数为偶数，则取中间两个数值的平均值作为中位数）。中位数数值即为基准价 B。第三步计算评标有效值。将基准价 B 与开标时抽取的 C 值相乘，得出评标有效值。C 值为下浮系数，由投标人代表在五个数中抽取。有效最低价总价中位值法数据模型见图 3-2-1。

从有效最低价总价中位值法数据模型图可以看出，按投标报价平均值上下一定比例划出区间，上下区间无论投标报价数据多少，均分别只视为一家，与中间区间所有数据一并形成新数据序列，取最中间一个数（奇数列）或最中间两个值的平均数（偶数列）为中位值，即总价中位值。总价中位值在一次平均的基础上，将过高过低的报价仅作为一家，以中位值代替平均值，能够较好地起到预防串通投标的效果。

（4）三阶段评审法的归类分析。

1）评标方法概述。《招标投标法》规定的评标方法包括经评审的最低投标价法和综合评估法两类。经评审的最低投标价法是以价格为主导考量因素，对投标文件进行评价的一类评标办法，中标人的投标文件应能够满足招标文件的实质性要求，并且经评审的投标价格最低，但是投标价格低于成本的除外；综合评估法是以价格、商务和技术等方面为考量

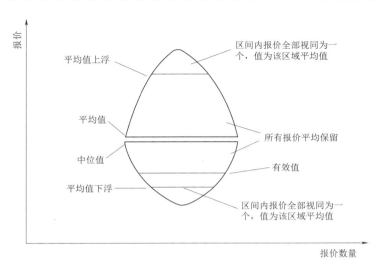

图 3-2-1 有效最低价总价中位值法数据模型

因素，对投标文件进行评价的一类评标办法，中标人的投标应能够最大限度地满足招标文件中规定的各项综合评价标准。实践中不同行业和地区采用的其他不同名称的评标方法，一般都可以归为这两类评标方法。与该工程有关的相关行业和地区常用评标方法见表 3-2-5。

表 3-2-5　　　　　　　　相关行业和地区常用评标方法

来　源　依　据	经评审的最低投标价法	综合评估法	备　注
《水利水电工程标准施工招标文件（2009 年版）》	经评审的最低投标价法	综合评估法	
《公路工程建设项目招标投标管理办法》（交通运输部令 2015 年第 25 号）《公路工程标准施工招标文件（2018 年版）》	经评审的最低投标价法	合理低价法 技术评分最低标价法 综合评分法	
《房屋建筑和市政基础设施工程施工招标投标管理办法》（建设部令第 89 号）	经评审的最低投标价法	综合评估法	
《安徽省水利水电工程施工招标文件示范文本（2017 年版）》	经评审的最低投标价法 C3	综合评估法 A1 综合评估法 A2 综合评估法 B1 综合评估法 B2 综合评估法 C1 综合评估法 C2	A2 与 B2 类评标办法均是三阶段评审法（第三阶段是有效最低价总价中位值法确定中标候选人）
合肥市公管局《关于统一县区公共资源交易文件范本的通知》（合公业〔2016〕32 号）	规范性评审法（有效最低价 A 类）总价中位值法（有效价 B 类）清单详细评审法（有效最低价 C 类）	三阶段评审法（有效最低价 D 类）	三阶段评审法的第三阶段可以选用规范性评审、总价中位值、清单详细评审之一确定中标候选人

2）三阶段评审法的归类分析。该工程使用的三阶段评审法是属于以价格、商务和技术等方面为考量因素，对投标文件进行评价的一种评标方法，应归类于综合评估法。其第二阶段技术标详细评审确定入围单位的方法与《公路工程标准施工招标文件（2018年版）》中的"技术评分最低标价法"的第一个信封详细评审的规则类似，均是对满足招标文件实质性要求的投标文件的商务和技术因素进行评分，按照得分由高到低排序，对排名在招标文件规定数量以内的投标人入围下一阶段报价文件进行评审，以达到"有限数量制"优选投标人的目的。而第三阶段有效最低价总价中位值法确定中标候选人的方法，与《公路工程标准施工招标文件》中的"合理低价法"中的思路大致相同，按照招标文件约定计算出一个相当于评标基准价的"评标有效值"，对投标报价高于或等于评标有效值的按由低到高顺序推荐中标候选人，实现"合理低价"选择中标人的目的。

通过以上分析，三阶段（中位值）评标方法，实质上是"有限数量制后的合理低价"，由于第二阶段即技术标详细评审的分值不带入第三阶段，中标候选人的产生及排名有一定的随机性，相对增加了招标的竞争性，也在一定程度上排除了人为因素的干扰。

（5）三阶段评审法的优化。该工程在招标过程中，对三阶段评审法进行了不断优化。

1）入围家数及条件。《安徽省水利水电工程施工招标文件示范文本（2017年版）》关于入围家数的确定为：第三阶段首先按投标人第二阶段得分由高到低依次进行商务报价符合性评审，取通过评审的前 N 家（说明：N 一般取 7～15，由招标人根据项目具体情况选择），投标人依据有效最低价总价中位值法推荐中标候选人。

该工程优化为：通过第一阶段评审投标人数量为 10 家以上时，按第二阶段技术标得分 28 分（满分的 70%）及以上，由高到低的顺序最多取前 7 家入围第三阶段评审；通过第一阶段评审投标人数量为 10 家（含 10 家）以下时，按第二阶段技术标得分 28 分及以上，由高到低的顺序最多取前 5 家入围第三阶段评审。

前者为固定入围家数，后者为差别化入围方式即 10 家以上时入围 7 家，10 家及以下时入围 5 家，可以在一定程度上增强投标竞争性；同时约定"技术标得分 28 分及以上"才能够符合入围条件，避免相对较弱的施工企业入围。

2）下浮系数 C 值的选取。《安徽省水利水电工程施工招标文件示范文本（2017年版）》下浮系数为：0.96、0.97、0.98、0.99、1.0。该工程在枞阳引江枢纽工程 C001 标、蜀山泵站枢纽工程 J005－1 标及淠河总干渠渡槽土建与安装 J008－2 标等建筑物工程的三阶段评审法中，将下浮系数 C 值取值范围由前期的 0.96、0.97、0.98、0.99、1.00 调整为 0.980、0.985、0.990、0.995、1.000，下限提高了 2%，同时将各值之间的差值由 0.01 调低为 0.005，主要目的，一方面是引导投标人更为理性地报价；另一方面，由于概算较大，投标人报价相对值相差较少，缩小 C 值差距，有利于随机抽取的 C 值发挥作用。

根据分析，下浮系数 C 值取值范围为 0.96～1.00 的建筑物工程（为保证可比性，选取了主要建设内容同样为建筑物工程的项目进行比较）项目投标报价平均降幅为 8.99%，中标价平均降幅为 9.28%，中标价比平均报价约低 0.29%；下浮系数 C 值取值范围为 0.98～1.00 的建筑物工程项目投标报价平均降幅为 10.37%，中标价平均降幅为 9.80%，中标价比平均报价约高 0.57%。从数据统计分析看，通过调整下浮系数 C 值取值范围，中标价平均降幅未得到提升，但中标价比平均报价有所提高。投标人的报价受诸多因素的影响，系数仅仅是其中一个因素，假定外部条件均一致的情况下，整体提升下浮系数，对于投标人的报价有拉高幅度的作用。下浮系数 C 值与投标报价分析见表 3-2-6。

表 3-2-6 下浮系数 C 值与投标报价分析表

序号	项目名称	最高投标限价/万元	平均投标报价/万元	投标报价降幅/%	中标金额/万元	中标价降幅/%	下浮系数 C 值
1	江水北送朱集泵站工 H002-1 标	9700.00	8646.79	10.86	8531.60	12.05	0.96、0.97、0.98、0.99、1.00
2	派河口泵 J001-2 标	26680.00	25042.03	6.14	24938.56	6.53	
3	杭埠河倒虹吸 Y002 标	34683.42	31230.48	9.96	31470.49	9.26	
	小 计			8.99		9.28	
4	枞阳引江枢纽工程 C001 标	180929.00	163987.67	9.36	165230.55	8.68	0.980、0.985、0.990、0.995、1.000
5	蜀山泵站枢纽工程 J005-1 标	146191.00	131895.76	9.78	132719.25	9.22	
6	洺河总干渠渡槽土建与安装 J008-2 标	103106.72	90763.24	11.97	91249.39	11.50	
	小 计			10.37		9.80	

3) 技术标详细评审标准的设置。该工程技术标详细评审能够根据具体项目特点、技术难点与管理要求等，有针对性地编制业绩要求、项目管理机构与施工组织设计等评审因素，满足项目需要，同时鼓励投标人进行创优、创新，加大新工艺、新技术的应用，有利于提高工程建设水平，提高工程质量。

(6) 三阶段评审法的适用性分析。该工程使用的三阶段评审法的实质上属于"有限数量制后的合理低价"，适用于竞争较为充分且技术复杂的招标项目。按照 10 家以上入围 7 家，10 家（含 10 家）以下入围 5 家，当投标人少于 8 家，特别是合格投标人为 7 家以下时，竞争的效果明显降低，与合格制下的合理低价近似。该工程采用三阶段评审法的 42 个项目中，投标人少于 8 家的项目有 3 个，合格投标人 7 家以下的项目有 5 个，此类项目一般为管道供水工程和枢纽工程，评标委员会的综合赋分目的在于确定入围单位的前 5 家，由于前 5 名的赋分并不带入下一阶段，一定程度上失去了赋分和竞争择优的意义，该情况下，宜采用综合评分法。投标人及合格投标人数量统计见表 3-2-7。

表 3-2-7 投标人及合格投标人数量统计表

序号	项 目 名 称	投标人数量/家	合格投标人数量/家
1	派河口泵站 J001-2	4	3
2	枞阳引江枢纽工程 C001	8	6
3	蜀山泵站枢纽工程 J005-1	8	6
4	阜阳城市供水工程 H005	3	2
5	西淝河入淮河口至西淝河北站段 H001	9	7
6	西淝河龙德至省界段河渠工程 H003	7	6
7	引江济淮菜巢分水岭以北庐江境内水利标重要堤防变更设计工程施工	10	9

注 本表仅对水利工程类项目中投标人为 10 家（含 10 家）以下的项目进行了统计。

（7）结论和建议。该工程施工招标采用的三阶段评审法属于综合评估法，实质上是"有限数量制后的合理低价"。该方法既能保证入围单位的整体实力，又能选择到相对合理低价，体现了竞争择优的内涵。同时，该方法在增强招标竞争性及排除人为因素干扰方面均有一定的优势，适用于竞争相对充分、技术复杂的招标项目。

由于三阶段评审的特殊性，对于投标人数量较少的项目，其优势发挥受到了一定的限制。建议后续招标工作中根据项目的不同类型和项目的复杂程度，科学研判潜在投标人的数量，对于竞争不充分，一般投标人数量少于 8 家的项目，不宜采用三阶段（中位值）评标法。

4. 合同条款设置

水利类工程项目采用安徽省水利厅示范文本，通用合同条款全文引用水利部《水利水电工程标准施工招标文件（2009 年版）》，专用合同条款在水利厅示范文本的基础上结合工程建设需要进行了细化、补充和约定：

（1）细化了发包人及承包人关于农民工工资支付的义务，明确了主体责任，确保农民工工资能够及时足额支付。

（2）细化补充了环境保护条款，明确承包人环境保护义务，确保环境保护措施落实到位，防止对生态环境造成污染、对环境保护敏感区产生不良影响，同时较少环境风险事故的发生。

（3）细化补充了水土保持条款，明确了承包人水土保持义务，确保各项水土保持措施的落实，防止水土流失。

（4）细化了承包人的施工安全责任，补充施工开挖、边坡稳定、桥梁等安全管理条款，进一步落实安全生产措施。

（5）补充了科技创新条款，鼓励承包人进行科技创新，推进科研成果转化应用，鼓励承包人积极申报发明专利、实用新型专利、科研课题等。

（6）提出了标准化建设要求，加强施工现场和临建设施的标准化管理。

（7）细化工程价款专款专用的约定，明确由承包人与发包人、开户银行共同签订《工程资金监管协议》，承包人向发包人授权进行本合同工程开户银行工程资金的查询，进一步落实资金监管措施，保障工程价款专款专用。

专用合同条款结合工程实际，对缺陷责任期、履约保证金、变更估价原则、价格调整、预付款、进度款、质量保证金、工程保险等进行了专门约定：

（1）缺陷责任期。该工程水利类工程施工招标项目关于工程缺陷责任期的约定分两个类：2016 年、2017 年水利类工程施工招标项目，缺陷责任期约定为"从工程通过合同工程完工验收开始至通过工程竣工验收止（最长不超过 2 年）"；2018 年及以后水利类工程施工招标项目，缺陷责任期约定为"从工程通过合同工程完工验收后开始至通过工程竣工验收止（但不少于 24 个月）"。

根据《建设工程质量保证金管理办法》（建质〔2017〕138 号）第二条第三款缺陷责任期一般为 1 年，最长不超过 2 年，由发包、承包双方在合同中约定。《标准施工招标文件》及《水利水电工程标准施工招标文件（2009 年版）》合同通用条款第 19.3 款关于缺陷责任期延长的表述为：由于承包人原因造成某项缺陷或损坏使某项工程或工程设备不能按原定目标使用而需要再次检查、检验和修复的，发包人有权要求承包人相应延长缺陷责任期，但缺陷责任期最长不超过 2 年。

约定缺陷责任期不少于 24 月，与《建设工程质量保证金管理办法》（建质〔2017〕138 号）等相关规定不符。根据引江济淮项目工期长的实际，缺陷责任期最长设置为 24 个月为宜。

（2）履约保证金。《安徽省水利水电工程施工招标文件示范文本（2017 年版）》《安徽省水利水电工程施工招标文件示范文本（2018 年版）》《安徽省水利水电工程施工招标文件示范文本（2020 年版）》均推荐了履约保函形式，供中标人选用。

该工程 2018 年下半年至 2019 年上半年以及 2020 年水利类工程施工项目履约保证金接受保函形式。接受保函（或担保）形式履约保证金的项目占水利类工程施工项目的 38%，保函使用率低。

（3）变更的估价原则。该工程项目的变更估价采用了示范文本的估价原则，在实际工程建设管理中较为常见。鉴于该工程的技术复杂性、行业交叉性超出了一般项目，采用示范文本约定的表述，涵盖全部专业及项目难度较大，建议在后期施工标的招标文件专用条款中，将变更估价原则做进一步的细化，更利于实际操作。

水利类工程变更估价采用了水利示范文本的估价原则。2016—2018 年水利工程施工项目变更的估价原则：凡已标价工程量清单中无相同子目的单价，按现行水利工程造价管理规定进行组价，将组价乘以投标报价系数（Y）。具体组价方法为：参考水利部现行有关预算定额和安徽省相应补充定额，上述定额不含的，参照其他行业现行预算定额；人工、材料、机械台班价格采用投标价格水平；有关费率及工程单价编制按水利部和安徽省有关现行规定执行。"人工、材料、机械台班价格采用投标价格水平"指投标时的基期价时的信息价。

2019 年及以后水利工程施工项目变更的估价原则：已标价工程量清单中无适用或类似子目单价的，应按投标单价费用构成和相应费率进行组价；人工、材料、机械台时用量按照现行水利部预算定额和安徽省预算补充定额确定，上述定额不包含的，可参考其他行业相关定额确定；人工、材料、设备和机械台时价格采用投标价格，投标价格中不包含的，依据造价信息确定。涉及价格调整的，按照合同条款第 16 条进行调整。

该工程公路、水运、市政工程等关于变更估价原则、物价波动引起的价格调整、预付款、进度款、质保金等的约定与水利工程类项目类似，相应内容在本章其他节不再赘述。

（4）物价波动引起的价格调整。

1）该工程价格调整约定。该工程采用单价合同。其中 2016 年、2017 年招标项目均约定为不予调整。2018 年及以后招标项目，根据不同项目的工期分别约定，对于工期不足 24 个月的约定为不予调整，对于 24 个月及以上的约定为可调整。

2）该工程价格调整方式。合同专用条款约定的"采用造价信息调整价格差额"，该方法是利用工程所在地发布的材料价格信息，对合同约定的可调项目逐项计算价差累计调整差额。明确了调价调整的范围、价格调整的项目、材料价格的来源、风险幅度（钢筋：$r = \pm 5$；水泥、砂、碎石：$r = \pm 10$）及计算方法。

3）结论和建议。由于建设期内各种材料的价格受市场及政策等因素影响，其变化幅度往往是发包人和承包人在招标投标阶段难以预测的，因此对于工期长的项目允许对主要材料进行调差，避免承包人承担过多的价格风险是合理的，有利于保证工程顺利实施，确保工程质量和进度。引江济淮工程设置六个建管处，每个建管处对应 1 家造价咨询单位，该工程施工单位众多，又涉及多行业，跨越多地市，需要充分发挥造价咨询机构总协调单位的作用，进一步统一价格调整在执行层面的一致性，避免同一事项产出不同的处理结果。

（5）预付款。对于工程预付款的支付，该工程根据履约保证金是否采用保函形式进行了不同约定。

履约保证金采用电汇或转账的项目，工程预付款金额约定为签约合同价（不含暂列金、暂估价）的 10％；工程预付款担保约定为：担保额度为预付款金额的 100％，担保方式为银行预付款保函（担保须从中行、农行、工行、建行、交行、徽商银行中选择一家出具）。

履约保证金采用银行保函或担保机构担保或电汇或转账的项目，工程预付款金额约定为签约合同价（不含暂列金、暂估价）的 10％，如承包人提供履约担保为银行保函或担保机构担保，发包人不支付预付款。工程预付款担保约定为：担保额度为预付款金额的 100％，担保方式为银行预付款保函（保函须由国有或国有控股的银行出具）。

由于该工程的预付款数额较大，约定承包人接受工程预付款的同时向发包人提供等额预付款保函是合理的，有效防范了资金风险，确保工程预付款全部用于工程中而不被挪作他用。但以提交现金形式的履约保证金作为支付预付款的前提条件，与优化营商环境、降低施工企业负担的精神和要求不尽一致，该问题在访谈及问卷调查中均有所反映。建议在后续招标工作中调整该规定。

（6）进度款。工程进度款约定为按月进度支付合同工程进度款的 80％（支付时扣除违约金，如有），工程完工验收合格，颁发完工证书经结算审计后付至结算价的 97％，剩余 3％作为工程质量保证金。

2019 年 12 月，项目法人下发《关于引江济淮工程（安徽段）施工合同工程进度款支付比例调整的通知》，在承包人完成该工程施工合同投资额达到合同额（不含暂估价和暂列金）的 30％后，施工合同工程进度款支付比例由 80％调增到 90％，有利于促进工程建设进度，减轻承包人资金压力。

截至目前，关于进度款支付比例的调整均采用签订补充合同的形式约定，虽然保证了招标文件的前后一致性，但也存在招标文件本身与减轻企业负担的国家政策精神有所冲突的嫌疑，建议后续招标工作中直接在招标文件合同条款予以明确。

（7）质量保证金。2016 年水利类工程招标项目，质量保证金设置为结算价的 5％，2017 年及以后水利类工程招标项目，质量保证金设置为结算价的 3％，符合《建设工程质量保证金管理办法》（建质〔2017〕138 号）的规定。

（8）工程保险。2018 年 11 月，发包人统一购买了该工程工程保险和第三者责任险，之后的项目上述两项保险统一由发包人购买，这一做法对于整个工程建设项目而言，节省了保费支出，同时利于后期项目保险理赔。

（9）违约条款。该工程施工项目（水利、交通、市政等）除部分合同金额小于 1 亿元

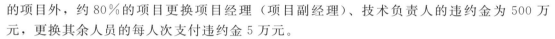

的项目外，约80％的项目更换项目经理（项目副经理）、技术负责人的违约金为500万元，更换其余人员的每人次支付违约金5万元。

（三）招标公告及招标文件发布

2016—2017年该工程所有公开招标项目招标公告在中国采购与招标网、安徽合肥公共资源交易中心网网站发布，符合《国家计委关于指定发布依法必须招标项目招标公告的媒介的通知》（计政策〔2000〕868号）规定；2018年及以后的招标公告发布媒介增加了中国招标投标公共服务平台，发布的媒介及招标公告内容符合《招标公告和公示信息发布管理办法》规定。此外，由安徽省交通运输厅监管的项目发布媒介增加安徽省交通运输厅网站，符合监管部门要求。

招标文件的获取时间平均时长20日，最短为14日，符合《招标投标法实施条例》第十六条"资格预审文件或者招标文件的发售期不得少于5日"的规定；招标文件发出之日至投标人提交投标文件截止之日平均时长28日，29％的项目涉及延期开标，其中招标准备期最长时间为49日（西淝河入淮河口至西淝河北站段H001标，推迟开标时间2次），最短时间为20日，符合《招标投标法》第二十四条"依法必须进行招标的项目，自招标文件开始发出之日起至投标人提交投标文件截止之日止，最短不得少于二十日"的规定。

（四）现场踏勘组织及投标预备会召开

工程施工招标项目现场的环境条件对投标人的报价及施工组织设计有较大影响，潜在投标人需要对现场条件进行全面踏勘，如工程建设项目的地理位置、地形、地貌、地质、水文、气候情况，工程现场的平面布局、交通、供水、供电、通信、污水排放等条件，工程施工临时用地、临时设施搭建的条件及工作界面等。

该工程所有项目均未组织现场踏勘，也未召开投标预备会。建议对招标项目进行甄别，对于现场环境复杂、尤其涉及行业交叉或者工作界面复杂的项目以合理方式组织现场踏勘，并召开投标预备会，提高投标人报价的合理性及施工组织设计的针对性，同时有利于进一步明确工作界面，减少后期合同管理隐患。

（五）招标文件澄清与修改

1. 澄清修改内容

澄清修改内容涉及最高投标限价的项目有34个，占项目总数量的100％；涉及工程量清单的项目有21个，占项目总数量的62％；涉及合同条款的项目有18个，占项目总数量的53％；涉及技术条款的项目有17个，占项目总数量的50％；涉及图纸的项目有12个，占项目总数量的35％；澄清修改内容可能影响投标文件编制，且不足15日的均顺延了提交投标文件的截止时间，符合《招标投标法实施条例》第二十一条规定，涉及延期开标的项目有10个，占项目总数量的29％。水利类工程施工项目澄清修改内容分析见表3-2-8。

在问卷调查中也反馈了施工类项目认为技术标准和要求"完整准确"的占比为60％，"较完整准确"的占比40％；认为工程量清单"完整准确"的占比为54％，认为"较完整准确"的占比44％。综合澄清修改内容及问卷调查反馈，反映了招标前期的准备工作尚不够充分。工程量清单及技术条款复核尚待加强，最高投标限价编制的时间节点尚需提前。设计单位、造价咨询单位、招标代理机构应加强进度节点控制，招标人应统筹协调，

表 3 - 2 - 8　　　　　　　水利类工程施工项目澄清修改内容分析表

序号	澄清修改内容	涉及项目数量/个				占项目总数量的比例/%
		河道工程	建筑物工程	管道供水工程	合计	
1	最高投标限价	23	9	2	34	100
2	工程量清单	17	3	1	21	62
3	合同条款	13	4	1	18	53
4	技术条款	12	4	1	17	50
5	评标办法	12	4	1	17	50
6	图纸	10	1	1	12	35
7	投标人须知	7	3	0	10	29
8	延期开标	7	2	1	10	29
9	投标文件格式	3	2	0	5	15
10	工程（货物）量清单格式	1	1	0	2	6
11	其他	4	0	0	4	12

加强与各方的沟通，确保各项成果满足招标质量，减少澄清修改，避免延期开标，提高招标时效。在访谈中建管处及造价咨询机构也反馈需要给予造价审核预留一定时间，以有效发挥造价咨询机构清单及控制价的审核作用。

2. 澄清修改频次

水利类工程施工项目共发布澄清修改通知 56 个，平均每项目发布近 2 个。从发布澄清修改的频次来看，澄清修改 1 次的项目有 19 个，占项目总数量的 56%；澄清修改 2 次的项目有 10 个，占项目总数量的 29%；澄清修改 3 次的项目有 3 个，占项目总数量的 9%；澄清修改 4 次的项目有 2 个，占项目总数量的 6%。发布澄清修改不同频次项目数量分析见表 3 - 2 - 9，不同频次（澄清修改发布）项目占比见图 3 - 2 - 2。

表 3 - 2 - 9　　　　　　　不同频次项目数量分析表

序号	发布澄清修改频次	涉及项目数量/个	占项目总数量的比例/%
1	1	19	56
2	2	10	29
3	3	3	9
4	4	2	6
合计		34	100

（六）投标保证金收取

投标保证金收取总体符合国家相关规定，投标保函的使用占比不高。建议后续招标中按照相关要求同时接受电子保函。

（七）投标文件接收

该工程主要采用纸质招标，招标人于投标截止时间前在招标文件约定的地点现场接收投标文件。由于投标人数量一般较多，现场投标文件接收工作量大，相比电子招标投标效率低。

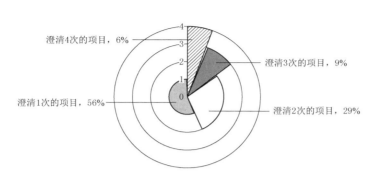

图 3-2-2　不同频次（澄清修改发布）项目占比

四、开标、评标与定标

（一）开标

招标人（招标代理机构）按照招标文件约定组织开标会议，开标会议组织规范，投标人代表对开标过程无异议。值得一提的是，在"引江济淮工程（安徽段）江淮沟通段施工J007-1标"等四个施工标的开评标会议组织中，共接收到 63 家投标人共 178 套投标文件，整个开评标会议历时 7 天，当时在安徽合肥公共资源交易中心创下连续评标时间最长的纪录。该次开评标会议涉及标段和投标文件数量均较多，评标办法也比较复杂，在招标人（招标代理机构）的组织下，整个开评标过程紧凑、平稳，得到了评委、监督部门和交易中心的一致认可和高度评价，充分展示了招标人（招标代理机构）组织大型项目开评标的能力。在该次开评标会议组织过程中，得到了安徽合肥公共资源交易中心的大力支持。

该工程主要采用纸质招标方式，整个开标会议耗时较长，单标段项目一般次日开启商务文件，多标段项目最长开标前后间隔数日之久，占用公共资源较多，建议后续招标积极采用全流程电子招标投标，采用远程解密，提高开标效率。

截至目前，该工程共完成 34 个水利类工程施工项目招标工作，平均每标段 22 家投标人。其中河道工程 23 个标段，占水利类工程项目的 68%，平均每标段 27 家投标人；建筑物工程 9 个标段，占水利类工程项目的 26%，平均每标段 11 家投标人；管道供水工程2 个标段，占水利类工程项目的 6%，平均每标段 6 家投标人。投标人数量、标段数量比例分布见图 3-2-3。

总体而言，在该工程中建筑物工程的投标人数量相对稳定，受投资规模及行业交叉影响小，各年度情况基本一致；河道工程的投标人数量受投资规模及行业交叉影响较大，投标人数量随着标段投资规模增大而增多，同等投标规模下不涉及行业交叉的投标人数量约为涉及行业交叉的 2 倍。

经统计分析，该工程不涉及行业交叉的河道工程竞争性最强，平均每标段 35 家投标人，

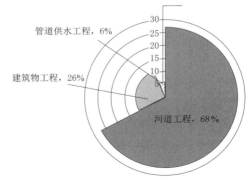

图 3-2-3　投标人数量、标段数量比例分布

其中概算 10 亿元以上的标段投标人数量最多，平均每标段达 45 家；涉及水利、公路行业交叉的河道工程平均每标段 15 家投标人。受标段投资规模影响，2018 年河道工程投标人数量达到最高峰，2019 年则应随着标段投标规模降低而减少。投标人数量统计见表 3-2-10 和表 3-2-11。投标人数量与对应最高投标限价分布见图 3-2-4、图 3-2-5 和图 3-2-6。

表 3-2-10　　　　　　　水利类工程施工项目投标人数量统计表

序号	主要建设内容	涉及行业	标段概算金额/元	标段数量/个	标段平均投标人数量/家		标段平均概算/万元
1	河道工程	水利	1 亿～5 亿	4	19	35	97762.50
			5 亿～10 亿	3	36		
			10 亿～20 亿	7	45		
		水利＋公路	1 亿～5 亿	3	9	15	
			5 亿～10 亿	1	15		
			10 亿～20 亿	4	18		
			20 亿以上	1	25		
2	建筑物工程	水利	1 亿以下	1	12	11	64253.11
			1 亿～5 亿	5	10		
		水利＋公路	10 亿～20 亿	1	22		
		水利＋水运	10 亿～20 亿	1	8		
		水利＋公路＋水运	10 亿～20 亿	1	8		
3	管道供水工程	水利	1 亿～5 亿	2	6	6	27330.22
	合计			34	22（平均）		84749.29（平均）

注　本表按所涉及行业及标段概算金额统计。

表 3-2-11　　　　　　水利类工程施工项目各年度投标人数量统计表

序号	主要建设内容	年度	标段数量/个	标段平均投标人数量/家		标段平均概算/万元	备　注
1	河道工程	2017	4	19	27	84566.38	75%项目涉及行业交叉
		2018	11	35		125113.05	36%项目涉及行业交叉
		2019	8	21		66753.56	25%项目涉及行业交叉
2	建筑物工程	2016	1	16	11	14100.00	
		2017	1	12		10119.00	
		2018	6	10		91577.17	
		2020	1	12		4596.00	
3	管道供水工程	2017	1	9	6	36548.44	
		2018	1	3		18112.00	

此外，河道工程项目分批次集中招标更体现了规模性效应，如 J006-1、J007-2、C006-2 等项目同批次集中招标（简称 A 批次）平均每标段投标人数量达 54 家，平均概

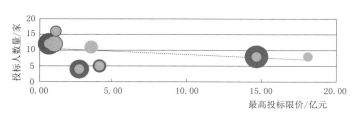

图 3-2-4 建筑物工程投标人数量对应最高投标限价分布表

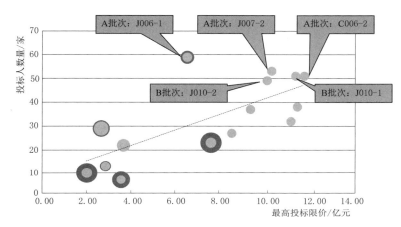

图 3-2-5 河道工程（不涉及行业交叉）投标人数量对应最高投标限价分布表

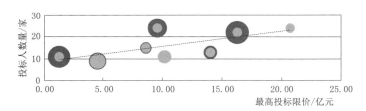

图 3-2-6 河道工程（涉及行业交叉）投标人数量对应最高投标限价分布表

算 115574 万元/标段；J010-1、J010-2 两项目同批次招标（简称 B 批次），平均每标段
投标人数量为 50 家，平均概算 128200 万元/标段。

（二）评标

1. 评标委员会组建

该工程评标专家主要从安徽省综合评标评审专家库抽取，涉及水运行业的部分专家从
交通运输部水运工程和交通支持系统工程综合评标专家库抽取，技术、经济等方面的专家
不少于成员总数的 2/3，评标委员会组建符合《招标投标法》第三十七条及《招标投标法
实施条例》第四十六条规定。

2. 否决投标情况

（1）技术标初步评审否决家数。技术标初步评审阶段被否决的投标人数量平均每标段
4 家，否决投标占比为 18.2%。其中河道工程否决的投标人数量平均每标段 4.4 家，否决

投标占比为 16.3％；建筑物工程否决的投标人数量平均每标段 3.2 家，否决投标占比为
29.1％；管道供水工程否决的投标人数量平均每标段 2 家，否决投标占比为 33.3％。水
利类工程施工项目否决投标情况见表 3-2-12。

表 3-2-12　　　　　　　　水利类工程施工项目否决投标情况统计表

序号	主要建设内容	标段平均投标人数量/家	技术标否决投标情况		商务标否决投标情况		总体否决投标情况	
			标段平均否决数量/家	占比/%	标段平均否决数量/家	占比/%	标段平均否决数量/家	占比/%
1	河道工程	27	4.4	16.3	0.6	2.2	5	18.5
2	建筑物工程	11	3.2	29.1	0.4	3.6	3.6	32.7
3	管道供水工程	6	2	33.3	0	0.0	2	33.3
	合　计	22	4	18.2	0.5	2.3	4.5	20.5

　　技术标初步评审被否决投标的主要原因为项目经理及技术负责人业绩证明材料不符合
要求、其他人员数量及证明材料不符合要求、企业业绩材料不符合要求等。其中项目经理
及技术负责人业绩证明材料不符合要求的有 44 家，占被否决投标人总数的 29.7％；其他
人员数量及证明材料不符合要求的有 38 家，占被否决投标人总数的 25.7％；企业业绩材
料不符合要求的有 22 家，占被否决投标人总数的 14.9％。水利类工程施工项目否决投标
原因见表 3-2-13 和图 3-2-7。

表 3-2-13　　　　　　　　水利类工程施工项目否决投标原因统计表

序号	被否决原因	被否决的投标人数量/家				占被否决投标人总数的比例/%
		河道工程	建筑物工程	管道供水工程	合计	
1	项目经理及技术负责人业绩证明材料	34	9	1	44	29.7
2	其他人员数量及证明材料	32	4	2	38	25.7
3	企业业绩材料	16	4	2	22	14.9
4	报价	13	1	0	14	9.5
5	企业业绩规模	4	9	0	13	8.8
6	投标文件格式	13	0	0	13	8.8
7	项目管理机构人员在建	2	2	0	4	2.7
8	其他	0	0	0	0	0.0
	合　计	114	29	5	148	100.0

　　（2）商务标初步评审否决情况。商务标初步评审被否决的投标人数量平均每标段 0.5
家，否决投标占比为 2.3％。其中河道工程否决的投标人数量平均每标段 0.6 家，否决投
标占比为 2.2％；建筑物工程否决的投标人数量平均每标段 0.4 家，否决投标占比为
3.6％；管道供水工程未出现在商务标初步评审被否决的情形。

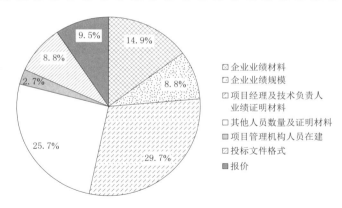

图 3－2－7　水利类工程施工项目否决投标原因分布图

商务标初步评审被否决投标的主要原因为已标价工程量清单中工程量保留位数与招标文件发布的工程量清单小数点保留位数不一致或存在缺漏项，共计 9 家，占被否决投标人总数的 9.5％。上述问题与投标人在编制预算过程中数据格式转换有关，该工程提供的工程量清单为 Word 版，投标人须导入造价软件编制，然后再导出 Excel 格式，易导致小数位保留不一致或造成漏项。

3. 技术标评审

（1）业绩、获奖等客观因素评审情况。经统计分析，在详细评审阶段客观评审因素满分率为 12％，其中投标人业绩满分率为 48％，获奖满分率为 35％，项目经理得满分率为54％，项目副经理满分率为 67％，技术负责人满分率为 69％。总体而言，各项评审因素的设置合理，具有竞争性和择优性。客观因素评审情况统计见表 3－2－14。

表 3－2－14　　　　　　水利类工程施工项目客观因素评审情况统计表

评审因素	参与赋分的投标人平均数量/家	得满分的投标人平均数量/家	满分率/％
客观因素		3.1	12
其中：业绩		13.4	48
获奖	23.6	7.7	35
项目经理		14.1	54
项目副经理		7.2	67
技术负责人		14.6	69

注　以上数据来源于从水利类工程施工项目中随机选取的 14 个统计样本，占水利类工程施工项目标段数量的 45％。

（2）项目经理陈述与答辩评审情况。项目经理陈述与答辩（样本的选取同客观因素评审情况统计表 3－2－14）：投标人得分率为 33％～99％。经统计分析，项目经理陈述与答辩对综合得分排名第 1 名的影响率为 31％（扣减项目经理答辩得分后的排名，不是第 1名的占比），对第 2 名的影响率为 50％，对第 3 名的影响率为 73％；对入围单位的影响率为 11％，因此，项目经理陈述答辩对投标单位是否入围的影响很小。

（3）施工组织设计评审情况。施工组织设计：投标人得分率为 53％～95％，不存在赋分畸高畸低情形。少数评委的赋分幅度差（指同一评委对不同投标文件赋分的最高值和最低值之间的偏差）极小，投标人得分趋于一致，未充分体现技术方案的优劣。

4. 商务标评审

该工程对已标价工程量清单的审评采用人工清标，工作量巨大，且容易出现疏漏，评审深度和质量难以得到保证，给后期合同管理带来较大隐患。《安徽省水利工程电子招投标造价数据交换导则（2020 年版）》已经发布，电子清标工具即将在水利部淮河水利委员会·安徽省水利厅电子交易平台上线运行，届时将同时提高投标人编制清单的准确性和评标效率。

（三）中标候选人公示

中标候选人公示期总体符合国家相关规定。值得一提的是，在审计通报问题中指出2019 年存在 7 个标段的公示时间不足 3 天，未严格执行 3×24h。

公示内容标准文件或示范文本中有规定的均按标准文件或示范文本执行，标准文件或示范文本没有规定的，均按国家相关法律规范及文件要求执行。

目前公示的评标情况主要包括否决投标情况及中标候选人的企业业绩以及项目负责人业绩，投标人对于其他信息无法了解，建议后续招标工作中将投标人自身的业绩、信誉、信用等级及不良记录等客观因素评审情况通过电子交易系统分别推送给投标人，方便投标人复核，进一步提高招标采购透明度，增强社会监督。在对交易中心的访谈中，也提出过公示相关评标得分的建议。

（四）中标结果

（1）中标结果公示。中标候选人公示无异议后，均确定排名第一的中标候选人为中标人，符合《招标投标法实施条例》第五十五条规定。确定中标人后根据招标文件约定及时在中国招标投标公共服务平台、安徽合肥公共资源交易中心网站发布中标结果公示，从中标候选人公示到中标结果公示平均时长 12 天。

相比最高投标限价，中标价平均降幅为 12.99%。其中河道工程中标价平均降幅为14.25%，建筑物工程中标价平均降幅为 9.13%，管道供水工程中标价平均降幅为6.31%。水利类工程施工项目中标价统计情况见表 3-2-15。

表 3-2-15　　　　　　水利类工程施工项目中标价统计表

序号	主要建设内容	最高投标限价/万元	中标金额/万元	中标价平均降幅/%
1	河道工程	1975346.57	1693842.91	14.25
2	建筑物工程	554733.73	504074.00	9.13
3	管道供水工程	52557.00	49240.16	6.31
合　计		2582637.3	2247157.07	12.99

（2）中标人情况。

1）从中标人性质来看，国有企业中标数量占 94.1%，民营企业中标数量占 5.9%；其中央企中标数量占 70.6%，地方国有企业中标数量占 23.5%。国有企业累计中标金额为 2148811.19 万元，占 95.6%，民营企业中标金额为 98345.93 万元，占 4.4%；其中中央企业累计中标金额为 1604039.38 万元，占 71.4%，地方国有企业累计中标金额为

544771.81，数量占 24.2%。水利类工程施工项目中标人性质见表 3-2-16、图 3-2-8、图 3-2-9。

表 3-2-16 水利类工程施工项目中标人性质及区域分布统计表

区域及性质	中标数量/个	中标数量占比/%	中标金额/万元	中标金额占比/%
（一）安徽省内				
其中：中央企业	1	2.9	34866.20	1.6
地方国有企业	8	23.5	544771.81	24.2
民营企业	/	/	/	/
小计	9	26.5	579638.01	25.8
（二）安徽省外				
其中：中央企业	23	67.7	1569173.18	69.8
地方国有企业	/	/	/	/
民营企业	2	5.9	98345.93	4.4
小计	25	73.5	1667519.11	74.2
合计	34		2247157.12	

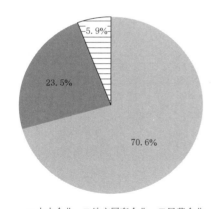 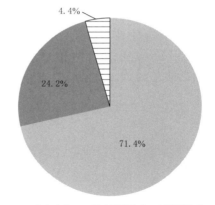

图 3-2-8 国有企业与民营企业中标数量 图 3-2-9 国有企业与民营企业中标金额

2）从中标人区域来看，安徽省内企业中标数量占 26.5%，安徽省外企业中标数量占 73.5%。安徽省内企业累计中标金额为 579638.01 万元，占 25.8%，安徽省外企业累计中标金额为 1667519.11 万元，占 74.2%。安徽省内外企业中标数量和金额见图 3-2-10 和图 3-2-11。

3）从中标人行业类型来看，主营水利企业中标数量占 67.7%，铁路企业中标数量占 20.6%，水运企业中标数量占 2.9%，电力企业中标数量占 8.8%。主营水利企业累计中标金额为 1431793.77 万元，占 63.7%，铁路企业累计中标金额为 574444.18 万元，占 25.6%，水运企业累计中标金额为 132719.25 万元，占 5.9%，电力企业累计中标金额为 108199.97 万元，占 4.8%。水利类工程施工项目中标人行业类型见表 3-2-17，不同行业企业中标数量和金额见图 3-2-12 和图 3-2-13。

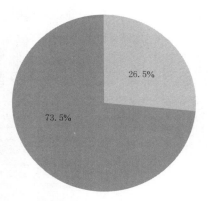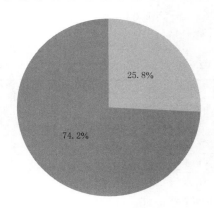

　　　　■安徽省内企业　■安徽省外企业　　　　　　　■安徽省内企业　■安徽省外企业

　　图 3-2-10　安徽省内外企业中标数量　　　　图 3-2-11　安徽省内外企业中标金额

表 3-2-17　　　　　　　　　　水利类工程施工项目中标人行业类型统计表

企业类型	中标数量/个	中标数量占比/%	中标金额/万元	中标金额占比/%
主营水利企业	23	67.7	1431793.77	63.7
铁路企业	7	20.6	574444.18	25.6
水运企业	1	2.9	132719.25	5.9
电力企业	3	8.8	108199.97	4.8
合　计	34	100	2247157.12	100

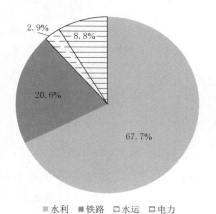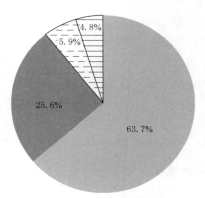

　　　　■水利　■铁路　□水运　□电力　　　　　　■水利　■铁路　□水运　□电力

　　图 3-2-12　不同行业企业中标数量　　　　图 3-2-13　不同行业企业中标金额

　　总体而言，该工程招标充分开放竞争，吸引了各地区各行业企业参与投标，市场开放程度高，一定程度上促进了建设市场的融合统一。

　　（3）建议。《招标投标法（修订草案送审稿）》第四十五条规定"评标委员应当按照招标文件规定的数量推荐中标候选人，并对每个中标候选人的特点、优势、风险等评审情况和推荐理由进行说明；除招标文件明确要求排序的外，推荐中标候选人可以不标明排序。招标人根据评标委员会提出的书面评标报告和推荐的中标候选人，按照招标文件规定的定标方法，自主确定中标人"。在新的《招标投标法》颁布实施前，建议依据《安徽省发展改革委安徽省住房城乡建设厅安徽省交通运输厅安徽省水利厅安徽省公安厅关于进一步规范工程建设项目招标投标活动的若干意见》探索采用"评定分离"方法开展招标。比如把建设单位对参建单位的考核结果纳入定标的方法中，并在招标文件中明确，鉴于目前"评定分离"仍在探索阶段，需要深入研究考核的内容及考核的等级划分，既要在定标阶段发挥作用，又要避免排斥投标人的嫌疑。

五、合同签订

合同签订前，招标人组织了清标及合同谈判，并不断强化该项工作。通过清标对合同执行、后期履约管理风险起到了前置的预判、防范作用，有效遏制恶意不平衡报价；通过清标对中标人的履约能力进行初步评估，作为合同执行阶段的管控重点。

中标通知书发出后 30 天内，招标人与各中标人签订了合同，符合《招标投标法》第四十六条规定。

六、合同履约情况反馈

1. 履约保证金

（1）国家关于履约保证金形式的相关规定和要求。近年来，为进一步深化"放管服"改革、优化营商环境，国家及相关部门相继出台《国务院办公厅关于清理规范工程建设领域保证金的通知》（国办发〔2016〕49 号）、《国务院办公厅关于聚焦企业关切进一步推动优化营商环境政策落实的通知》（国办发〔2018〕104 号）、《关于促进政府采购公平竞争优化营商环境的通知》（财库〔2019〕38 号）等文件，并于 2019 年发布《优化营商环境条例》，旨在为各类市场主体投资兴业营造稳定、公平、透明、可预期的良好环境。文件明确要求转变保证金缴纳方式，推行银行保函制度，推广以金融机构保函替代现金缴纳涉企保证金，减轻企业负担。

（2）安徽省关于履约保证金形式的相关规定。2019 年 12 月 30 日，安徽省发布《安徽省实施〈优化营商环境条例〉办法》，自 2020 年 1 月 1 日起施行。该办法第二十一条第二款明确对政府性基金、涉企行政事业性收费、涉企保证金及实行政府定价的经营服务性收费，实行目录清单管理并向社会公开。推广以金融机构保函替代现金缴纳涉企保证金。

（3）该工程履约保证金形式调整。2019 年 11 月，项目法人下发《关于引江济淮工程（安徽段）合同履约担保采用银行保函替换履约保证金的通知》，对工程进度达到合同额的 50% 且预付款已扣回 60% 的项目，同意合同履约担保形式由国有或国有控股的银行出具的履约保函替换履约保证金，切实减轻了承包人负担和建设过程中资金压力。

2. 农民工工资支付保障

2019 年 1 月，项目法人依据《国务院办公厅关于全面治理拖欠农民工工资问题的意见》（国办发〔2016〕1 号）、《安徽省人民政府办公厅关于全面治理拖欠农民工工资问题的实施意见》（皖政办〔2016〕22 号）制定并颁布了《引江济淮工程保障农民工工资管理办法》，并作为施工合同附件。该办法明确加强农民工用工管理，要求施工企业必须依法与招用的农民工签订劳动合同，建立职工名册，实行先签订劳动合同后进场施工；实行农民工实名制管理制度及施工现场维权信息公示制度；实行农民工工资保障金制度、农民工工资专用账户管理制度等。办法的制定与实施，有效预防和解决农民工工资拖欠问题，切实保障农民工合法权益，维护社会和谐稳定，保证该工程顺利建设。2020年11月，项目法人依据《保障农民工工资支付条例》对《引江济淮工程保障农民工工资管理办法》进行了修订，使办法更具操作性，确保各项措施落到实处。

3. 变更的估价原则

实施过程中，项目法人组织全过程造价咨询单位依据合同、招标投标文件和《安徽省引江济淮工程设计变更管理办法》等规定，编制了设计变更估价原则的作业指引，以指导和确定变更单价。

4. 价格调整

2018年6月，项目法人制订并印发《安徽省引江济淮工程施工标材料价差调整管理办法》（皖引江合同〔2018〕246号），在遵照合同约定的基础上，对调差范围、种类、价差的风险幅度及调差周期、调差数量、调差办理程序等进行了细化和明确；2019年10月修订并印发《安徽省引江济淮工程施工标材料价差调整管理办法》（皖引江合同函〔2019〕291号），进一步规范了施工标材料价差调整办理。办法的制定和执行使得施工标材料价差调整更加规范，更具操作性，有利于更加合理控制投资，及时修订制度，对前期执行过程中发现的问题及时完善，体现了建设单位动态管理合同的能力。建议后期根据材料价差调整管理办法进一步优化、细化合同专用条款。

根据《引江济淮工程（工程类）合同款审核执行台账》统计，约定进行材料调差的水利类工程施工项目共计24个，占水利类工程施工项目合同总数量的70%，相应签约合同价总额（不含暂列金、暂估价）为1781948.32万元。

截至目前，累计主材价差调整费用总金额为152.58万元；其中砂、碎石及水泥主要为调增，柴油、钢筋为调减。建筑物工程累计调增538.09万元，河道工程、管道供水工程分别调减242.68万元、142.83万元。水利类工程施工项目主材价差调整费用统计见表3-2-18，审核累计调差费用（按主材）见图3-2-14，审核累计调差费用（按主要建设内容）见图3-2-15。

表3-2-18　　　　　水利类工程施工项目主材价差调整费用统计表

序号	调整项目	签约合同价总额/万元	审核累计调差费用/万元	占比/%
		按主材统计		
1	柴油		−2998.85	−0.17
2	钢筋		−1706.17	−0.10
3	钢绞线		−13.53	0.00
4	水泥	1781948.32	656.81	0.04
5	碎石		1737.54	0.10
6	砂		2476.77	0.14
合　计		1781948.32	152.58	0.01

续表

序号	调整项目	签约合同价总额/万元	审核累计调差费用/万元	占比/%
按主要建设内容统计				
1	河道工程	1347241.283	−242.68	−0.01
2	建筑物工程	417314.97	538.09	0.03
3	管道供水工程	17392.0665	−142.83	−0.01
合　计		1781948.32	152.58	0.01

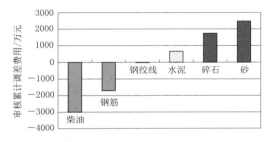

图 3-2-14　审核累计调差费用图（按主材）

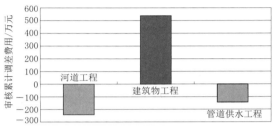

图 3-2-15　审核累计调差费用图（按主要建设内容）

5. 设计变更

水利工程设计变更分为重大变更和一般变更。重大设计变更包括：建设规模、设计标准、总体布局、布置方案、主要建筑物结构型式、重要机电金属结构设备、重大技术问题的处理措施、施工组织设计等方面发生变化，对工程的质量、安全、工期、投资、效益产生重大影响。一般设计变更是指对工程质量、安全、工期、投资、效益影响较小的局部工程设计方案、建筑物结构型式、设备型式、工程内容、质量指标和工程量等方面的变化。

根据《引江济淮工程（安徽段）设计变更台账》，截至目前，水利类工程施工项目未发生重大变更，发生一般变更累计109项，发包人累计批准变更金额4857.42万元。

6. 违约情形

截至目前，有14个水利工程施工项目承包人发生人员缺勤、人员变更等违约情形，建设单位根据合同约定收取了违约金。

涉及人员缺勤的项目7个，占水利工程施工项目的21%；涉及人数34人，违约金额合计102.3万元；其个别项目人员缺勤问题较为突出。涉及人员变更的项目9个，占水利工程施工项目的26%；涉及人数53人，违约金额合计265万元。其中3个项目变更人员超10人，其他6个项目承包人变更人员在5人以下。水利类工程施工项目承包人违约情形见表3-2-19。

表 3-2-19　　水利类工程施工项目承包人违约情形统计表

序号	项目名称	承包单位	承包人违约情形1（人员缺勤）		承包人违约情形2（人员变更）	
			人数	违约金额/万元	人数	违约金额/万元
1	项目1	承包人1	0	0	1	5
2	项目2	承包人2	6	15.6	0	0

续表

序号	项目名称	承包单位	承包人违约情形1（人员缺勤）		承包人违约情形2（人员变更）	
			人数	违约金额/万元	人数	违约金额/万元
3	项目3	承包人3	0	0	1	5
4	项目4	承包人4	5	30.6	3	15
5	项目5	承包人5	4	6.5	0	0
6	项目6	承包人6	0	0	14	70
7	项目7	承包人7	1	3.6	0	0
8	项目8	承包人8	0	0	3	15
9	项目9	承包人9	0	0	11	55
10	项目10	承包人10	0	0	12	60
11	项目11	承包人11	12	32.1	0	0
12	项目12	承包人12	2	2.5	4	20
13	项目13	承包人13	4	11.4	0	0
14	项目14	承包人14	0	0	4	20
合　计			34	102.3	53	265

总体而言，大部分承包人能够自觉履行投标承诺，按照约定投入人员并严格人员管理。

第三节　交通类工程施工项目招标投标过程评估

一、基本情况

该工程项目中交通类工程施工项目招标分属两个行业，分别是水运行业和公路行业，其中，水运行业项目招标内容涉及船闸、锚地、桥梁、航道等，公路行业项目招标内容主要为公路桥梁。

截至目前，累计完成18个交通类工程施工项目招标工作，其中水运行业9个（含水运公路交叉行业）、公路行业9个，概算596981.70万元，累计中标金额527561.43万元，降幅金额69420.27万元，降幅率11.63%。交通类工程施工招标情况一览表见表3-3-1。

表3-3-1　　　　　　　　　交通类工程施工招标情况一览表

年度	标段数量/个	概算/万元	中标金额/万元	降幅金额/万元	降幅率/%
2018	3	137239.00	107641.99	29597.01	21.57
2019	10	337954.71	308979.34	28975.37	8.57
2020	5	121787.99	110940.10	10847.89	8.91
合计	18	596981.70	527561.43	69420.27	11.63

二、招标准备

(一) 标段划分

已完成招标工作的交通类工程施工项目共计 18 个，具体标段划分如下。

(1) 根据主要建设内容划分：船闸、锚地、桥梁等水运建筑物标段 6 个，概算 209530.6 万元；航道工程标段 3 个，概算 121938.2 万元；公路桥梁工程标段 9 个，概算 265512.9 万元。

(2) 根据所涉行业划分：水运行业施工项目共实施招标标段数量为 9 个，概算 331468.8 万元；公路行业施工项目招标标段共实施招标标段数量为 9 个，概算 265512.9 万元。

(3) 根据概算划分：概算为 1000 万～5000 万元的共 2 个标段；概算为 1 亿～5 亿元的共 12 个标段；概算为 5 亿～10 亿元的共 4 个标段。

交通类工程施工项目标段划分一览表见表 3-3-2。

表 3-3-2　　　　　　　交通类工程施工项目标段划分一览表

序号	主要建设内容	涉及行业	标段概算/元	标段数量/个
1	公路桥梁工程	公路	1000 万～5000 万	1
			1 亿～5 亿	6
			5 亿～10 亿	2
2	航道工程	水运	1 亿～5 亿	2
			5 亿～10 亿	1
3	水运建筑物工程		1000 万～5000 万	1
			1 亿～5 亿	4
			5 亿～10 亿	1
合　计				18

(二) 市场调研

交通类工程施工项目市场调研的主要内容为潜在投标人数量、业绩数量、企业获奖等内容，其中业绩调研的重点是不同等级的船闸业绩、疏浚工程的合同金额业绩、桥梁跨径等。

三、招标投标

(一) 招标文件编制

1. 标准文件及范本的选用

水运类工程施工项目招标文件编制的依据为《水运工程标准施工招标文件》(JTS 110-8-2008)。

2020 年 1 月以前招标的公路类工程施工项目招标文件编制的依据为《公路工程标准施工招标文件 (2018 年版)》；2020 年 1 月以后招标的公路类工程施工项目招标文件编制的依据为《合肥市公路工程施工招标文件示范文本 (2020 年版)》。

2. 资格条件设置

（1）水运类工程施工项目。水运类工程施工项目资质均为施工总承包特级资质（资质证书中承包工程范围明确可承接港口与航道工程施工总承包）或港口与航道工程施工总承包一级及以上资质。

"类似项目"的设定主要包括了以下 4 种类型：①新建 1000t 级或船闸有效尺度 200m×23m×3.5m 及以上船闸主体工程施工项目；②新建 500t 级（兼顾 1000t 级）或船闸有效尺度 200m×23m×3.5m 及以上船闸主体工程施工项目；③单项签约合同金额不低于 1000 万元及以上的水运工程施工项目；④单项签约合同金额不低于 5000 万元含船舶疏浚工程的施工项目。

水运公路交叉工程施工项目资质设置为施工总承包特级资质（资质证书中承包工程范围明确可承接港口与航道工程、公路工程施工总承包）或同时具备港口与航道工程施工总承包一级及以上资质和公路工程施工总承包贰级及以上资质。类似项目设置为同时具有：新建 1000t 级或船闸有效尺度 200m×23m×3.5m 及以上船闸主体工程施工项目和含主跨 100m 及以上桥梁工程施工项目。

（2）公路类工程施工项目。公路类工程施工项目资质设置为以下两类：①公路工程施工总承包一级及以上资质；②公路工程施工总承包一级及以上资质或施工总承包特级资质。"类似项目"的设定主要包括了以下 5 种类型：①1 座单跨跨径不小于 100m 的桥梁施工项目；②1 座单跨跨径不小于 120m 的桥梁施工项目；③1 座单跨跨径不小于 150m 的斜拉桥或悬索桥桥梁施工项目；④1 座单跨跨径不小于 120m 的钢结构桥梁施工项目；⑤1 座单跨跨径不小于 100m 或总长不小于 100m 的签约合同价 4000 万元及以上桥梁施工项目。

水运建筑物工程和公路桥梁工程项目招标的平均投标人 10.9 家，类似项目业绩满分率为 83%，水运航道工程项目招标的平均投标人 22.3 家，类似项目业绩满分率为 72%。根据投标人数量、投标人业绩得分和访谈反馈情况综合分析，资格条件尤其是类似项目的设置使得投标人数量在一个合理的范围内，保证了招标的竞争择优性。

3. 评标办法设置

（1）水运类工程施工项目评标办法。水运类工程施工项目招标文件采用的是交通运输部《水运工程标准施工招标文件》（JTS 110 - 8 - 2008），评标办法均采用综合评估法。水运类工程施工项目招标文件综合评估法分值构成如下：总分 100 分；施工组织设计 36~40 分；项目管理机构 12~14 分；投标报价 30~35 分；其他评分因素 15~18 分。

《水运工程标准施工招标文件》综合评估法评审因素及权重的设置要求为"总分 100 分，招标人可依据项目的具体情况确定不同的评审因素及权重，施工组织设计和项目管理机构分值合计不低于 50 分，对于特大型项目、技术较复杂、施工难度较高的项目，施工组织设计和项目管理机构分值合计分值不低于 60 分；其他因素：工程业绩及企业综合能力、企业荣誉及特殊能力等"，水运类工程施工项目评审因素及权重的设置符合上述规定。

（2）公路类工程项目评标办法。2020 年 1 月之前共有 8 个公路类工程施工项目评标办法采用的有效最低价总价中位值法，有效最低总价中位值法的具体内容同水利类工程施工项目三阶段评审法，本节不再赘述。

2020年1月以后，共有1个公路类工程施工项目评标办法采用的综合评估法。具体综合评估法各评审因素的权重为：主要人员12分，技术能力5分，业绩12分，履约信誉5分，施工组织设计16分，评标价得分50分。

《合肥市公路工程施工招标文件示范文本（2020年版）》规定"各评分因素权重分值范围如下：施工组织设计5～20分；主要人员10～20分；技术能力0～5分；财务能力5～10分；业绩5～12分；履约信誉3～5分"，公路类工程施工项目招标文件评审办法中评审因素及权重的设置符合上述规定。

4. 合同条款设置

交通类工程施工项目的"通用合同条款"与《中华人民共和国标准施工招标文件》（9部委第56号令）的"通用合同条款"一致，"专用条款"根据项目特点进行补充和细化。其中，与水利类"专用合同条款"相比，公路类施工项目的"专用合同条款"分为"公路工程专用合同条款"和"项目专用合同条款"。

项目专用合同条款细化了发包人及承包人关于农民工工资支付的义务、环境保护条款、细化补充了水土保持条款等内容；结合工程实际，对缺陷责任期、履约保证金、价格调整、工程获奖及创优、工程质量等进行了专门约定。

（1）缺陷责任期。该工程水运类工程施工招标项目关于工程缺陷责任期的约定有两种：2018年水运类工程施工招标项目，缺陷责任期约定为"自实际交工之日起计算（不少于24个月，其中疏浚工程不设缺陷责任期）"；2018年及以后水运类工程施工招标项目，缺陷责任期约定为"自实际交工之日起计算至通过工程竣工验收止（但不超过24个月，其中疏浚工程不设缺陷责任期）"。

该工程公路桥梁类工程施工招标项目关于工程缺陷责任期的约定也有两种：2020年公路桥梁类工程施工招标项目，缺陷责任期约定为"自实际交工之日起计算至通过工程竣工验收止（但不少于24个月）"；2020年及以后公路桥梁类工程施工招标项目，缺陷责任期约定为"自实际交工日期起计算2年"。

缺陷责任期调整后，更加符合国家及行业关于缺陷责任期的规定。

（2）履约保证金。该工程交通类工程施工招标项目关于履约保证金的约定分两类：2020年1月前，履约保证金约定为转账或电汇或银行保函；2020年1月之后，增加了允许"担保机构担保"方式。交通类项目均接受保函，使用率明显好于水利类项目。

（3）工程质量。该工程公路类工程施工招标文件中的质量目标约定"工程交工验收的质量评定为合格；竣工验收的质量评定为优良，未达到优良的扣除相应合同金额的3%作为违约金"。

该工程水运工程类工程施工招标文件中的质量目标约定"达到《水运工程质量检验标准》（JTS 257—2008）合格标准。工程交工验收的质量评定为合格；水运工程竣工验收的质量评定为合格，工程质量鉴定各项得分率不得低于90%。工程质量鉴定各项得分率低于90%的扣除相应合同金额的3%作为违约金"。

上述合同条款的设定一定程度上起到了引导施工单位加强质量管理措施、争创精品工程的作用。

（二）招标文件澄清与修改

交通类工程施工项目共发布澄清修改通知 17 个，18 个项目中仅有 1 个项目未发布澄清修改通知，其余 17 个项目均发布了 1 次澄清修改通知。

澄清修改内容涉及最高投标限价的 16 个，占项目总数量的 88.89%；工程量清单的项目有 8 个，占项目总数量的 44.44%；涉及技术标准和要求的项目有 3 个，占项目总数量的 16.67%；涉及图纸的项目有 3 个，占项目总数量的 16.67%；澄清修改内容可能影响投标文件编制，且不足 15 日的均顺延了提交投标文件的截止时间，符合《招标投标法实施条例》第二十一条规定，涉及延期开标的项目有 4 个，占项目总数量的 22.22%。交通类工程施工项目澄清修改内容分析见表 3-3-3。

表 3-3-3 　　　　　　　　　　交通类工程施工项目澄清修改内容分析表

序号	澄清修改内容	涉及项目数量/个	占项目总数比例/%
1	最高投标限价	16	88.89
2	工程量清单	8	44.44
3	技术标准和要求	3	16.67
4	图纸	3	16.67
5	评标办法	2	11.11
6	投标文件格式	2	11.11
7	合同条款	1	5.56
8	工程量清单格式	1	5.56
	合　计	17	

从上述统计分析可以看出，最高投标限价、工程量清单、技术标准和要求、图纸等的澄清修改占项目总数比例比水利类项目低，这与访谈中反馈的交通行业的设计质量总体高于水利行业的说法基本一致。

四、开标、评标与定标

（一）开标

截至目前，该工程共完成 18 个交通类工程施工项目招标工作，平均每标段 13 家投标人。其中公路桥梁工程 9 个标段，占交通类工程项目的 50%，平均每标段 14 家投标人；水运航道工程 3 个标段，占交通类工程项目的 16.7%，平均每标段 22 家投标人；水运建筑物工程 6 个标段，占交通类工程项目的 33.3%，平均每标段 6 家投标人。

不同类型之间比较可以看出，水运航道工程单标段平均投标人数量最高，水运建筑物工程投标人数量最低；公路桥梁工程投标人数量较水运建筑物工程投标人数量多。从竞争性分析，不同类型投标人的数量与实施难度、利润空间、行业发展和市场整体情况趋势一致。

从同一类型项目不同年度之间的比较可以看出，公路类项目投标人数量逐年衰减比较明显。

交通类工程施工项目不同类型投标人数量统计情况见表3-3-4，投标人数量、标段数量分布见图3-3-1。

表3-3-4　　　　交通类工程施工项目不同类型投标人数量统计表

序号	类　　型	标段数量/个	标段平均概算额/万元	单标段投标人数量/家			
				2018年	2019年	2020年	平均
1	公路桥梁工程	9	29501.4	20	13	9	14
2	水运航道工程	3	40646.1	18	25	22
3	水运建筑物工程	6	34921.8	7	6	5	6

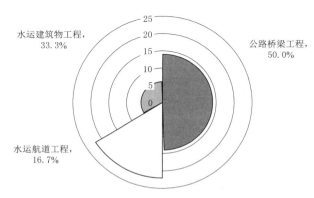

图3-3-1　投标人数量、标段数量比例分布

（二）评标

1. 否决投标情况

交通类工程项目投标人被否决投标的主要原因为投标文件格式不符合要求、项目经理及技术负责人业绩证明材料不符合要求、报价不符合要求、其他人员数量及证明材料不符合要求、企业业绩材料不符合要求等。其中投标文件格式不符合要求的有12家，占被否决投标人总数的27.3％；项目经理、技术负责人业绩证明材料不符合要求的有9家，占被否决投标人总数的20.5％；报价不符合要求的有8家，占被否决投标人总数的18.2％；其他人员数量及证明材料不符合要求的有6家，占被否决投标人总数的13.6％。交通类工程施工项目否决投标原因统计见表3-3-5，投标人被否决的评审因素分布见图3-3-2。

表3-3-5　　　　交通类工程施工项目否决投标原因统计表

序号	被否决原因	被否决的投标人数量/家				占被否决投标人总数比例/％
		航道工程	水运建筑物工程	公路桥梁工程	合计	
1	投标文件格式	7	3	2	12	27.3
2	项目经理、技术负责人业绩证明材料	2	1	6	9	20.5
3	报价	5	0	3	8	18.2

序号	被否决原因	被否决的投标人数量/家				占被否决投标人总数比例/%
		航道工程	水运建筑物工程	公路桥梁工程	合计	
4	其他人员数量及证明材料	4	0	2	6	13.6
5	项目管理机构人员在建	1	1	2	4	9.1
6	企业业绩材料	1	0	2	3	6.8
7	企业业绩规模	0	2	0	2	4.5
	合　　计	20	7	17	44	100

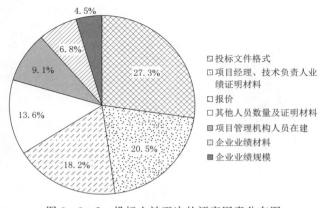

图 3-3-2　投标人被否决的评审因素分布图

2. 详细评审情况

（1）企业业绩、荣誉等客观因素评审情况。投标人业绩满分率为 72.2%，企业获奖满分率为 50.0%，项目经理业绩满分率为 55.5%。投标人业绩满分率高于水利类项目满分率，项目经理业绩满分率与水利类满分率基本一致。

（2）施工组织设计评审情况。施工组织设计的评审，投标人得分率为 62.2%～85.5%，不存在赋分畸高、畸低或完全一致等情形。

3. 流标情况

交通类工程施工项目招标共流标项目 1 个（次），具体为某公路桥梁类项目因有效投标人不足 3 家，评标委员会否决全部投标，项目流标。流标原因主要有项目概算金额较小、利润空间不大、投标人较少以及由于较为低级的错误导致投标文件被否决。

4. 对于评标工作的建议

《水运工程建设项目招标投标管理办法》第四十五条规定"交通运输部具体负责监督管理的水运工程建设项目，其评标专家从交通运输部水运工程和交通支持系统综合评标专家库中随机抽取确定，其他水运工程建设项目的评标专家从省级交通运输主管部门建立的评标专家库或其他依法组建的综合评标专家库中随机抽取确定"。按照上述规定，该工程水运类工程项目评标专家在交通运输部水运工程和交通支持系统综合评标专家库中随机抽取确定，为避免出现专家须回避的情况抽取专家时需要输入投标单位名单，因此需要在开标结束后进行专家抽取。在水运工程和交通支持系统综合评标专家库抽取的专家来自全国各地，抽取结束后无法及时赶到评标现场，因此项目评标均在开标结束后隔天进行，影响了评标信息的安全性和时间效率。

建议与主管部门和交易中心加强沟通，力促水运项目采用远程异地评标。远程异地评标系统是依托互联网信息技术，让身处不同地域的评标专家通过专门研发的在线评标系统，同时评标，在线打分，远程完成项目评标；同时具备提高评标效率、打破空间限制等好处，使招标投标整个过程更加高效、严谨。

（三）中标候选人公示

交通类工程施工项目中标候选人公示期间共有 2 个项目收到投标人对评标结果的异议，主要针对项目经理业绩、项目经理在建项目，其中一个异议被撤回，另一个异议不成立，异议人进行了投诉，但最终撤回。

（四）中标结果

交通类工程施工项目共 18 个，中央企业中标人有 14 家次，占中标人数量的 77.78%，地方国有企业中标人 4 家次，占中标人数量的 22.22%；公路类项目中主营水运企业中标人数量占中标人数量的 33.3%；水运类项目中主营水运企业中标人数量占中标人数量的 100%，其行业开放程度低。交通类施工项目中标人行业类型统计见表 3 - 3 - 6，交通类施工项目招标中标人性质及区域分布情况见表 3 - 3 - 7。

表 3 - 3 - 6　　　　　　交通类施工项目中标人行业类型统计表

行业类别	水运企业		铁路企业		水利企业		合　计	
	数量/家	中标金额/万元	数量/家	中标金额/万元	数量/家	中标金额/万元	数量/家	中标金额/万元
公路类	3	126638.4	5	104813.9	1	4743.4	9	236195.7
水运类	9	291365.7	0	0	0	0	9	291365.7
合计	12	418004.2	5	104813.9	1	4743.4	18	527561.4
比例/%	66.67	79.23	27.78	19.87	5.56	0.90	0	0

表 3 - 3 - 7　　　　交通类施工项目招标中标人性质及区域分布情况表

区域及性质	中标数量/个	中标数量比例/%	中标金额/万元	中标金额比例/%
（一）安徽省内				
其中：中央企业	0	0	0	0
地方国有企业	3	16.67	73557.45	13.94
民营企业	0	0	0	0
小计	3	16.67	73557.45	13.94
（二）安徽省外				
其中：中央企业	14	77.78	429443.29	81.40
地方国有企业	1	5.56	24560.69	4.66
民营企业	0	0	0	0
小计	15	83.33	454003.98	86.06
合计	18		527561.43	

五、合同履约反馈

1. 价格调整

根据《引江济淮工程（工程类）合同款审核执行台账》统计，约定进行材料调差的水运类工程施工项目共计 9 个，占水运类工程施工项目合同总数量的 100%，相应签约合同价总额（不含暂列金、暂估价）为 352101.47 万元。约定进行材料调差的公路类工程施工项目共计 8 个，占公路类工程施工项目合同总数量的 88.89%，相应签约合同价总额（不含暂列金、暂估价）为 224777.35 万元。

截至目前，水运类工程施工项目主材审核累计调差费用为 551.09 万元；其中砂及碎石主要为调增，柴油、钢筋及水泥为调减。公路类工程施工项目主材审核累计调差费用为 −756.08 万元；其中砂及碎石主要为调增，柴油、钢筋、钢绞线及水泥为调减。水运类工程施工项目主材价差调整费用统计见表 3-3-8，公路类工程施工项目主材价差调整费用统计见表 3-3-9。

表 3-3-8　　　　　水运类工程施工项目主材价差调整费用统计表

序号	调整项目	签约合同价总额/万元	审核累计调差费用/万元	占比/%
1	柴油		−233.23	−0.07
2	钢筋		−15.29	0.00
3	钢绞线	352101.47	0.00	0.00
4	水泥		−32.88	−0.01
5	碎石		28.59	0.01
6	砂		803.89	0.23
合　计		352101.47	551.09	0.16

表 3-3-9　　　　　公路类工程施工项目主材价差调整费用统计表

序号	调整项目	签约合同价总额/万元	审核累计调差费用/万元	占签约合同价总额的比例/%
1	柴油		−13.98	−0.01
2	钢筋		−730.78	−0.33
3	钢绞线	224777.35	−55.04	−0.02
4	水泥		−6.83	0.00
5	碎石		6.49	0.00
6	砂		44.06	0.02
合　计		224777.35	−756.08	−0.34

2. 设计变更

根据《引江济淮工程（安徽段）设计变更台账》，截至目前，水运类工程施工项目未发生重大变更，发生一般变更累计 2 项，发包人累计批准变更金额 −50.16 万元。水运类工程施工项目未发生重大变更，发生一般变更累计 14 项，发包人累计批准变更金额 −329.56 万元。

3. 违约情形

截至目前，有 3 个交通类施工项目承包人发生人员缺勤、人员更变等违约情形，建设单位根据合同约定收取了违约金。①涉及人员缺勤的项目 2 个，涉及人数 7 人，违约金额合计 2 万元；②涉及人员变更的项目 3 个，涉及人数 10 人，违约金额合计 525 万元，其中涉及项目经理变更 1 人，违约金额 500 万元。交通类工程施工项目承包人违约情形统计见表 3-3-10。

表 3 - 3 - 10　　　　　交通类工程施工项目承包人违约情形统计表

序号	项目名称	违约情形 1（人员缺勤）		违约情形 2（人员变更）	
		人数	违约金额/万元	人数	违约金额/万元
1	项目 1	0	0	5	5
2	项目 2	6	1.5	1	500
3	项目 3	1	0.5	4	20
	合计	7	2	10	525

第四节　市政类工程施工项目招标投标过程评估

一、基本情况

该工程项目中市政类工程施工项目招标项目行业均为市政行业，招标内容涉及市政桥梁及其连接线。

截至目前，累计完成 5 个市政类工程施工项目招标工作，概算 416001.82 万元，累计中标金额 362961.17 万元，降幅金额 53040.65 万元，降幅率 12.75％。市政类工程施工项目招标情况一览表见表 3 - 4 - 1。

表 3 - 4 - 1　　　　　市政类工程施工项目招标情况一览表

年度	标段数量/个	概算/万元	中标金额/万元	降幅金额/万元	降幅率/%
2018	1	162388.00	137119.58	25268.42	15.56
2019	1	52400.00	42793.20	9606.80	18.33
2020	3	201213.82	183048.39	18165.43	9.03
合计	5	416001.82	362961.17	53040.65	12.75

二、招标准备

（一）标段划分

已完成招标工作的市政类工程施工项目共计 5 个，具体根据概算划分标段如下。

概算为 1 亿～5 亿元的共 1 个标段；概算为 5 亿～10 亿元的共 3 个标段；概算为 10 亿～20 亿元的共 1 个标段。市政类工程施工项目标段划分一览表见表 3 - 4 - 2。

表 3 - 4 - 2　　　　　市政类工程施工项目标段划分一览表

序号	主要建设内容	概算范围/元	标段数量/个
1	市政桥梁	1 亿～5 亿	1
		5 亿～10 亿	3
		10 亿～20 亿	1
	合　计		5

（二）市场调研

市政类工程施工项目市场调研的主要内容为潜在投标人数量、业绩性质数量、企业人员获奖等内容，其中业绩调研的重点为桥梁施工业绩，如单跨 120m 及以上桥梁工程业绩情况。

三、招标投标

（一）招标文件编制

1. 标准文件及范本的选用

2020 年 1 月以前招标的市政类招标文件编制的依据为《安徽省房屋和市政工程施工招标文件（标准）》（DB34/T 1232—2010），2020 年 1 月以后招标的市政类工程施工项目招标文件编制的依据为《合肥市房屋建筑和市政工程施工招标文件示范文本（2020年版）》。

2. 资格条件设置

市政类工程施工项目资质主要包括了以下两种类型：①同时具备市政公用工程施工总承包一级及以上资质和桥梁工程专业承包一级资质；②施工总承包特级资质（资质证书中承包工程范围明确可承接市政公用工程施工总承包和公路工程施工总承包）或同时具备市政公用工程施工总承包三级及以上资质和公路工程施工总承包一级及以上资质。

市政类工程施工项目"类似项目"的设定主要包括了以下三种类型：①单跨跨径不小于 120m 的斜拉桥或悬索桥的施工项目；②单跨跨径不小于 120m 的拱桥或斜拉桥或悬索桥的施工项目；③单跨 20m 及以上新建桥梁的施工项目。

3. 评标办法设置

（1）三阶段评审法。2020 年 1 月之前共有 3 个市政类工程施工项目评标办法采用的三阶段评审法，三阶段评审法的具体内容同水利类工程施工项目三阶段评审法办法，本节不再赘述。

（2）综合评估法。2020 年 1 月以后，共有 2 个市政类工程施工项目评标办法采用的综合评估法。具体综合评估法各评审因素的权重为：业绩、奖项、荣誉 11 分；主要人员 1 分；履约信誉 0.5 分；施工组织设计 17.5 分；评标价得分 60 分。

《合肥市建设工程施工项目评标办法实施导则（试行）（2020 年版）》规定"综合评估法适用于大型工程且技术特别复杂的项目"，上述项目招标文件评标办法中评审因素及权重的设置符合上述规定。

4. 合同条款设置

市政类工程施工项目的合同条款使用的是"通用合同条款"，采用《建设工程施工合同》（GF-2017-0201）中通用合同条款。

"专用合同条款"对以下内容进行细化和补充：

（1）特别重要构件、材料推荐单位名单。针对"钢结构"优先在推荐单位名单中选择专业制作单位，保障了桥梁工程施工质量。

（2）承包人采购材料与工程设备。承包人在采购下列材料和工程设备时应按要求并将供货人及品种、规格、数量和供货时间等报送监理及发包人审批：水泥、钢材、钢绞线、其他重要材料和设备（如吊杆、斜拉索、锚具、伸缩缝、索鞍、阻尼器、支座等）。

（3）特殊质量标准和要求。本项目未达到优良的扣除相应合同金额的 3% 作为违约金。

（二）招标文件澄清与修改

市政类工程施工项目 5 个招标项目，共发布澄清修改通知 5 个。

澄清修改内容涉及最高投标限价的 5 个，占项目总数量的 100.00%；涉及合同条款的项目有 2 个，占项目总数量的 40.00%；涉及工程量清单的项目有 2 个，占项目总数量的 40.00%；涉及投标文件格式的项目有 1 个，占项目总数量的 20.00%；涉及其他的项目有 1 个，占项目总数量的 20.00%。市政类工程施工项目澄清修改内容分析见表 3-4-3。

表 3-4-3　　　　市政类工程施工项目澄清修改内容分析表

序号	澄清修改内容	涉及项目数量/个	占项目总数比例/%
1	最高投标限价	5	100.00
2	合同条款	2	40.00
3	工程量清单	2	40.00
4	投标文件格式	1	20.00
5	其他	1	20.00
	合计	5	

四、开标、评标与定标

（一）开标

1. 投标人情况

市政类工程施工项目共招标标段 5 个，平均概算为 83200.36 万元，平均投标人数量为 11 家。市政类工程施工项目投标人数量统计见表 3-4-4，投标人数量、标段数量分布见图 3-4-1。

表 3-4-4　　　　市政类工程施工项目投标人数量统计表

年度	标段数量/个	合计概算/万元	平均概算/万元	总投标人数量/家	平均投标人数量/家
2018	1	162388.0	162388.0	18	18
2019	1	52400.0	52400.0	16	16
2020	3	201213.82	67071.27	22	7
平均			83200.36		11

2. 流标情况

市政类工程施工项目招标无流标项目。

（二）评标

1. 否决投标情况

市政类工程项目投标人被否决投标的主要原因为项目经理、技术负责人业绩证明材料不符合要求、其他人员数量及证明材料不符合要求、企业业绩材料不符合要求、项目管理机构人员有在建等。其中项目经理、技术负责人业绩证明材料不符合要求的有 4 家，占被否决投标人总数的 44.5%；其他人员数量及证明材料不符合要求的有 2 家，占被否决投标人总数的 22.2%；企业业绩材料不符合要求的有 1 家，占被否决投标人总数的 11.1%；项目管理机构人员在建不符合要求的有 1 家，占被否决投标人总数的 11.1%。市政类工程施工项目否决投标原因统计表见表 3-4-5。投标人被否决的评审因素分布见图 3-4-2。

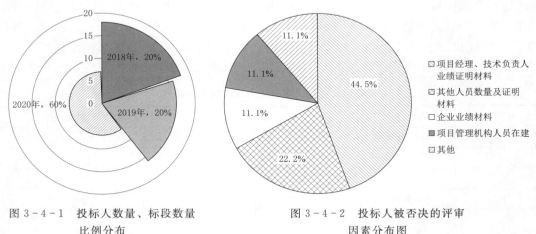

图 3-4-1　投标人数量、标段数量　　　　图 3-4-2　投标人被否决的评审
　　　　　比例分布　　　　　　　　　　　　　　因素分布图

表 3-4-5　　　　　　　市政类工程施工项目否决投标原因统计表

序号	被 否 决 原 因	被否决的投标人数量/家	占被否决投标人总数的比例/%
1	项目经理、技术负责人业绩证明材料	4	44.5
2	其他人员数量及证明材料	2	22.2
3	企业业绩材料	1	11.1
4	项目管理机构人员在建	1	11.1
5	其他	1	11.1
	合计	9	100

2. 详细评审情况

（1）企业业绩、荣誉等客观因素评审情况。投标人业绩满分率为 83.3%，企业获奖满分率为 33.3%，项目经理业绩满分率为 83.3%。投标人业绩满分率和项目经理业绩满分率均高于水利类项目满分率，反映出水利工程业绩相对于市政工程要求较高，这与该工程不同行业不同类别复杂程度、难度相匹配。

（2）施工组织设计评审情况。施工组织设计的评审，投标人得分率为 71.4%～91.5%，不存在赋分畸高、畸低或完全一致等情形。

总体而言，各项评审因素的设置合理，具有竞争性。

（三）中标候选人公示

市政类工程施工项目中标候选人公示评估内容同水利类工程施工项目中标候选人公示内容。

（四）中标结果

中标人均为央企。市政类工程施工项目中标人行业类型统计见表3-4-6。市政类施工项目招标中标人性质及区域分布情况见表3-4-7。

表3-4-6　　　　　　　市政类施工项目中标人行业类型统计表

行业类别	数量/个	中标金额/万元	行业类别	数量/个	中标金额/万元
市政类	5	362961.17	合计	5	362961.17

注　市政类施工项目中标人均为市政类企业。

表3-4-7　　　　市政类施工项目招标中标人性质及区域分布情况表

区域及性质	中标数量/个	中标数量比例/%	中标金额/万元	中标金额比例/%
（一）安徽省内				
其中：中央企业	2	33.33	108773.11	29.84
地方国企	0	0	0	0
民营企业	0	0	0	0
小计	2	33.33	108773.11	29.84
（二）安徽省外				
其中：中央企业	4	66.67	255771.71	70.16
地方国企	0	0	0	0
民营企业	0	0	0	0
小计	4	66.67	255771.71	70.16
合计	6		364544.82	

五、合同履约反馈

1. 价格调整

根据《引江济淮工程（工程类）合同款审核执行台账》统计，约定进行材料调差的市政类工程施工项目共计5个，占市政类工程施工项目合同总数量的83.33%，相应签约合同价总额（不含暂列金、暂估价）为353721.17万元。截至目前，市政类工程施工项目主材审核累计调差费用为－1440.83万元；其中，柴油、钢筋及钢绞线为调减。市政类工程施工项目主材价差调整费用统计见表3-4-8。

表3-4-8　　　　市政类工程施工项目主材价差调整费用统计表

序号	调整项目	签约合同价总额/万元	审核累计调差费用/万元	占签约合同价总额的比例/%
1	柴油		－124.45	0.00
2	钢筋		－1286.69	－0.36
3	钢绞线		－130.78	－0.04
4	水泥	353721.17	0.00	0.00
5	碎石		0.00	0.00
6	砂		0.00	0.00
7	商品混凝土		－10.91	0.00
合　计		353721.17	－1440.83	－0.41

2. 设计变更

根据《引江济淮工程（安徽段）设计变更台账》，截至目前，市政类工程施工项目未发生重大变更，发生一般变更累计 2 项，发包人累计批准变更金额 0 元。

3. 违约情形

截至目前，有 3 个市政类施工项目承包人发生人员缺勤、人员更变等违约情形，建设单位根据合同约定收取了违约金。①涉及人员缺勤的项目 2 个，涉及人数 7 人，违约金额合计 2.0 万元；②涉及人员变更的项目 3 个，涉及人数 10 人，违约金额合计 525 万元，其中涉及项目经理变更 1 人，违约金额 500 万元。市政类工程施工项目承包人违约情形统计见表 3-4-9。

表 3-4-9　　　　　　　市政类工程施工项目承包人违约情形统计表

序号	项目名称	违约情形1（人员缺勤）		违约情形2（人员变更）	
		人数	违约金额/万元	人数	违约金额/万元
1	项目1	0	0	5	5
2	项目2	6	1.5	1	500
3	项目3	1	0.5	4	20
	合计	7	2.0	10	525

第五节　其他类工程施工项目招标投标过程评估

该工程项目中除水利类、交通类、市政类以外，还有一些招标批次少、金额小的工程施工项目招标，如电力工程、铁路工程、文物保护工程、装饰装修工程、土地复垦工程，此类项目评估归类为其他类工程施工项目。

截至目前，累计完成 9 个其他类工程施工项目招标工作，概算 17650.62 万元，累计中标金额 14556.48 万元，降幅金额 3094.14 万元，降幅率 17.53％。其他类工程施工项目招标情况见表 3-5-1。

表 3-5-1　　　　　　　　其他类工程施工项目招标情况

年度	标段数量/个	概算/万元	中标金额/万元	降幅金额/万元	降幅率/％
2016	1	96.00	73.18	22.82	23.77
2018	2	197.84	148.63	49.21	24.87
2019	2	2698.76	3124.58	−425.82	−15.78
2020	4	14658.02	11210.09	3447.93	23.52
合计	9	17650.62	14556.48	3094.14	17.53

其他类工程过程评估内容与本章第二节至第四节内容类似，本节不再赘述。

第六节　工程总承包类项目招标投标过程评估

一、基本情况

该工程项目中工程总承包类项目招标分属三个行业，分别是水利行业、水运行业、市政行业，招标内容涉及河道、航道、水闸、鱼道、水保绿化、水运设施。

截至目前，累计完成 7 个工程总承包类项目招标工作，其中水利行业 4 个（含水利＋水运）、水运行业 1 个、市政行业 2 个，概算 144051.07 万元，累计中标金额 113342.57 万元，降幅金额 30708.50 万元，降幅率 21.32%。工程总承包类项目招标情况见表 3-6-1。

表 3-6-1　　　　　　　　　　工程总承包类项目招标情况

年度	标段数量/个	概算/万元	中标金额/万元	降幅金额/万元	降幅率/%
2015	1	56000.00	37018.41	18981.59	33.90
2020	6	88051.07	76324.16	11726.91	13.32
合计	7	144051.07	113342.57	30708.50	21.32

二、招标准备

（一）标段划分

已完成招标工作的工程总承包类项目共计 7 个，具体标段划分如下。

（1）根据所涉行业划分：水利行业 6 个标段，水运行业 1 个标段。

（2）根据主要建设内容共划分为河道工程 1 个标段、水工建筑物 3 个标段、水保植保 2 个标段、水运建筑物 1 个标段，详见表 3-6-2。

表 3-6-2　　　　　　　　　工程总承包项目标段划分一览表

序号	主要建设内容	涉及行业	概算/元	标段数量/个
1	水工建筑物	水利	5000 万～1 亿	2
			1 亿～5 亿	1
2	河道工程		1 亿～5 亿	1
3	水保植保		1 亿～5 亿	2
4	水运建筑物	水运	5000 万～1 亿	1
	合计			7

（3）根据概算划分：概算为 5000 万～1 亿元之间的 3 个标段；概算为 1 亿～5 亿元的 4 个标段。

（二）市场调研

工程总承包类项目市场调研的主要内容为类似项目设计业绩、工程总承包业绩等。

三、招标投标

(一) 招标文件编制

1. 标准文件及范本的选用

引江济淮试验工程总承包招标文件编制的依据为《中华人民共和国标准设计施工总承包招标文件 (2012 年版)》。2019 年 5 月,安徽省水利厅发布了《安徽省水利建设项目工程总承包招标示范文本 (2019 年版)》,后期招标的 3 个水利项目均采用该示范文本进行编制。

市政类工程施工项目招标文件编制的依据为《中华人民共和国标准设计施工总承包招标文件 (2012 年版)》,评标办法合同条款参照《安徽省水利建设项目工程总承包招标示范文本 (2019 年版)》内容进行设置。

水运类工程施工项目招标文件编制的依据为《中华人民共和国标准设计施工总承包招标文件 (2012 年版)》。

2. 资格条件设置

工程总承包类项目资质设置为以下 3 类:①同时具备岩土勘察甲级、水利或水运设计甲级、水利或港航一级施工资质;②园林绿化或市政设计甲级资质、园林绿化施工能力;③具备勘察甲级资质和设计甲级资质。

类似项目业绩设置为 3 类:①同时具有类似勘察设计业绩、类似科研业绩和类似施工业绩;②同时具有类似设计业绩和类似施工业绩;③具备类似项目设计或工程总承包业绩。

引江济淮试验工程总承包投标人资格条件要求同时具有勘察设计和施工总承包资质 (允许联合体投标)。2020 年招标的其余 3 个水利类工程总承包项目投标人资格条件仅要求具备水利行业勘察设计资质,符合《安徽省水利建设项目工程总承包工作意见 (试行)》第六条"工程总承包单位应当具有相应设计资质或施工总承包资质……"设置的规定。

市政类工程总承包项目主要建设内容为水土保持和绿化工程,由于城市园林绿化施工资质已取消,投标人资格条件仅要求具有风景园林工程设计专项甲级资质或市政公用设计行业甲级资质或工程设计综合甲级资质,要求同时具有类似设计业绩和类似施工业绩,资格条件设置合理,符合项目实际。工程总承包类项目资格条件设置表见表 3 - 6 - 3。

3. 评标办法设置

工程总承包类项目的评标办法采用包括三阶段评审法和综合评估法。截至目前,仅引江济淮试验工程总承包采用了三阶段评审法,其他项目均采用了综合评估法。

4. 合同条款设置

工程总承包类项目合同通用条款,引用国家发展改革委的发改法规〔2011〕3018 号发布的《标准设计施工总承包招标文件 (2012 年版)》中的通用合同条款。

专用条款对以下条款进行约定和细化。

表 3 - 6 - 3 工程总承包类项目资格条件设置表

序号	项 目	招标年度	主要招标内容	资 质	业绩要求
1	水利类项目1	2015	河渠	勘察综合资质或岩土工程勘察专业甲级资质、工程设计综合甲级资质或水利行业设计甲级资质或水运行业设计甲级资质	类似水利设计业绩或工程总承包业绩；类似科研业绩；类似施工业绩
2	市政类项目1	2020	水保植保	风景园林工程设计专项甲级资质或市政公用设计行业甲级资质或工程设计综合甲级资质	类似设计业绩；类似施工业绩
3	市政类项目2	2020	水保植保	风景园林工程设计专项甲级资质或市政公用设计行业甲级资质或工程设计综合甲级资质	类似设计业绩；类似施工业绩
4	水利类项目2	2020	水闸	水利行业甲级资质或综合甲级资质；岩土工程（勘察）专业甲级或综合甲级资质	类似设计业绩或工程总承包业绩
5	水利类项目3	2020	截导污工程	同水利项目2	同水利项目2
6	水运类项目1	2020	航道设施	水运行业设计甲级资质或工程设计综合甲级资质	类似设计业绩或工程总承包业绩
7	水利类项目4	2020	鱼道	同水利项目2	同水利项目2

（1）合同价款类型选择。已招标的工程总承包项目中仅有引江济淮试验工程工程总承包1个项目，合同价格形式为施工费采用了单价承包合同，本合同勘察设计费总价包干、科研费总价包干、施工费中的分类分项工程采用固定单价承包，除合同专用条款价格调整，以及合同中其他相关金额增减的约定进行调整外，合同价格均不做调整。其余6个项目合同价格形式为总价承包合同。

关于合同价格形式，占主导的观点认为，工程总承包合同价格形式应当采用固定总价合同。2019年12月23日，住房和城乡建设部、国家发展和改革委员会联合发布了《房屋建筑和市政基础设施项目工程总承包管理办法》，其第十六条规定："企业投资项目的工程总承包宜采用总价合同，政府投资项目的工程总承包应当合理确定合同价格形式。采用总价合同的，除合同约定可以调整的情形外，合同总价一般不予调整。"上述条款对于政府投资项目的工程总承包不再要求应当采取总价合同。

引江济淮试验工程总承包招标是在图纸暂不齐全、工程进度要求紧急的情况下进行，选择固定单价的计价方式有利于合理分担合同双方风险，以实际完成工程量进行结算，对施工方的权利和义务予以保护，这种合同价格形式既有利于加快施工进度、提高施工效率，也有利于控制项目质量、降低建设成本。

该工程后期招标的6个项目采用固定总价方式，只要发包方没有改变合同的建设内容，合同双方在合同当中约定的价款就是双方对项目最终的结算款，可以省去大量的计量及核价工作。但对于总承包方而言，因工程的固定总价已经全部约定完毕，在没有改变合同内容的情况之下，总承包方要对工程的价格波动、投标询价、工程漏算等价格有关情况承担风险。虽然对于发包人来说，省去了大量的管理、核算、计量成本，但是风险实际上是在一定程度上转移给了总承包方，总承包方要对工程的价款、工作量及进度负责。

工程总承包模式有其特点和特色，在适用较大工程量的项目中，为实现资源优化、效率提高、质量保证等方面有得天独厚的天然优势，根据具体工程的具体情况，选择适用固定单价方式还是固定总价方式进行计价也有其实际意义。但无论是适用固定总价，还是适用固定单价，都要秉承这样几个原则——坚持科学的项目管理、坚持高效的工程流转、坚持顺畅的施工步骤、坚持阶段性工作的有机结合，要对市场波动和工程的整体进度有正确的把握，才能真正体现工程总承包管理的优势，安全、高效、保质保量地完成项目工程。

（2）工程总承包合同风险分配。为避免争议的发生，工程合同风险分配一般需在合同中提前进行分配，或由发包人承担，或由承包人承担，不能使风险处于悬空的状态。在实践中，因为合同的风险条款约定存在漏洞，致使争议发生。这种漏洞主要表现为两方面：一方面是有的风险未在合同中提前进行分配，风险一旦发生，无法依据合同约定确定风险承担方，引发争议；另一方面是风险条款约定不明确不具体，虽然在合同中对某些风险进行了事先的分配，但是对于风险的具体方面约定不清或不深入，尤其是风险的定义不清晰、风险的边界条件约定不清楚，风险一旦发生，双方就相关事件是否落入该风险范围，是否属于某一方承担风险界限范围产生争议。

《房屋建筑和市政基础设施项目工程总承包管理办法》建设单位承担的风险主要包括以下5个方面：①主要工程材料、设备、人工价格与招标时基期价相比，波动幅度超过合同约定幅度的部分；②因国家法律法规政策变化引起的合同价格的变化；③不可预见的地质条件造成的工程费用和工期的变化；④因建设单位原因产生的工程费用和工期的变化；⑤不可抗力造成的工程费用和工期的变化。具体风险分担内容由双方在合同中约定。该工程采用总价合同的总承包合同专用合同条款中约定，即发生以下情况，承包人应提供详细的资料，发包人据实调整合同价格：①发包人提出的工期调整、重大设计变更、建设标准或者工程规模的调整；②因工程永久占地征地、移民等发生重大变化引起的调整；③因国家税收等政策调整引起的税费变化。可见总承包模式下尤其是采用总价合同形式时，双方的风险划分一直以来是总承包合同管理的难点，也较容易产生纠纷和争议。

（3）水土保持与绿化工程合同价款形式采用中标结算比例计算，具体为：①承包人中标后提交优化设计方案时需同时提交投资造价；②承包人根据发包人审定的优化设计方案完成本项目的施工详图设计，经发包人确定后，由承包人进行施工详图预算编制；③施工详图预算经发包人及造价咨询单位审核后确定；④承包人合同金额＝施工详图预算×中标结算比例。

（二）招标文件澄清与修改

工程总承包类项目7个招标项目，共发布澄清修改通知8个。

澄清修改内容涉及最高投标限价的2个，占项目总数量的28.57％；涉及技术标准和要求的项目有2个，占项目总数量的28.57％；涉及投标人须知的项目有2个，占项目总数量的28.57％；涉及合同条款的项目有1个，占项目总数量的14.29％；涉及图纸的项目有1个，占项目总数量的14.29％；澄清修改内容可能影响投标文件编制，且不足15日的均顺延了提交投标文件的截止时间，符合《招标投标法实施条例》第二十一条规定，涉及延期开标的项目有1个，占项目总数量的14.29％。工程总承包类项目澄清修改内容分析表详见表3－6－4。

表 3 - 6 - 4　　　　　　　　工程总承包类项目澄清修改内容分析表

序号	澄清修改内容	涉及项目数量/个	占项目总数量的比例/%
1	最高投标限价	2	28.57
2	技术标准和要求	2	28.57
3	投标人须知	2	28.57
4	合同条款	1	14.29
5	图纸	1	14.29
6	其他	2	28.57
	澄清总次数	8	

四、开标、评标与定标

（一）开标

工程总承包项目共招标标段 7 个，标段平均概算为 20578.7 万元，平均投标人数量为 7 家。工程总承包类项目投标人数量统计见表 3 - 6 - 5。投标人数量、标段数量比例分布见图 3 - 6 - 1。

表 3 - 6 - 5　　　　　　　　工程总承包类项目投标人数量统计表

年度	标段数量/个	合计概算/万元	平均概算/万元	总投标人数量/家	平均投标人数量/家
2015	1	56000.0	56000.0	12	12
2020	6	88051.1	14675.2	38	6
平均			20578.7		7

（二）评标

1. 否决投标情况

工程总承包项目投标人被否决投标的主要原因为项目经理、技术负责人业绩证明材料不符合要求、其他人员数量及证明材料、报价不符合要求、企业业绩规模不符合要求等。其中项目经理、技术负责人业绩证明材料不符合要求的有 2 家，占被否决投标人总数的 25.0%；其他人员数量及证明材料不符合要求的有 2 家，占被否决投标人总数的 25.0%；报价不符合要求的有 2 家，占被否决投标人总数的 25.0%；企业业绩规模不符合要求的有 1 家，占被否决投标人的 12.5%。工程总承包项目否决投标原因统计见表 3 - 6 - 6。投标人被否决的评审因素分布见图 3 - 6 - 2。

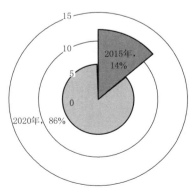

图 3 - 6 - 1　投标人数量、标段数量比例分布

表 3 - 6 - 6   **工程总承包项目否决投标原因统计表**

序号	被否决原因	被否决的投标人数量/家				占被否决投标人总数比例/%
		水利类	水运类	市政类	合计	
1	项目经理、技术负责人业绩证明材料	0	0	2	2	25.0
2	其他人员数量及证明材料	1	0	1	2	25.0
3	报价	0	0	2	2	25.0
4	企业业绩规模	1	0	0	1	12.5
5	投标文件格式	1	0	0	1	12.5
	合 计	3	0	5	8	100

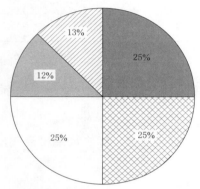

图 3 - 6 - 2 投标人被否决的评审因素分布图

2. 详细评审情况

（1）企业业绩、荣誉等客观因素评审情况。投标人业绩满分率为50.0%，企业获奖满分率为60.0%，项目经理业绩满分率为50.0%。从客观分满分率来看，与水利、交通、市政类满分率同比，整体适中，可以起到竞争择优的作用。

（2）承包人建议书、实施方案评审情况。承包人建议书、实施方案的评审，投标人得分率为67.4%～96.5%，不存在赋分畸高畸低或完全一致等情形。

（三）中标候选人公示

中标候选人公示期间，某总承包项目收到 1 个（次）异议，主要异议内容为项目经理业绩造假，处理结果异议不成立。

（四）中标结果

工程总承包类项目共有中标人 7 家。中标人中央企有 1 家，占中标人数量的14.29%，地方国有企业 5 家，占中标人数量的 71.43%，民营企业 1 家，占中标人数量的14.29%。中标人中安徽省内企业有 4 家，占中标人数量的 57.14%，安徽省外企业有3 家，占中标人数量的 42.86%。工程总承包类施工项目中标人行业类型统计见表 3 - 6 -7。工程总承包项目招标中标人性质及区域分布情况见表 3 - 6 - 8。

表 3 - 6 - 7   **工程总承包类施工项目中标人行业类型统计表**

行业类别	水利企业		市政企业		铁路企业		水运企业		合 计	
	数量/个	中标金额/万元	数量/个	中标金额/万元	数量/个	中标金额/万元	数量/个	中标金额/万元	数量/个	中标金额/万元
市政类			2	44714.6					2	44714.6
水利类	3	23820.6			1	37018.4			4	60839.0

续表

行业类别	水利企业		市政企业		铁路企业		水运企业		合 计	
	数量/个	中标金额/万元	数量/个	中标金额/万元	数量/个	中标金额/万元	数量/个	中标金额/万元	数量/个	中标金额/万元
水运类							1	7789.0	1	7789.0
合计	3	23820.6	2	44714.6	1	37018.4	1	7789.0	7	113342.6
比例/%	42.86	21.02	28.57	39.45	14.29	32.66	14.29	6.87		

表 3 - 6 - 8　　　　工程总承包项目招标中标人性质及区域分布情况表

区域及性质	中标数量/个	中标数量比例/%	中标金额/万元	中标金额比例/%
（一）安徽省内				
其中：中央企业	0	0	0	0
地方国企	4	57.14	31609.52	24.75
民营企业	0	0	0	0
小计	4	57.14	31609.52	24.75
（二）安徽省外				
其中：中央企业	1	14.29	37018.41	28.98
地方国企	1	14.29	22088.24	17.29
民营企业	1	14.29	37018.41	28.98
小计	3	42.86	96125.06	75.25
合计	7		127734.59	

五、合同履约反馈

1. 价格调整

根据《引江济淮工程（工程类）合同款审核执行台账》统计，工程总承包类项目未约定进行材料调差，未发生价格调整。

2. 设计变更

根据《引江济淮工程（安徽段）设计变更台账》，截至目前，工程总承包类项目未发生重大变更，发生一般变更累计 24 项，发包人累计批准变更金额－85.5277 万元。

3. 违约情形

截至目前，工程总承包类项目未发生违约情形。

第七节　典型工程施工项目招标投标过程评估

本次评估选择引江济淮工程（安徽段）引江济巢段菜巢线施工 C001 标和江淮沟通段施工 J008－1 钢结构制造及焊接标进行典型项目评估。其中，C001 标涉及水利、水运及公路行业交叉，在该工程中具有典型意义；J008－1 标中钢桁架梁拱组合体系渡槽在国内首次采用，国外应用实例也较少，同时钢结构制作与安装的发包模式也值得总结。

一、引江济淮工程（安徽段）引江济巢段菜巢线施工 C001 标

（一）工程概况

1. 基本情况

C001 标涉及的工程枞阳引江枢纽（0＋000～5＋906）由泵站、节制闸和船闸等组成。其中泵站引江抽水规模为 166m³/s（引水流量 150m³/s、船闸运行耗水 16m³/s），共装机组 5 台套，单机功率 3400kW，总装机容量 17000kW；节制闸具有引江和排洪两大功能，引江流量 150m³/s，设计排洪流量 1150m³/s；船闸规模为 1000t 级，船闸闸室有效尺度为 240m×23m×5.2m（长×宽×门槛水深）。

2. 招标范围和工期

C001 标招标范围包括：枞阳引江枢纽水利部分、河渠工程、通航建筑物、枞阳引江枢纽跨渠交通桥、长河大桥及接线工程及枞阳水文站工程等。计划施工工期 45 个月。

3. 工程造价

（1）该标段工程概算投资 180929 万元。

（2）最高投标限价 180929 万元。其中：水利工程 97715 万元，水运工程 66051 万元，公路工程 17163 万元。

（3）中标金额 165230.55 万元，中标价下浮率 8.68％。

（二）招标方案编制

由于该招标项目涉及水利、水运和公路三个行业的交叉，与其他常规性的招标项目相比，编制该招标项目的招标方案时，有以下 3 方面的重点考虑。

1. 统筹兼顾

为融合三个行业在同一标段招标，方便统一管理，该标段招标人在招标文件范本、评标办法、合同条款格式选择等方面尽可能以某一行业的操作习惯作为基础，在不违反各行业强制性规定的条件下，兼顾其他两个行业。

（1）招标文件范本选择。该标段水利工程概算投资最大，以《安徽省水利水电工程施工招标文件示范文本（2017 年版）》（以下简称《水利示范文本》）为招标文件基础范本，招标公告、投标人须知、评标办法、合同条款及格式、投标文件格式按照《水利示范文本》格式编写，在招标文件具体内容约定上兼顾三个行业的要求。

（2）评标办法选择。该标段评标办法采用三阶段评审法（有效最低价总价中位值法）作为评标办法模板，在第二阶段"技术标详细评审标准"上兼顾三个行业的要求。

（3）合同条款及格式。该标段合同采用《水利示范文本》中的"合同条款及格式"作为合同条款模板，通用合同条款全文引用水利部《水利水电工程标准施工招标文件（2009年版）》，在专用合同条款细化约定上兼顾三个行业的要求。

（4）招标监督管理。为兼顾各行业的招标监督管理要求，招标人向安徽省水利厅和交通运输部水运局同时申请对该标段招标投标活动进行招标行政监督，在该标段招标前同时将招标文件报两个招标监督管理部门备案，招标工作完成后同时向两个招标监督管理部门提交招标投标情况报告。

（5）评标委员会的组建。为兼顾各行业的评标委员会组建要求，该标段评标委员会成

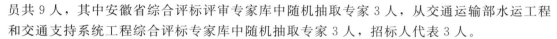

员共 9 人，其中安徽省综合评标评审专家库中随机抽取专家 3 人，从交通运输部水运工程和交通支持系统工程综合评标专家库中随机抽取专家 3 人，招标人代表 3 人。

2. 突出行业特殊要求

（1）投标人资质资格要求。该标段资质要求为施工总承包特级资质（资质证书中承包工程范围明确可承接水利水电工程、港口与航道工程、公路工程施工总承包）或同时具备：①水利水电工程施工总承包一级及以上资质；②港口与航道工程施工总承包一级及以上资质；③公路工程施工总承包一级及以上资质。

通过调研分析，同时具备上述三项资质的企业数量较少，不足以形成充分的竞争性，因此，该标段接受联合体投标。

（2）投标人业绩资格要求。根据该工程特点，招标人兼顾了各行业特点，在该标段要求投标人具备的业绩资格条件是：近 5 年至少具有 1 个类似水利项目、1 个类似水运项目和 1 个类似桥梁项目业绩。类似水利项目指含单站设计流量不小于 $50 \mathrm{m}^3/\mathrm{s}$（如为多级泵站指单级单站的设计流量）的大型泵站或单站设计流量不小于 $50 \mathrm{m}^3/\mathrm{s}$ 的抽水蓄能电站工程施工项目；类似水运项目指含 1000t 级或船闸有效尺度 200m×23m×3.5m（长×宽×门槛水深）及以上船闸主体工程（指含船闸闸首及闸室土建工程）的施工项目；类似桥梁项目指含单跨 100m 及以上桥梁工程施工项目。

（3）项目管理机构资格要求。根据该工程特点，招标人兼顾了各行业对施工管理人员管理规定、持证情况，在该标段要求投标人具备的项目管理机构资格条件如下。

1）项目经理资格：具有水利水电工程专业一级注册建造师证书，持有水利行业主管部门颁发的有效的安全生产考核 B 证，至少在一个"类似水利项目"中担任过项目经理（或项目副经理）。

2）项目副经理资格：项目副经理（分管安全工作）1 名、水运工程和公路工程项目副经理各 1 人。项目副经理（分管安全工作）：具有国家注册安全工程师证书，持有水利行业主管部门颁发的有效的安全生产考核 B 证或 C 证。水运工程项目副经理：具有港口与航道工程专业一级注册建造师证书，持有交通行业主管部门颁发的有效的水运工程安全生产考核 B 证；至少在一个类似水运项目中担任项目经理（或项目副经理）。公路工程项目副经理：具有公路工程专业一级注册建造师证书，持有交通行业主管部门颁发的有效的公路工程安全生产考核 B 证，至少在一个类似桥梁项目中担任项目经理［或项目副经理或技术负责人（总工）］。

3）技术负责人资格：水利工程、水运工程、公路工程各 1 人。水利工程技术负责人资格：具有水利水电类高级工程师及以上技术职称。水运工程技术负责人资格：具有交通工程类高级工程师及以上技术职称，持有交通行业主管部门颁发的有效的水运工程安全生产考核 B 证。公路工程技术负责人资格：具有交通工程类高级工程师及以上技术职称，持有交通行业主管部门颁发的有效的公路工程安全生产考核 B 证。

4）其他人员资格按照水利工程部分、水运工程部分、公路工程部分进行分别约定。

（4）投标人信用资格要求。根据该工程特点，招标人兼顾了各行业对施工单位的信用管理情况，在该标段要求投标人具备的信用资格条件是：在安徽省水利信用等级须达到 BBB 级及以上；安徽省交通运输厅最近年度公路水运从业单位信用评价结果（水运施工）

或交通运输部最近年度水运工程设计、施工和监理信用评价结果（施工）为 C 级或 D 级的投标人均不得参与本次投标；在"安徽省公路建设市场信用信息管理系统"或"全国公路建设市场信用信息管理系统"为 C 级或 D 级的投标人均不得参与该次投标。

（5）工程质量标准。招标人兼顾了各行业管理特点，在该标段招标文件提出的工程质量要求是：①水利工程部分为优良（评定）；②水运工程竣工验收的质量评定为合格，工程质量鉴定各项得分率不得低于 90%；③公路工程部分为优良。

（6）客观分评分标准。招标人兼顾了该标段造价比重大的水利和水运行业投标人资信情况，在该标段评标办法中提出的客观分评分标准如下。

1）投标人业绩：①近 5 年（2013 年 6 月以来），每具有 1 项"类似水利项目"业绩的得 1 分，本小项最多得 3 分；②近 5 年（2013 年 6 月以来），每具有 1 项"类似水运项目"业绩的得 1 分，本小项最多得 3 分。本项最多得 6 分。

2）投标人荣誉：①近 5 年"类似水利项目"获国家级优质工程奖的每有 1 项得 1 分；获省部级优质工程奖的每有 1 项得 0.5 分。本小项最多得 1 分。②近 5 年"类似水运项目"获国家级优质工程奖的每有 1 项得 1 分；获省部级优质工程奖的每有 1 项得 0.5 分。本小项最多得 1 分。本项最多得 2 分，同一项目以最高奖项计入，不累计得分。

3）项目管理机构：①项目经理。每具有 1 项"类似水利项目"项目经理（或项目副经理）业绩得 1 分，最多得 2 分。水运工程项目副经理：每具有 1 项"类似水运项目"项目经理（或项目副经理）业绩得 0.5 分，最多得 1 分。水利工程技术负责人：具有"类似水利项目"项目技术负责人（或项目经理或项目副经理）业绩得 0.5 分，最多得 0.5 分。水运工程技术负责人：具有"类似水运项目"项目技术负责人（或总工或项目经理或项目副经理）业绩得 0.5 分，最多得 0.5 分。②机构设置及人员配备。组织机构设置、分工协作（包括但不限于施工员、质检员、安全员、造价人员、质量负责人、终检工程师、安装工程师、水工工程师、测量工程师、质量管理工程师、结构工程师、试验工程师、BIM 专职管理人员等）：从人员数量、专业匹配、职称、执业资格、业绩等进行综合评审并横向比较，好得 1～2 分，一般得 0～1 分。

4）投标人信用等级：①依据全国水利建设市场信用信息平台和安徽省水利建设市场信用信息平台，以评标时查询为准，全国和安徽一个 A 计 0.25 分，全国 AAA 安徽 AAA 即 AAAAAA 得 1.5 分，AAAAA 得 1.25 分，AAAA 得 1 分，AAA 得 0.75 分，AA 得 0.5 分，A 得 0.25 分，其余不得分。②按以下原则确定的水运工程施工企业信用评价等级，为 AA 级的得 1.5 分；为 A 级的得 1 分；为 B 级的得 0.5 分，其他等级不得分。安徽省交通运输厅最近年度公路水运从业单位信用评价结果（水运施工）或交通运输部最近年度水运工程设计、施工和监理信用评价结果（施工），以信用等级高的为准。

（7）工程竣工验收要求。招标人兼顾了各行业工程验收管理规定和规程，在该标段提出的合同条款中的竣工验收要求如下：

1）水利工程。水利工程部分验收工作按照《水利工程建设项目验收管理规定》（水利部 30 号令）和《水利水电建设工程验收规程》（SL 223—2008）。

2）水运工程。水运工程部分验收工作按照《关于修改〈航道工程竣工验收管理办法〉的决定》（交通部令 2014 年第 13 号）等国家相应验收规定执行。

3）公路工程。公路工程部分验收工作按照《公路工程竣（交）工验收办法》（交通部2004 年第 3 号令）和《公路工程竣工验收办法实施细则》（交公路发〔2010〕65 号）等国家相应验收规定执行。

（8）工程量清单及报价要求。招标人兼顾了各行业工程量清单计价规范和计价习惯，在该标段给出 3 种格式的工程量清单及工程量清单报价要求如下。

1）水利工程。水利工程工程量清单按《水利示范文本》"第五章工程量清单"规定的格式和《水利工程工程量清单计价规范》（GB 50501—2007）编制，并按水利行业的要求提出水利工程投标报价要求。

2）水运工程。水运工程工程量清单按《水运工程标准施工招标文件》（JTS 110 - 8 - 2008）"第五章工程量清单"规定的格式和《水运工程工程量清单计价规范》（JTS 271—2008）编制，并按水运行业的要求提出水运工程投标报价要求。

3）公路工程。公路工程工程量清单按《公路工程标准施工招标文件（2018 年版）》"第五章 工程量清单"及"第八章 工程量清单计量规则"规定的格式和规则编制，并按公路行业的要求提出公路工程投标报价要求。

（9）技术标准和要求。招标人兼顾了各行业技术标准和要求编制规则，在该标段给出3 种行业的技术标准和要求。

3．招标策略制定和市场调研相辅相成

在深入研究水利部、交通运输部、安徽省水利厅、安徽省交通运输厅有关水利工程、水运工程和公路工程的招标投标管理办法、标准招标文件、工程量清单计量与计价规范、企业信用信息管理现状、工程验收规定和规范的基础上，招标人（招标代理机构）提出招标初步方案，通过市场调研，按照既能保证市场充分竞争又能吸引真正有实力的强强联合体投标人参加投标的指导思想科学编制招标文件。在该标段招标准备阶段，招标人（招标代理机构）前后历时一个多月，利用网络大数据查询，电话访谈和类似项目资料收集等调查手段，先后对具有水利水电工程、港口与航道工程、公路工程施工总承包一级及以上资质的一百多家单位进行了调研。根据招标准备阶段的策划，预估该标段投标人数量为 5～10 家，最终该标段投标人数量为 8 家，验证了调研工作的准确性和重要性。C001 标招标方案主要内容见表 3 - 7 - 1。

表 3 - 7 - 1　　　　　　　　C001 标招标方案主要内容

序号	招标策略	具 体 措 施
1	统筹兼顾	（1）以《水利示范文本》为招标文件基础范本； （2）采用三阶段评审法（有效最低价总价中位值法）评标； （3）采用《水利示范文本》中的"合同条款及格式"作为合同条款模板，通用合同条款全文引用《水利标准文件》； （4）同时向安徽省水利厅和交通运输部水运局申请招标行政监督； （5）同时从安徽省综合评标评审专家库和交通运输部水运工程和交通支持系统工程综合评标专家库抽取评标专家
2	突出行业要求	（1）投标人业绩、人员、荣誉和信用等级评分标准体现行业特点； （2）工程质量标准和竣工验收要求按行业规定编写； （3）依据各行业计价规范分别编列工程量清单和投标报价要求； （4）按各行业编制规则分别提供技术标准和要求

序号	招标策略	具 体 措 施
3	招标策略制定和市场调研相辅相成	分析项目特点→编写招标方案初稿→市场调研→修正、完善招标方案

(三) 开标与评标

1. 开标

该标段投标截止时间前共有 8 家投标人递交投标文件，开标过程分三阶段进行，第一阶段按递交投标文件的先后顺序的逆序当众开启所有投标人技术标投标文件，公布投标人名称、投标文件数量、质量目标、工期等内容；第二阶段技术标评审工作完成后，按照宣布的开标顺序当众开启入围第三阶段投标人的商务标投标文件，公布投标报价；第三阶段在商务标评审初审结束后，在开标现场由招标人代表从商务标评审合格的投标人中随机抽取一家投标人对 C 值进行抽取。该标段最高投标限价为 180929 万元，投标人平均报价为 163987.67 万元，平均降幅 9.36%。

2. 评标

(1) 否决投标情况。8 家投标人递交投标文件，初步评审阶段否决 2 家的投标人投标文件，其中 1 家因为企业及人员业绩证明不符合要求，1 家因为人员资格不符合要求。另有一家投标人已在江淮沟通段施工 J005-1 标被推荐为第一中标候选人，根据约定，不再参与该标段评审。共有 5 家投标人进入技术标详细评审阶段。

(2) 技术标详细评审情况。

1) 投标人业绩：①类似水利业绩满分率为 80%，得分率 67% 的占 20%；②类似水运业绩满分率为 20%，得分率 67% 的投标人占 60%。两项业绩满分率为 20%。

2) 企业获奖：①类似水利项目获奖满分率为 60%，得分率 50% 的投标人占 20%，未得分的投标人占 20%；②类似水运项目获奖满分率为 60%，得分率 50% 的投标人占 20%，未得分的投标人占 20%。两项企业获奖满分率为 20%。

3) 项目经理业绩满分率为 100%；水运工程项目副经理业绩满分率为 60%，得分率 50% 的投标人占 40%；水利工程技术负责人、水运工程技术负责人业绩满分率为 100%。

4) 投标人信用等级：①水利行业信用等级满分率为 40%，得分率 67% 的投标人占 60%；②水运行业信用等级满分率为 60%，得分率 67% 的投标人占 40%。

5) 施工组织设计：投标人得分率为 57%～98%，评委赋分幅度差为 4.6%～50%（4.6%、6.3%、8.3%、14.4%、17.6%、29.1%、33.8%、40.2%、50%）。

C001 标客观评审因素得分率见表 3-7-2，从投标人客观分得分情况看，80% 的投标单位能得到超出 80% 的客观分，说明客观分评审标准设置具有竞争性，较为科学合理。

(3) 评审结果。按照招标文件约定，技术标详细评审情况得分前 4 家的投标人进入第三阶段评审（商务标评审），经商务标评审合格的投标人（最终入围投标人），按照有效最低价总价中位值法，对投标报价高于或等于评标有效值的按由低到高顺序推荐 2 家中标候选人。根据进入第三阶段投标报价的中位值、开标抽取的 C 值等数据计算评标有效值，最终结果有效值 153070.27 万元，中标金额 154920.55 万元。

表 3 - 7 - 2　　　　　　　　　C001 标客观评审因素得分率统计表　　　　　　　　　%

序号	评审因素	投标 1	投标 2	投标 3	投标 4	投标 5	得分率范围	满分率
1	企业业绩	83.3	100	83.3	83.3	50	50～100	20
2	获奖	75	75	100	50	50	50～100	20
3	项目经理业绩	100	100	100	100	100	100	100
4	信用等级	83.3	100	66.7	100	66.7	66.7～100	40
	合计	84.1	92.9	90.6	85.3	62.9	62.9～92.9	0

（四）评估结论与建议

1. 评估结论

（1）该标段具有水利、水运及公路工程行业交叉特点，各行业资质、人员、计价与支付、招标投标管理、工程验收等行业管理规定各不相同，但各行业工程工作界面交叉，不宜分标，兼之各行业工程规模均较大，不宜分包。基于以上特点，在国内尚无可参考的类似案例，缺乏可以借鉴的招标方案，招标人通过努力创新，一个多行业交叉的大型项目招标成功案例由此产生。

（2）为达到成功招标的目的，该标段重点开展了 3 项重点工作：①为方便建设单位统一管理，要在同一问题表述上尽可能不分行业统一要求，统筹兼顾；②尽可能符合各行业管理规定，尤其行业特殊要求需要兼顾；③招标前做好招标方案拟订和市场调研工作，然后根据市场调研不断完善招标方案，直至招标方案符合各行业监督的要求。

（3）该标段采用三阶段评审法（有效最低价总价中位值法）评标，有效引导了有实力的投标人参与投标和理性报价。但进入第二阶段技术标详细评审打分的投标人仅有 5 家，技术标详细评审对评标结果已无影响，失去了该类评标办法"选优入围投标人"的初衷，从而验证了该类评标办法不适合用于潜在投标人少、竞争性不强的招标项目。第三阶段评审，采用有效最低价总价中位值法确定中标候选人，避免了高价围标和恶意低价，基本实现了招标人有效节约资金和投标人又有合理利润的目的。

（4）该标段招标涉及行业交叉、工程规模大、社会关注度高、评标办法复杂、可借鉴经验少，潜在投标人综合实力优、维权意识强，故要求招标准备到位，掌握市场信息精准，对招标人和招标代理机构的招标组织和技术能力要求高，招标风险大。

2. 评估建议

此类项目受各行业管理约束，无形中增加了建筑企业施工资源的投入，缩小了潜在投标人的竞争范围。按照《建设工程企业资质管理制度改革方案》（建市〔2020〕94 号）有关改革精神，建议今后开展类似项目招标时，持续关注国家关于资质管理的新动态、新变化，探索放宽准入限制，弱化行业差别，进一步统筹兼顾，提高招标项目的竞争性。

二、引江济淮工程（安徽段）江淮沟通段施工 J008 - 1 标

（一）工程概况

江淮沟通段施工 J008 - 1 标钢结构制造及焊接标，主要工程内容包括：①淠河总干渠渡槽主体钢结构的材料采购及验收、下料、制造、工厂试拼装、运输到现场、卸货、倒运

等；②现场主体钢结构的焊接（含小节段组拼成大节段、大节段焊接成整体等），焊接成大节段后的试拼装等；③配合 J008－2 土建及安装标完成吊装、安装等工作，配合 J008－2 土建及安装标进行钢结构预埋件及桥面铺装施工等。

钢结构渡槽采用三跨桁架式梁拱组合体系，跨径布置为（68＋110＋68)m。单幅横向设置两片拱式主桁，渡槽的水槽放置于两片主桁之间。渡槽设计纵坡为 1/15000，横向采用分幅布置，两幅间净距为 10m，全宽 58.0m。

J008－1 钢结构制造及焊接标为 J008 标工程中的一个标段，另一个标段为 J008－2 土建及安装标。①J008 标工程位于引江济淮工程江淮沟通段 46＋000～48＋000 内，总长约 2.00km。新建淠河总干渠渡槽位于渠道桩号 46＋520 处，渡槽布置于原淠河总干渠北岸弯道内，建成通水后淠河总干渠裁弯取直。渡槽采用双幅布置，单幅横向设置两片拱式主桁，水槽放置于两片主桁之间、槽内净宽 16m，两幅间净距为 10m，全宽 58.0m，设计纵坡为 1/15000。②J008－2 标主要工程内容包括：河渠部分，河渠部分起止桩号 46＋000～48＋000，标段总长约 2km；渡槽水工结构部分；渡槽钢结构部分（土建）及交通桥等。

（二）标段划分

1. 市场调研

由于 J008 标工程钢渡槽结构复杂，技术要求高，钢渡槽制作与安装单位的选择对工程整体目标控制有较大影响，招标人对项目进行了研究分析，将钢渡槽制作与安装单位的选择明确为招标的重点和难点，为市场调研工作明确了方向。

由于钢桁架梁拱组合体系渡槽在国内缺少成功案例，市场调研主要针对具有类似工艺和技术要求的新建桥梁钢结构的制作与安装业绩，研究类似案例的发包模式、资格条件、评标办法及合同条款的设置，分析不同发包模式的优缺点，明确该次招标的风险点及合同管理的重点与难点，制定了针对性的措施。

2. 发包模式的选择

招标人对 J008 标工程的发包模式进行了充分的分析和比较，结合市场调研情况综合研究了整体发包模式、总承包＋分包模式、平行发包模式 3 种不同发包模式的优缺点，进行了风险分析，最终选择了平行发包模式，将 J008 标分为 J008－1 钢结构制造及焊接标和 J008－2 土建及安装标两个标段。

J008 标工程选择平行发包模式划分为两个标段，主要目的在于吸引更多实力强的专业钢结构制造单位参与投标，形成有效竞争，但同时也增加了两个标段间工作界面和工作内容界定的难度，后期合同管理及组织协调的工作量也随之增加。

（三）竞争性分析

1. 投标情况

J008－1 钢结构制造及焊接标共计有 5 家投标人，投标人平均报价为 33434.38 万元，相比最高投标限价平均降幅 8.31％。

2. 客观评审因素评审情况

（1）投标报价得分：得分率为 99％～99.8％。

（2）类似项目业绩满分率为 80％，得分率 92％的投标人约占 20％。类似项目业绩得分率分布见图 3－7－1。

（3）获奖情况满分率为 80％，得分率 0％的投标人约占 20％。获奖得分率分布见图 3-7-2。

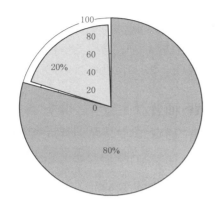

图 3-7-1　类似项目业绩得分率分布图

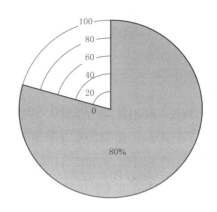

图 3-7-2　获奖得分率分布图

（4）项目经理业绩满分率为 100％。

3. 中标情况

中标金额为 34866.21 万元，中标价降幅为 4.39％，较平均投标报价高 3.92％。

（四）评估结论和建议

1. 评估结论

（1）该标段工程技术复杂，施工难度大，单独发包模式有利于吸引实力强的钢结构制造单位参与投标，同时有利于发包人对工程进度目标的控制，有利于提高工程质量。

（2）该标段实际投标人少，客观分得分差距小，除投标人业绩满分率略低于市政类项目外，其他包括企业获奖、项目经理业绩满分率均明显高于水利类、交通类和市政类项目相应满分率，从客观分的设置看，未能充分发挥竞争择优的作用。

2. 评估建议

（1）对于专业性很强、竞争性弱的专业工程，建议招标前充分进行招标方案论证和市场验证等准备工作，以吸引较多的有实力的单位参与投标。

（2）对于现场环境、工作界面复杂的项目，建议招标时组织现场踏勘和召开投标预备会，有利于进一步明确工作界面和招标范围，减少后期合同隐患，提高投标人报价的合理性和施工组织设计的针对性。

第八节　工程类项目招标投标过程评估结论及建议

一、评估结论

（一）招标计划合理可行，市场调研工作扎实精准

招标人制定了合理可行的招标计划，保障了招标工作有序开展；建立了系统规范的市

场调研工作机制，将市场调研工作贯彻落实到招标准备及招标文件编制全过程，为科学制定资格条件、评标办法等提供了重要的参考依据。

（二）招标文件编制严谨，评标办法设置科学合理

招标文件范本选用适当，符合国家及行业主管部门相关规定；资格条件及评标办法设置科学、合理，符合项目实际。其中三阶段评审法的应用增加了投标竞争性，既保证了该工程入围单位的整体实力，又能够选择到相对合理低价，对工程投资控制起到较大作用。

（三）合同条款明确精细，与时俱进修订完善

拟定的合同条款风险分担合理，细化了承发包双方的权利和义务，落实了保障农民工工资支付、环境保护与水土保持主体责任，加强了标准化建设与资金监管，鼓励创新，在合同执行过程中采取履约保函替换履约保证金、提高进度款支付比例等措施，切实减轻承包人负担，响应了国家优化营商环境的文件精神。

此外，为切实保障农民工合法权益，深入推行标准化工程管理，严格基本建设管理程序等，项目法人先后制定了《引江济淮工程保障农民工工资管理办法》《引江济淮工程（安徽段）建设标准化实施指南（试行）》《引江济淮工程试验检测管理办法》《安徽省引江济淮工程设计变更管理办法》等，不断提升管理水平，实行合同精细化管理。

（四）加快工程建设，工程总承包成效显著

该工程有不少招标项目采用工程总承包模式建设，尤其是试验工程采用设计-科研-施工一体化，有效加快了工程建设。

（五）招标前期准备工作有待提升

该工程投资规模大、工程技术复杂、涉及多行业交叉，且招标计划紧迫，招标设计成果存在些许不足，招标图纸深度不够，工程量清单准确度尚有待提高，最高投标限价的编制工作略显滞后，招标前期准备工作有待进一步提升。

二、评估建议

（一）招标准备

（1）分阶段编制项目管理预算，根据投资支配权限切块划分管理控制，使投资管理做到心中有数，进一步提高工程建设投资的经济效益。

（2）加强对设计单位及造价咨询单位的管理与沟通，并给相关单位预留足够的时间，做好工程量清单、技术条款及最高投标限价的编制与审核工作，确保成果质量。

（3）采用软件版工程量清单招标，适时启用电子清标，提高评标效率，同时加强对不平衡报价的评审。

（二）招标文件编制

（1）根据项目的不同类型和项目的复杂程度，科学研判潜在投标人的数量，对于竞争不充分的项目，不宜采用三阶段中位值法。

（2）根据引江济淮项目的实际，缺陷责任期设置为 24 个月为宜。

（3）取消将现金形式的履约保证金作为支付预付款前提条件的约定。

（4）结合合同管理实际需要，细化招标文件中进度款支付相关内容。

（三）现场踏勘与投标预备会

对于现场环境复杂，尤其涉及行业交叉或者工作界面复杂的项目，组织现场踏勘，并召开投标预备会，进一步提高投标人报价的合理性、施工组织设计的针对性，同时进一步明确工作界面，减少后期合同管理隐患。

（四）评标与定标

（1）将投标人自身的业绩、信誉、信用等级及不良记录等客观因素评审情况通过电子交易系统分别推送给投标人，方便投标人复核，进一步提高招标采购透明度，增强社会监督。

（2）依据《安徽省发展改革委安徽省住房城乡建设厅安徽省交通运输厅安徽省水利厅安徽省公安厅关进一步规范工程建设项目招标投标活动的若干意见》探索采用"评定分离"方法开展招标。

（五）对工程总承单位加强风险管理

对于设计单位牵头的工程总承包项目，应重视项目风险管理，督促总承包单位落实风险管理策略，构建项目全要素（进度、质量、环保、安全、资金等）风险管理的能力，建立项目风险识别评估及风险预控程序，将风险管理合理植入项目管理全过程，搭建项目风险的动态跟踪与反馈机制，确保工程总承包单位真正从"对图纸质量负责"到"对工程效益负责"，实现高质量的工程总承包。

第四章 货物类项目招标投标过程评估

第一节 货物类项目招标总体情况

一、基本情况

截至目前，该工程中货物类项目招标共有 58 个标段（其中非工程货物类项目 4 个，金额较小），工程类货物包括了金属结构类、水泵、电机、自动化、电气设备等。概算 150186.26 万元，中标金额 131662.72 万元，降幅金额 18523.54 万元，降幅率 12.33%。对达到公开招标限额的项目均采用公开招标方式选择中标人。货物类项目招标金额统计见表 4-1-1。

表 4-1-1　　　　　货物类项目招标金额统计表

类　别	标段数量/个	概算/万元	中标金额/万元	降幅金额/万元	降幅率/%
金属结构类	23	55826.83	52466.54	3360.29	6.02
机电设备类	20	61156.96	53324.86	7832.10	12.81
自动化类	3	3657.00	2914.98	742.02	20.29
其他工程货物	8	29222.98	22661.12	6561.86	22.45
非工程货物	4	322.49	295.23	27.26	8.45
总计	58	150186.26	131662.72	18523.54	12.33

各货物类项目占比情况见图 4-1-1，金属结构类标段占比最高，数量占全部货物类

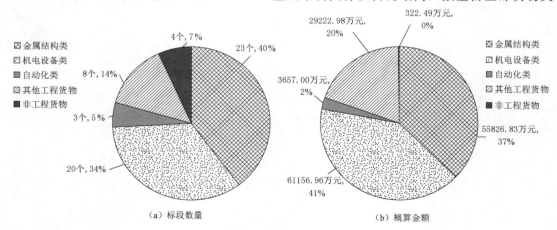

（a）标段数量　　　　　　　　（b）概算金额

图 4-1-1　各货物类项目占比情况

项目的 40%，概算金额占货物类项目的 37%；机电设备类金额占比最高，概算金额占比 41%，数量占比 34%。

二、招标计划完成情况

该工程货物类项目招标计划执行情况良好，基本按计划完成。货物类项目年度招标计划和完成对比见表 4-1-2，年度完成情况见图 4-1-2。

表 4-1-2　　　　货物类项目年度招标计划和完成情况对比表

年度	招标计划		完成情况			
	数量/个	概算/万元	数量/个	概算/万元	最高投标限价/万元	中标金额/万元
2018	12	26069.90	15	29606.39	29134.36	27285.62
2019	18	51628.31	18	51162.18	48698.00	45569.71
2020	18	54836.60	16	36220.92	33956.00	32351.16

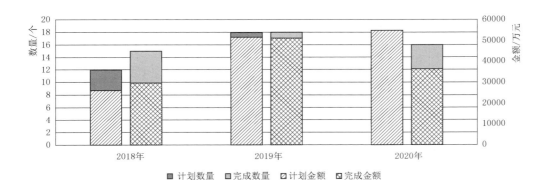

图 4-1-2　货物类项目年度招标计划完成情况示意图

本章参照安徽省水利厅发布的示范文本中对货物类项目的划分类型分别按金属结构类、机电设备类、自动化类、其他工程货物类项目招标予以评估，对部分典型项目进行分析总结，最终形成货物类项目招标投标评估结论和建议。

第二节　金属结构类项目招标投标过程评估

一、基本情况

该工程中金属结构类招标共涉及闸门、液压启闭机、拦清污设备、阀门、起重机等，其中闸门包括水闸闸门和船闸闸门两类。

金属结构类项目一共招标 23 个标段，其中闸门类 12 个、液压启闭机 4 个、拦清污设备 1 个、阀门 4 个、起重机 2 个，概算 55826.83 万元，签约合同总额 52466.55 万元，降幅金额 3360.28 万元，最高投标限价平均下浮率 5.16%，中标价下浮率 7.2%。金属结构类项目招标情况统计见表 4-2-1，下浮情况见图 4-2-1。

表 4-2-1 金属结构类项目招标情况统计表

序号	设备类型	标段数量/个	概算/万元	最高投标限价/万元	最高投标限价下浮率/%	中标金额/万元	中标价下浮率/%
1	水闸闸门	7	15459.13	15074.00	2.49	14181.27	5.92
2	船闸闸门	5	19830.42	21295.00	-7.39	20175.12	5.26
3	液压启闭机	4	8445.88	8438.00	0.09	8159.89	3.30
4	拦清污设备	1	1945.00	1945.00	0	1852.20	4.77
5	阀门	4	9313.90	8209.00	11.86	7377.88	10.12
6	起重机	2	832.50	756.00	9.19	720.19	4.74
7	合计	23	55826.83	55717	0.20	52466.55	5.83

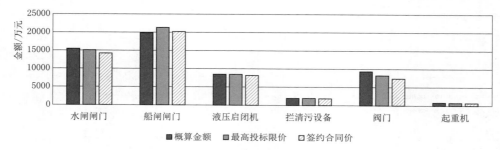

图 4-2-1　金属结构类项目下浮情况图

二、招标准备

（一）标段划分

（1）闸门类招标分为水闸闸门招标和船闸闸门招标，其中水闸闸门中标人只需供货至工地现场，卸货及安装工作均由土建承包人实施；船闸闸门则需要中标人负责卸货和安装工作，符合行业习惯和项目实际。

（2）启闭机类：液压启闭机进行过 3 次招标，共 4 个标段，中标人只需供货至工地现场，安装工作由闸门安装单位负责；卷扬启闭机和拦污栅等则包括在水闸招标范围中，没有单独划分标段招标。

（3）阀门、起重机等设备涉及不同供应商，故分别进行招标，其中阀门共 4 个标段、起重机 2 个标段；另有 1 个清污机标单独划分标段进行招标。

（二）市场调研

该工程单独招标的金属结构类项目规模均较大，相关设备参数要求高，市场上类似项目的招标较少。水闸闸门的潜在投标人较多，仅安徽省内及江苏等周边省份就有 10 家以上；船闸闸门具备条件的潜在投标人较少，且因运输成本原因，距离较远的投标人，如广东、湖南等省份的投标人兴趣不大；液压启闭机潜在投标人江苏省较多；起重机潜在投标人则河南省较多。

三、招标投标

（一）招标文件

1. 招标文件标准文件和示范文本的选用

（1）水工金属结构、机电设备类的招标投标监督部门为安徽省水利厅，选用的范本为《安徽省水利水电工程金属结构制作及安装招标文件示范文本》（以下简称《金属结构示范文本》）、《安徽省水利水电工程其他货物采购招标文件示范文本》（以下简称《其他货物示范文本》），这两类示范文本在该工程招标过程中也历经两次修订，第一个金属结构项目（派河口泵站枢纽施工准备导流导航工程金属结构制造）招标是在 2017 年，使用的是《金属结构示范文本（2017 年版）》。在 2017 年 9 月九部委联合印发《标准设备采购招标文件》等五个标准招标文件后，安徽省水利厅也对相关示范文本进行了修改完善，并于 2018 年 12 月发布了省厅示范文本（2018 年版）。之后为适应电子招标投标发展，安徽省水利厅于 2020 年 10 月发布了省厅示范文本（电子招标投标，2020 年版），对 2018 年版本进行了补充完善，重点增加细化了相关电子招标投标的条款。

（2）水运工程项目的行政监督部门为交通运输部水运局，交通运输部没有相应的货物类标准文件或示范文本，船闸闸门的招标文件框架体系采用的是 2008 年交通运输部发布的《水运工程标准施工招标文件》（JTS 110-8-2008），船闸闸门的招标范围包括闸门安装，因此采用该标准文件框架体系比较合适，该标准文件出台较早，部分条款与现行相关规定不相适应或不完善，招标文件结合了 2017 年九部委《标准设备采购招标文件》进行修改完善。水运行业液压启闭机的招标文件框架体系采用的是安徽省水利厅相关示范文本。

2. 资格条件

（1）启闭机在 2017 年 9 月之前需要水利部颁发的水利工程启闭机使用许可证，水工金属结构在 2018 年 9 月之前需要国家质检总局颁发的全国工业产品生产许可证，这两个许可证后经国务院分别以"国发〔2017〕46 号""国发〔2018〕33 号"发文取消。项目招标文件也严格按照当时的相关规定结合项目规模特点设置相关许可。

业绩设置方面，2017 年首个金属结构项目（派河口泵站枢纽施工准备导流导航工程金属结构制造）招标，要求的类似业绩为单项签约合同价 300 万元及以上的同时含钢闸门和启闭机供货项目，之后招标的水闸闸门根据规模及概算，相应调整类似业绩为"单项合同中包括钢闸门且钢闸门金额在 500 万元及以上的供货项目"或"单项合同中同时包括钢闸门和启闭机且两项合计金额在 500 万元及以上的供货项目"，调整了业绩金额，同时对业绩内容进行细化。

（2）船闸闸门招标范围中包括了安装工作，依据资质管理办法，需要投标人具有相应的资质，2019 年首个船闸闸门（江淮沟通段东淝河船闸金属结构制作安装标）要求投标人同时具有安装资质和供货安装业绩，类似业绩定义为"闸首孔口净宽 23m 及以上船闸的闸门制作与安装项目"；在江淮沟通段蜀山船闸金属结构制作及安装标中允许安装工作分包，类似业绩也调整为只需要闸门制作业绩。

（3）液压启闭机第一个项目要求的类似业绩为"单项合同液压启闭机供货在 500 万元

及以上的供货项目"，后面 3 个标段类似业绩中，除金额外增加了液压启闭机的"单缸启闭力"要求，对业绩内容进一步完善。

（4）阀门类似业绩主要从阀门直径及合同金额进行要求。

（5）水工金属结构类项目招标文件中要求的类似业绩证明材料一般为合同协议书和合同甲方出具的供货完成证明；船闸闸门要求的类似业绩为合同协议书和交工验收证书或竣工验收证书或竣工验收鉴定书。业绩证明材料要求符合行业特点和投标人实际情况。

3．评标办法

（1）金属结构类项目评标办法均采用的是综合评估法，除船闸闸门之外的金属结构类项目招标均采用的是《金属结构示范文本》，评标办法中相关评审项的设置及分值在示范文本基础上根据项目特点进行补充完善和优化。评标办法中主要对投标人的类似业绩、货物的材质、生产制造工艺、质量保证体系及投标报价等方面进行评审，总体全面、公正、客观。

《金属结构示范文本（2017 年版）》规定所有投标人报价均参与评标基准价计算的抽取的方式；《金属结构示范文本（2018 年版）》修订为仅合格投标人的报价参与评标基准价的抽取的方式，该工程中金属结构类项目相应修改。此方式避免了不合格投标人的投标报价进入评标基准价计算环节，但此种方式对评标质量要求更高，因为是在初步评审结束后进行抽取参与评标基准价计算的投标人，过程不可逆，随机抽取投标人报价后，按本方法确定评标基准价，评标基准价不因任何情况而改变。

《金属结构示范文本》中一直都要求投标报价在"招标人编制的最高投标限价的 A1～A2 范围内"方能参与评标基准价计算的抽取，对投标人的报价有一定的引导作用。

（2）船闸闸门的评标办法主要是参照《水运工程标准施工招标文件》进行编制，同时结合货物的制作、安装特点进行调整细化，评审内容主要对类似业绩、设备加工制造及施工组织设计、项目管理机构、投标报价等方面进行评审。

船闸闸门的报价评审使用的是合格投标人的报价参与评标基准价计算，再按投标人的报价与评标基准价的偏差计算其得分。

金属结构类项目评标办法及报价计算方法见表 4-2-2。

表 4-2-2　　　　金属结构类项目评标办法及报价计算方法汇总表

序号	项目类型	评标办法	报价分值计算方法
1	水闸闸门、拦清污设备	综合评估法	投标总报价得分：报价偏差率为 $C\%=-1\%$ 时投标总报价得满分；报价偏差率为 $C\%$ 以上的，每上升一个百分点扣 2 分，扣完为止（不得负分）；报价偏差率为 $C\%$ 以下的，每下降一个百分点扣 1 分，扣完为止（不得负分）
2	船闸闸门		（1）若投标报价大于评标基准价，则报价得分＝P－偏差率×100×E_1； （2）若投标报价≤评标基准价，则报价得分＝P＋偏差率×100×E_2
3	液压启闭机、阀门、起重机		投标总报价得分：报价偏差率为 $C\%$ 时投标总报价得满分；报价偏差率为 $C\%$ 以上的，每上升一个百分点扣 E_1 分，扣完为止（不得负分）；报价偏差率为 $C\%$ 以下的，每下降一个百分点扣 E_2 分，扣完为止（不得负分）

（3）《金属结构示范文本》《其他货物示范文本》及《安徽省水利水电工程自动化系统设计制造及安装招标文件示范文本（2018 年版）》（以下简称《自动化示范文本》）中均在

"其他因素评分标准"中设置了信用评价评审项，并给出两种方案，分别是依据"安徽省水利建设市场信用信息平台"或"全国水利建设市场信用信息平台和安徽省水利建设市场信用信息平台"中投标人信用等级进行评审。安徽省水利建设市场信用信息平台在2021年之前未对货物类投标人进行信用等级评价，全国水利建设市场信用信息平台（现水利建设市场监管平台）中只有部分金属结构和自动化投标人参与了信用等级评价。鉴于此，该工程的货物类项目评标办法中均没有按照示范文本设置信用评价等级评分项。

《水利部 国家发展和改革委员会关于加快水利建设市场信用体系建设的实施意见》（水建管〔2014〕323号）中要求"建立起行政管理、市场监管、公共服务等活动与市场主体信用信息的关联管理机制""在招标投标、政府采购、行政审批、资质审核、评优评奖、日常监管等工作中将水利建设市场主体的信用评价结果作为重要参考"。按照上述意见及安徽省水利厅示范文本的要求，建议将信用评价结果积极运用到后续招标中。

4. 合同条款

（1）水工金属结构类的合同条款使用的是《金属结构示范文本》中的条款。需要指出的是，《金属结构示范文本》《其他货物示范文本》（2018年版和2020年版）未按照《标准设备采购招标文件》对合同条款进行修改，分析有如下原因：①由于《标准设备采购招标文件》合同条款对成套设备的适用性更强；②安徽省水利厅示范文本自2010年使用以来，合同条款和合同管理已经较为成熟，为了保持条款及合同管理的一致性和延续性，未采用《标准设备采购招标文件》的合同条款。

金属结构类项目专用合同条款中细化了转让与分包的责任，对技术资料的种类、试验与检验、出厂验收、交接等做了补充细化，增加了关键节点及计划交货时间，比如埋件、启闭机、闸门等，此条款设置有利于承包人合理安排货物的原材料进货计划和生产计划。

延期交货的违约责任按通用合同条款约定为"货物每迟交一周（不足一周以一周计算），由卖方向买方支付合同总价款的0.5%，以后每迟交一周按0.5%继续支付违约金，当违约金总金额达到合同总价款的2%仍不能交货时，则买方有权终止合同，卖方应承担违约责任"，另外对技术资料及图纸的延期约定为1000元/日（后期对此细化并将违约金提高至5000元/（项·天））。

（2）船闸闸门项目合同条款使用的是《水运工程标准施工招标文件》的通用合同条款，其合同条款侧重于施工安装，对闸门的生产制造主要执行的招标技术条款及投标人的技术方案。

《建设工程价款结算暂行办法》中规定"原则上预付比例不低于合同金额的10%，不高于合同金额的30%"，该工程中货物类预付款约定为合同价格的30%，且预付款均在最后一期进度款中扣回，有效缓解了设备厂家的资金压力。

2018年12月之前的水工金属结构类招标项目的合同条款中约定了由设备供应商负责卸货，这与土建施工合同中约定为土建单位卸货有所重复；2018年12月之后的招标项目对此进行了调整，因此后期明确卸货由土建单位负责，大型闸门的卸货如由供应商完成，实施较为困难，反之土建单位更具备卸货能力。

（3）水工金属结构类项目均采用单价合同，且单价不予调整。进度款支付中约定所有货物运至施工现场后支付至合同价款的80%，对应土建工程完工后支付至合同价款的

95％，剩余5％质保金在质保期满后退付。在问卷调查中，货物类供应商反馈金属结构材料价格不断上涨，应予以调差。

（4）该工程货物类项目中均对设计联络会做了相关要求，要求在合同生效后30日内，买方组织设计、监理等单位代表到卖方所在地召开供货联络会，进一步明确具体的设计、制造、供货及安装相关技术要求及时间表。设计联络会的召开有助于买方及时协调设备技术问题和进一步明确时间节点，对保证货物质量和工程进度有着重要作用。

（5）货物类项目的履约保证金为合同价款的10％，形式上现金或保函均接受，符合营商环境的相关要求。本章其他节不再赘述。

5. 货物清单及发包人要求

（1）该工程中货物类项目招标对备品备件的相关要求也有别于其他项目，备品备件共分为两类：一类是质保期内的备品备件，需要投标人列明报价并含在投标总报价中；另一类是投标人认为质保期满后5年内可能需要更换的备品备件，由投标人报价，但不含在投标总价中，由发包人在质保期满后根据需要采购。该工程设备质保期一般为3～5年，加上施工期，年限较长，届时设备厂家能否以投标时承诺的价格进行供货，存在一定的不确定性。

（2）技术标准和要求中对部分零配件的参考品牌设置较多，技术标准中约定为"参照或相当于"参考品牌，投标过程中投标人一般会直接选用招标文件中的"参考品牌"。但在实际执行过程中部分设备供应商未完全依据投标承诺提供所列品牌。根据访谈反馈，供应商在实际执行合同时，对于零配件品牌的选用往往落实不到位，其主要原因是对零配件的选择，设备生产商一般有较为固定的品牌，往往忽视了合同技术标准中的要求，或刻意为了降低成本不采用承诺的品牌。为此应在履约阶段加强对该项内容的验收。

6. 最高投标限价

（1）货物类项目最高投标限价的确定与施工类项目有所区别，是以概算为基础结合市场询价后确定，因此市场询价的准确度直接影响到最高投标限价编制是否科学、合理。

（2）金属结构类项目中中标金额超过概算的一共5个标段，分别是2个液压启闭机标和3个船闸闸门标，超概的主要原因为设计变更引起设备规格调整以及材料价格上涨。金属结构类项目超概情况统计见表4-2-3。

表4-2-3　　　　　　　　　　　金属结构类项目超概情况统计表

序号	项目（标段）名称	设备类型	概算/万元	中标金额/万元	超概金额/万元	超概比例/％
1	江淮沟通段蜀山船闸金属结构制作及安装标	船闸闸门	6090.84	6949.40	858.56	14.10
2	枞阳引江枢纽、派河口泵站枢纽、蜀山泵站枢纽（水利部分）和阚疃南站、西淝河北站和插花站液压启闭机采购标	液压启闭机	3526.19	3988.12	461.93	13.10
3	枞阳船闸和派河口船闸金属结构制造及安装工程	船闸闸门	5031.25	5220.67	189.42	3.76
4	水运部分液压启闭机采购标2包	液压启闭机	2021.06	2158.12	137.06	6.78
5	庐江船闸和白山船闸金属结构制造及安装工程	船闸闸门	3879.26	4017.90	138.64	3.57

（二）招标文件澄清与修改

金属结构类 23 个标段中有 17 个标段发布澄清修改通知共 24 次，其中涉及最高投标限价发布的有 14 次，涉及货物清单修改的有 5 次，涉及技术标准和要求修改的有 5 次。最高投标限价大多未能与招标文件同步发布，清单及技术标准的编制质量有待进一步提高。

四、开标、评标与定标

（一）开标

（1）水闸闸门及其他水利金属结构项目按照《金属结构示范文本》的开标程序，在 2018 年版示范文本发布之前，均为所有投标人报价参与评标基准价抽取的计算，投标文件一次性开启；在 2018 年版示范文本发布之后，仅合格投标人的投标报价才可以参与评标基准价抽取的计算，因此开标会需要分两阶段进行。

（2）船闸闸门项目开标均为两阶段，即第一阶段开启投标人的商务和技术文件，第二阶段开启商务和技术文件合格投标人的报价文件。

（3）金属结构类项目开标流标的项目共 2 个，开标流标情况见表 4-2-4。

表 4-2-4　　　　　　　金属结构类项目开标流标情况汇总表

序号	项　目　名　称	流标阶段及次数	主要流标原因及措施
1	水运部分液压启闭机采购标	开标流标，1 次	部分配件参数设置不合理导致成本较高，投标人投标意向不强，二次招标调整参数
2	庐江船闸和白山船闸金属结构制造及安装工程	开标流标，1 次	最高投标限价低，投标人投标意向不强，二次招标提高限价

（4）金属结构类项目投标人数量一直相对稳定。部分项目竞争性明显偏弱，各类别投标人数量见表 4-2-5，其中闸门类的投标人主要为省内或周边省份，闸门类投标人区域分布情况见图 4-2-2，这体现了闸门类属于超大件，运输成本较大。

表 4-2-5　　　　　　　　金属结构类项目投标人数量统计表

序号	类　　别	标段数量/个	投标人数量/家次		
			最多	最少	平均
1	水闸闸门	7	13	6	8.3
2	船闸闸门	5	5	3	3.6
3	液压启闭机	4	5	4	4.8
4	阀门	4	13	10	11.8
5	拦清污设备	1	7	7	7.0
6	移动式启闭机（起重机）	2	10	7	8.5

水运行业船闸闸门招标与水闸闸门招标要求有所区别，船闸闸门招标范围包括安装，依据资质管理办法，一方面投标人需要具备相应的资质，另一方面由于业绩要求也比较高，因此投标人数量相对较少。

船闸闸门 5 次招标中，第一次不允许安装工作分包，投标人为 4 家；后面 4 次均允许

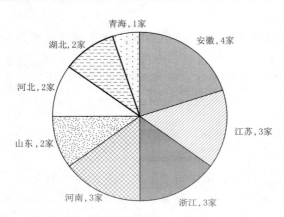

图 4-2-2　闸门类投标人区域分布情况

安装工作分包，但除了第二次投标人为 5 家，最后三次均只有 3 家投标人。因此，允许安装工作分包几乎没有改变投标人的范围，未达到预期效果，对提高竞争性没有起到明显作用。

（5）液压启闭机四次招标投标人数量均为 4～5 家，除安徽省某机械有限公司外，其他投标人与闸门投标人基本不重叠，由此可见，单独划分液压启闭机标段有其必要性。

（6）阀门招标共有 2 个批次 4 个标段，投标人数量均在 10 家以上，移动式启闭机（起重机）的投标人也在 7 家以上。

（7）拦清污设备的投标人与水闸闸门的投标人基本上是重合的。

（8）货物类项目均未收到对开标过程的异议，本章其他节不再赘述。

（二）评标

（1）初步评审中，金属结构类项目共否决投标人 38 家次，否决比例为 22.9%，其中否决最多的为移动式启闭机（起重机）项目，被否决的投标人占总数的 52.9%，投标人否决及修正统计见表 4-2-6。金属结构类项目投标人在初步评审阶段被否决的原因主要有两方面：一方面是业绩证明材料不符合要求；另一方面是已标价的货物清单出现错误。

表 4-2-6　　　　　　金属结构类项目投标人否决及修正统计表

序号	类别	标段数量/个	投标人数量/家次	否决投标人/家次	否决比例/%	修正数量/次
1	水闸闸门	7	58	12	20.7	6
2	船闸闸门	5	18	3	16.7	0
3	液压启闭机	4	19	4	21.1	0
4	阀门	4	47	8	17.0	0
5	拦清污设备	1	7	2	28.6	2
6	移动式启闭机（起重机）	2	17	9	52.9	1
7	合计	23	166	38	22.9	9

（2）水闸闸门的报价计算中评标基准价的计算方式在安徽省水利厅 2018 年范本发布之前为所有投标人的报价均参与抽取，2018 年范本发布之后则修改为合格投标人的报价参与抽取。投标人的报价得分离散系数分布见图 4-2-3，由此可见，两种方式对投标人的报价及其得分并无实质性影响。

（3）从 5 次船闸闸门项目的评标结果来看，投标人的最终得分排序未受报价得分的影响，5 次招标的排名均未发生过变化，船闸闸门投标人（含/不含报价）得分情况见表 4-2-7。

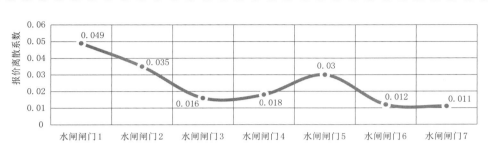

图 4-2-3 水闸闸门项目七次投标人报价离散系数分布

表 4-2-7 船闸闸门项目投标人（含/不含报价）得分情况汇总表

序号	项 目 名 称	投标人	含 报 价		不 含 报 价	
			总得分	排序	总得分	排序
1	船闸闸门采购安装标 1	投标人 1	95.57	1	61.49	1
		投标人 2	77.83	3	50.38	3
		投标人 3	86.74	2	58.08	2
		投标人 4	77.29	4	48.49	4
2	船闸闸门采购安装标 2	投标人 1	90.57	2	56.03	2
		投标人 2	82.57	3	51.75	3
		投标人 3	91.00	1	58.61	1
3	船闸闸门采购安装标 3	投标人 1	87.62	2	55.90	2
		投标人 2	91.69	1	60.35	1
4	船闸闸门采购安装标 4	投标人 1	94.33	1	61.41	1
		投标人 2	94.24	2	60.36	2
		投标人 3	86.46	3	52.09	3
5	船闸闸门采购安装标 5	投标人 1	76.14	3	44.91	3
		投标人 2	92.70	1	61.43	1
		投标人 3	87.39	2	56.76	2

（三）中标候选人公示

金属结构类项目均按规定发布中标候选人公示。金属结构类项目在中标候选人公示期间共有异议 2 次，且均引发了投诉，异议主要针对中标候选人的业绩。

（四）中标结果

闸门类项目中标人均为安徽本省或相邻省份单位，12 个标段中，安徽省省内单位中标 8 个，中标情况见图 4-2-4。

中标结果公示后流标 1 次，流标情况见表 4-2-8。

表 4-2-8 金属结构类项目中标后流标情况汇总表

序号	项目名称	流标阶段及次数	流 标 原 因
1	某起重设备标	中标后被取消中标资格，1 次	中标人不具备中标条件

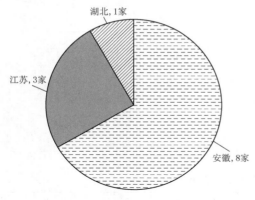

图 4-2-4　闸门类项目各省投标人中标情况

五、合同履约反馈

（一）设备监造

根据访谈反馈，在部分标段，监理单位在设备监造方面发挥了一定的作用，但未完全达到预想效果。究其原因是专业能力有所欠缺，监理相应标段包含设备类型较多，而监造工程师人员数量有限，难以做到"专业对口"，往往只能起到"见证"作用，而无法对质量控制发挥其作用。

《水利工程设备制造监理规范》（SL 472—2010）中规定"适用于我国境内大、中型水利工程建设项目设备制造阶段的监理""水利工程设备制造监理单位应具备法人资格并取得机电及金属结构设备制造监理资质"，依据此项规定，该工程设备类项目中均在合同条款和技术条款中要求设备厂商应接受监造工程师"参加重要部件的材料检验、制造检验及设备试验，并对合同设备进度、制造质量进行全面监督"。

建议后期招标根据设备类型及规模，按照建管处或建管单元合并实施，选择相应专业监理监造单位。

2020 年 5 月，水利部发布《水利部关于废止〈水电新农村电气化规划编制规程〉等 87 项水利行业标准的公告》，废止了《水利工程设备制造监理规范》，该规范废止后，如后期水利部取消监造监理资质（有取消资质的趋势），招标人可以选择更为专业的机构进行设备制造过程中的监造，比如检测单位、设计单位，也可以是同类设备的生产厂家。对于该工程这类规模大、设备类型多、技术复杂的工程项目，探索将整个工程的设备按类型划分，可分别选择金属结构监造单位、水泵监造单位、电机监造单位等，"让专业的人干专业的事"以更有效地实施设备监造。

本章其他节设备监造内容类似，不再赘述。

（二）质量保证期

《标准设备采购招标文件》对质量保证期的定义为：指合同设备验收后，卖方按合同约定保证合同设备适当、稳定运行，并负责消除合同设备故障的期限。

该工程中金属结构类项目的质量保证期最低要求有 1 年、2 年或 3 年的，评标办法中对质量保证期的时间也有赋分评审，投标人一般为能够提高中标概率，大部分都承诺增加质量保证期的时间，因此金属结构类项目的质量保证期都在 2 年以上，金属结构类项目质量保证期统计见表 4-2-9，可以看出，同一类别的货物，质量保证期基本上是一致的，其中阀门 4 个项目中，有 2 个项目为 3 年，2 个项目为 5 年，未保持统一。

（三）履约情况

目前大部分项目正在实施，从合同执行反馈情况来看，未出现延期交付引起的违约情况。该次评估货物履约情况类似，本章其他节不再赘述。

表 4-2-9 金属结构类项目质量保证期统计表

序号	质保期/年	标段数量/个	货 物 类 别
1	6	1	拦清污设备
2	5	7	阀门、液压启闭机、起重机
3	4	7	水闸闸门
4	3	2	阀门
5	2	5	船闸闸门

第三节 机电设备类项目招标投标过程评估

一、基本情况

该工程中机电设备类项目招标共涉及水泵、电机、电气设备［包括高低压开关柜、变压器、组合电器（GIS）］等。

机电设备类项目一共招标 20 个标段，其中水泵 7 个、水泵及电机 2 个、电机 5 个、高低压开关柜 4 个、变压器 1 个、组合电器（GIS）1 个，概算 61156.96 万元，签约合同总额 53324.86 万元，降幅金额 7832.10 万元。机电设备类项目招标情况统计见表 4-3-1，下浮情况见图 4-3-1。

表 4-3-1 机电设备类项目招标情况统计表

序号	设备类型	标段数量/个	概算/万元	最高投标限价/万元	最高投标限价下浮率/%	中标金额/万元	中标价下浮率/%
1	变压器	1	1556.00	1556.00	0.00	1462.00	6.04
2	电机	5	16251.24	15538.00	4.39	14600.25	5.93
3	高低压开关柜	4	17936.00	16448.00	8.30	15452.36	6.05
4	组合电器（GIS）	1	1101.00	1069.00	2.91	1038.41	2.86
4	水泵	7	20936.43	18621.00	11.06	17763.81	4.60
5	水泵及电机	2	3376.29	3393.87	-0.52	3008.03	11.37
合 计		20	61156.96	53232.00	7.41	53324.86	5.83

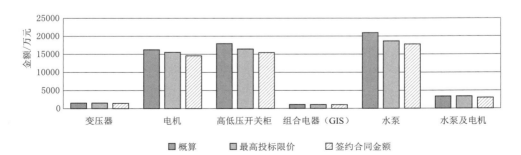

图 4-3-1 机电设备类项目下浮情况示意图

二、招标准备

（一）标段划分

（1）水泵招标分为立式全调节轴流泵、离心泵、立式全调节混流泵等类型，招标共 9 个标段，其中 2 个标段将电机纳入水泵招标范围（允许电机分包）。

（2）同步电机共进行 4 次招标、异步电机进行 1 次招标，共 5 个标段，其中朱集站的同步电机和亳州加压站的异步电机纳入对应水泵标招标范围。

（3）电气设备类主要涉及高低压开关柜、变压器、组合电器（GIS），共招标 6 个标段。

（二）市场调研

该工程机电设备类项目中，单独招标的水泵、电机规模大、技术要求高，由于国内近年类似设备招标较少，水泵、电机的调研方式更多的是通过咨询业内专家，对相关厂商进行调研，对于这种大型的水泵电机，国内市场基本透明，具备能力条件可以参与投标的供应商屈指可数。

针对水泵，调研的主要参数为供应商已有业绩中的流量、扬程、转速、叶轮直径、业绩时间等；电机调研的主要参数是其单机功率、转速、业绩时间等。

三、招标投标

（一）招标文件

（1）机电设备类范本采用《其他货物示范文本》。

（2）机电设备类资格条件主要是类似业绩的定义。

1）机电设备项目的资格条件设置主要是类似业绩的定义，水泵招标项目根据所招泵型（如轴流泵、混流泵等）及叶片调节方式（如半调节、全调节），设置最小叶轮直径。

2）电机招标项目根据所招电机类型，设置同步或异步，再结合调研的情况确定单机功率及转速等，其中立式同步电机的转速要求从转速低于 150r/min（40 极）至后期的 2 个项目放宽到转速低于 200r/min（30 极），降低了业绩要求。

3）高低压开关柜类似业绩设置了单个合同中所含开关柜的数量。变压器及组合电器（GIS）主要从电压等级进行约定。

（3）评标办法。机电设备类项目在评标办法的响应性评审中增加"设备主要性能参数与卖方保证值"，同时在投标文件格式中进行列表，方便投标人快速了解所招设备的技术参数要求，同时也方便评委进行评审。

高低压开关柜项目采用两阶段评标办法，其他机电设备类评标办法根据《其他货物示范文本》制定。机电设备类项目评标办法及报价分值计算方法见表 4 - 3 - 2。

（4）合同条款。机电设备类项目合同条款体系与金属结构类保持一致，仅在违约条款中增加了出厂性能试验不满足要求时的处理方式。

（5）最高投标限价。由于部分技术标准要求高的项目市场上能够满足需求的潜在供应商有限，在最高投标限价进行询价时，需要甄别询价是否"虚高"，防止因为市场局部垄断，导致价格失真。

表 4 - 3 - 2　　　　　　　**机电设备类项目评标办法及报价分值计算方法汇总表**

序号	项目类型	评标办法	报 价 分 值 计 算 方 法
1	水泵、电机、变压器、组合电器（GIS）	综合评估法	投标总报价得分：报价偏差率为 $C\%$ 时投标总报价得满分；报价偏差率为 $C\%$ 以上的，每上升一个百分点扣 E_1 分，扣完为止（不得负分）；报价偏差率为 $C\%$ 以下的，每下降一个百分点扣 E_2 分，扣完为止（不得负分）
2	电气（开关柜）	两阶段评审法	对商务标评审合格的前 N 名投标人的投标报价与评标基准价 C 差值的绝对值按由低到高排序，依次推荐中标候选人

（二）招标文件澄清与修改

机电设备类 20 个标段中有 18 个标段发布澄清修改通知 20 次，其中有 15 次涉及最高投标限价发布，7 次涉及货物清单修改，8 次涉及技术标准和要求的修改。

四、开标、评标与定标

（一）开标

（1）电机、水泵等项目均为一阶段开标，开关柜按两阶段开标，但开启的是所有投标人的报价文件，这与水利的施工标有所区别，优点是出现入围投标人在报价文件评审中被否决后，无须重复开启其他报价进行递补。

（2）机电设备类项目无开标流标情况。其投标人数量统计见表 4 - 3 - 3。

表 4 - 3 - 3　　　　　　　**机电设备类项目投标人数量统计表**

序号	类　　别	标段数量/个	投标人数量/家次		
			最多	最少	平均
1	水泵	9	10	4	6.4
2	电机	5	7	3	4.8
3	高低压开关柜	4	32	22	26.8
4	变压器	1	15	15	15
5	组合电器（GIS）	1	12	12	12

（二）评标

（1）初步评审中，机电设备类共否决投标人 107 家次，占投标总家次的 43.85％，其中否决最多的为变压器第一次招标，被否决的投标人为 100％，投标人否决及修正统计见表 4 - 3 - 4。被否决的原因主要有三方面：①业绩证明材料不符合要求；②人员社保证明不符合要求；③技术参数响应表未响应招标文件要求，其中组合电器（GIS）采购标，有超过一半的投标人因为技术参数没有响应招标文件要求被否决，该项目需填写的技术参数超过 250 项，数量偏多，不但增加了评审难度，也增加投标人失误的风险。

（2）机电设备类项目评标过程中流标 3 次，流标情况汇总见表 4 - 3 - 5。其中变压器采购标在有 19 家投标人的情况下出现流标。

表4-3-4 机电设备类项目投标人否决及修正统计表

序号	类 别	标段数量/个	投标人数量/家次	否决数量/家次	否决比例/%	修正数量/次
1	水泵	9	58	15	25.86	1
2	电机（含第一次）	5	33	18	54.55	0
3	高低压开关柜	4	107	36	33.64	4
4	变压器1次	1	19	19	100	0
	变压器2次		12	6	50.00	
5	组合电器（GIS）	1	15	13	86.67	0
合 计		20	244	107	43.85	5

表4-3-5 机电设备类项目流标情况汇总表

序号	项目名称	流标阶段及次数	主要流标原因及措施
1	变压器采购标1	评标流标，1次	投标人低级错误，有效投标人不足3家
2	电机采购标1	评标流标，1次	投标人低级错误，有效投标人不足3家
3	电机采购标2	评标流标，1次	投标人低级错误，有效投标人不足3家

（3）详细评审过程中，立式全调节轴流泵项目投标人业绩得分满分平均比例为68.8%，业绩满分情况汇总见表4-3-6。同步电机项目投标人业绩满分比例为90.9%，基本都是业绩能够得满分的投标人参与投标，业绩满分情况汇总见表4-3-7，业绩得分差距并不明显。立式全调节轴流泵项目合格投标人的总分及去掉报价的得分见表4-3-8，同步电机项目合格投标人的总分及去掉报价的得分见表4-3-9，价格得分在此两类项目中对中标结果影响有限。

表4-3-6 立式全调节轴流泵项目投标人业绩满分情况汇总表

序号	项 目 名 称	有效投标人数量/家	业绩满分投标人数量/家	业绩满分比例/%
1	立式全调节轴流泵采购标1	4	3	75
2	立式全调节轴流泵采购标2	3	2	66.7
3	立式全调节轴流泵采购标3	5	3	60
4	立式全调节轴流泵采购标4	4	3	75
合 计		16	11	68.8

表4-3-7 同步电机项目投标人业绩满分情况汇总表

序号	项目名称	有效投标人数量/家	业绩满分投标人数量/家	业绩满分比例/%
1	同步电机采购标1	3	3	100
2	同步电机采购标2	3	3	100
3	同步电机采购标3	2	1	50
4	同步电机采购标4	3	3	100
合 计		11	10	90.9

表4-3-8　　　立式全调节轴流泵项目投标人（含/不含报价）得分情况汇总表

序号	项目名称	投标人	含报价		不含报价	
			总得分	排序	总得分	排序
1	立式全调节轴流泵采购标1	投标人1	97.44	1	58.34	1
		投标人2	90.20	3	51.80	3
		投标人3	91.00	2	53.70	2
		投标人4	81.49	4	46.79	4
2	立式全调节轴流泵采购标2	投标人1	90.50	2	54.90	1
		投标人2	93.44	1	54.84	2
		投标人3	76.30	3	39.00	3
3	立式全调节轴流泵采购标3	投标人1	92.54	3	53.24	3
		投标人2	95.44	2	55.64	2
		投标人3	95.81	1	56.41	1
		投标人4	91.11	4	51.41	4
		投标人5	78.94	5	39.54	5
4	立式全调节轴流泵采购标4	投标人1	92.84	4	53.04	4
		投标人2	95.04	3	55.14	3
		投标人3	96.79	1	56.59	1
		投标人4	96.57	2	56.57	2

表4-3-9　　　同步电机投标人业绩（含/不含报价）得分情况汇总表

序号	项目名称	投标人	含报价		不含报价	
			总得分	排序	总得分	排序
1	同步电机采购标1	投标人1	91.50	2	52.00	2
		投标人2	90.17	3	50.57	3
		投标人3	96.69	1	57.09	1
2	同步电机采购标2	投标人1	95.74	1	55.94	1
		投标人2	89.66	2	50.76	2
		投标人3	86.23	3	47.13	3
3	同步电机采购标3	投标人1	90.91	2	51.51	2
		投标人2	95.01	1	55.11	1
4	同步电机采购标4	投标人1	95.28	2	55.53	2
		投标人2	91.35	3	51.36	3
		投标人3	95.87	1	55.89	1

（4）开关柜项目按照两阶段进行评审，最终确定排名是看入围投标人的报价水平，这在设备类项目招标上是一种创新。从中标单位来看，四个标段中标人都不重复，随机性较大；另外，这种评标办法也使得投标人数量增加，分析原因是相比综合评估法，对于投标

人来说，只要入围，中标的概率就会大很多。

电气设备（开关柜）投标人的业绩满分平均比例为 61.7%，业绩满分情况见表 4-3-10。第一次投标人经验不足导致业绩满分比较低，后期投标人的业绩满分率均较高，均能保证入围投标人的业绩为满分，保证了中标人为经验丰富的供应商。

表 4-3-10　　　　　　电气设备（开关柜）投标人业绩满分情况汇总表

序号	项 目 名 称	有效投标人数量/家	业绩满分数量/家	业绩满分比例/%
1	电气设备（开关柜）采购标 1	17	4	23.5
2	电气设备（开关柜）采购标 2	20	18	90.0
3	电气设备（开关柜）采购标 3	11	8	72.7
4	电气设备（开关柜）采购标 4	12	7	58.3
	合　计	60	37	61.7

从得分的结果分析，四个标段入围的投标人重叠率较高，但经过报价的评审排序，四个标段中只有一个标段是技术分排名第一的投标人中标，且四个标段都不是入围投标人中报价最低的投标人中标，甚至有两个标段还是入围投标人中的最高价中标。由此可见，这种评标办法实质为有限数量制后的合理价格，具有随机性，比较适用于竞争性较强的项目；对于竞争性弱的项目，比如水泵、电机等则不适用。电气设备采购标中标人得分与报价情况见图 4-3-2。

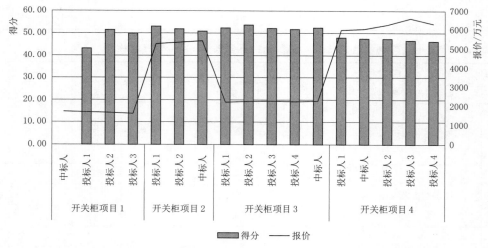

图 4-3-2　电气设备采购标中标人得分与报价示意图

（三）中标候选人公示

机电设备类项目均按规定发布中标候选人公示。在中标候选人公示期间共有异议 8 次（其中电机异议 4 次，占电机 5 次招标的 80%），占机电设备类项目的 40%，异议后投诉的有 3 次，占机电设备类项目的 15%，其中异议成立的有 1 次。

异议成立的水泵标为立式轴流泵采购。经评标委员会评审，推荐湖南某公司为第一中标候选人，江苏某公司为第二中标候选人。中标候选人公示期间，江苏某公司对评标结果提出异议，认为湖南某公司提供的业绩均为其子公司业绩，不符合招标文件要求。随后招标人重新组织原评标委员会对异议材料进行评议，核实该湖南公司投标文件中所附的是其全资子公司的业绩证明材料，业绩不应该被认可，故否决湖南某公司投标，并重新推荐了中标候选人。

本次评估就此问题进行研究：《公司法》第十四条规定"公司可以设立子公司，子公司具有法人资格，依法独立承担民事责任"。同时，《招标投标法》第二十五条规定"投标人是响应招标、参加投标竞争的法人或者其他组织"，第二十六条规定"投标人应当具备承担招标项目的能力；国家有关规定对投标人资格条件或者招标文件对投标人资格条件有规定的，投标人应当具备规定的资格条件"。从上述规定来看，母、子公司在法律上是独立的个体，各自独立承担民事责任，各自独立开展投标活动，相互不能借用资质和业绩。由此延伸到企业吸收合并后业绩的认定，需要从以下两个方面判定，首先《公司法》第一百七十二条"公司合并可以采取吸收合并或者新设合并。一个公司吸收其他公司为吸收合并，被吸收的公司解散。两个以上公司合并设立一个新的公司为新设合并，合并各方解散"。第一百七十四条"公司合并时，合并各方的债权、债务，应当由合并后存续的公司或者新设的公司承继"。另外，《住房城乡建设部关于建设工程企业发生重组、合并、分立等情况资质核定有关问题的通知》（建市〔2014〕79号）第六条规定"合并后的新企业再申请资质的，原企业在合并前承接的工程项目可作为代表工程业绩申报"。

综上，一个公司被吸收并解散后，被吸收公司的业绩是可以作为新公司的业绩，进行资质申报或者投标的，关键在于评标委员会需在"国家企业信用信息公示系统"查询该母子公司是否已完成吸收合并。

（四）中标结果

对于水利行业泵站工程中大型的水泵和电机，区域发展不均衡，市场竞争不充分，部分厂家有明显优势，形成区域性垄断，水泵、电机的中标人主要集中在上海和江苏，9个水泵采购标，江苏投标单位中标6个，上海投标单位中标3个；5个电机采购标，上海投标单位中标4个，辽宁投标单位中标1个，电机和水泵采购标中标人区域分布见图4-3-3。

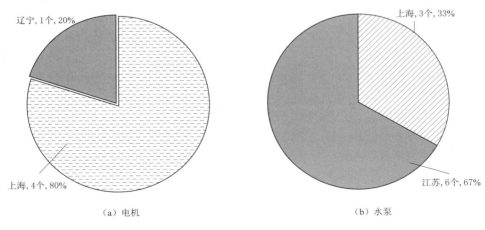

（a）电机　　　　　　　　　　　　　　　（b）水泵

图4-3-3　电机和水泵采购标中标人区域分布图

电气设备采购标没有占明显优势的投标人，中标人相对分散。

五、合同履约反馈

机电设备类项目质量保证期统计见表 4-3-11，质量保证期基本上都是 5 年，其中一个水泵及电机项目质量保证期为 3 年，变压器的质量保证期为 2 年。

表 4-3-11　　　　　机电设备类项目质量保证期统计表

序号	质保期/年	标段数量/个	货 物 类 别
1	5	18	水泵、电机、电气设备
2	3	1	水泵及电机
3	2	1	变压器

第四节　自动化类项目招标投标过程评估

一、基本情况

该工程中自动化类项目招标目前仅 3 个，主要是两个泵站机组状态在线监测系统，且为暂估价招标，以及一个调蓄水库自动化系统，概算合计 3657.00 万元，签约合同总额 2914.98 万元，降幅金额 742.02 万元。招标情况统计见表 4-4-1，金额下浮情况见图 4-4-1。

表 4-4-1　　　　　自动化类项目招标情况统计表

序号	设 备 类 型	标段数量/个	概算/万元	最高投标限价/万元	最高投标限价下浮率/%	中标金额/万元	中标价下浮率/%
1	泵站机组状态在线监测系统	2	955.00	955.00	0	864.85	9.44
2	调蓄水库自动化系统	1	2702.00	2140.00	20.80	2050.13	4.20
	合　计	3	3657.00	3095.00	15.37	2914.98	5.82

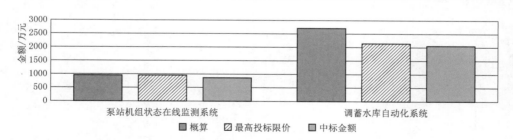

图 4-4-1　自动化类项目金额下浮情况示意图

二、招标准备

（一）标段划分

泵站机组状态在线监测系统最初是纳入水泵招标中，由水泵中标人负责采购在线监测系统，但由于水泵招标时技术条款深度不够，定为暂估价，由发包人与水泵中标人共同招标。

（二）市场调研

（1）经调研，国内泵站机组状态在线监测系统公开招标的不多，泵站中应用的监测系统大多数是水泵厂家直接购买，具备实施能力的潜在投标人较少。

（2）经调研，部分自动化系统供应商做了很多项目，但大型水利工程的自动化和信息化项目相对较少，合同金额超过 1000 万元的水利工程自动化和信息化项目更少，因此业绩不宜限定为水利行业。

三、招标投标

（一）招标文件

（1）自动化类项目招标采用的范本是《自动化示范文本》。

（2）资格条件设置。

1）在线监测类项目要求的类似业绩为含大型泵站或大型水电站机组在线监测系统供货安装项目，业绩要求合同甲方出具项目已完成的证明材料，后对此进行放宽，合同甲方或者用户或者运行管理部门出具也认可，更加符合项目实际。

2）自动化系统需要投标人具备电子与智能化工程专业承包一级资质，要求的类似业绩为已完成的单项签约合同价不少于 1000 万元的包含计算机监控系统的自动化或信息化项目，符合行业要求和市场情况。

（3）自动化类项目评标办法均采用的是综合评估法，主要对投标人的类似业绩、综合实力、人员配备、方案及投标报价等方面进行评审。

自动化类项目评标办法及报价分值计算方法见表 4-4-2。

表 4-4-2　　自动化类项目评标办法及报价分值计算方法汇总表

序号	项目类型	评标办法	报价分值计算方法
1	泵站机组状态在线监测系统、自动化系统	综合评估法	投标总报价得分：报价偏差率为 $C\%$ 时投标总报价得满分；报价偏差率为 $C\%$ 以上的，每上升一个百分点扣 E_1 分，扣完为止（不得负分）；报价偏差率为 $C\%$ 以下的，每下降一个百分点扣 E_2 分，扣完为止

（4）合同条款。在线监测项目合同条款采用《其他货物示范文本》；自动化系统采用《自动化示范文本（2018 年版）》，该版本中通用合同条款引用 2017 年九部委《标准设备采购招标文件》中通用合同条款。专用条款中监测系统与自动化系统在支付条款等与金属结构、机电设备保持了一致性。

值得一提的是，自动化系统项目合同条款对人员履约及人员变更未做具体要求，在合同执行时存在人员履约风险；同时，对合同变更未做约定，验收程序对自动化项目适应性也有所不足。建议在项目实施过程中完善人员管理的相关要求，补充合同变更的处理方式。

（5）货物清单及发包人要求。招标文件在示范文本基础上增加了"技术参数响应表"和"重要外购元器件选型对照表"，方便投标人填写和评审，对后期的合同履行有着重要作用，值得其他货物项目参考。

（6）最高投标限价。在编制最高投标限价进行市场询价时，应注意甄别，避免少数潜在投标人抬高报价，同时扩大询价样本的选择范围。

（二）招标文件澄清与修改

自动化类 3 个标段发布澄清修改通知 3 次，其中 1 次包括货物清单修改，2 次包括最高投标限价发布。

四、开标、评标与定标

（一）开标

（1）自动化类项目按照《安徽省水利水电工程自动化系统设计制造及安装招标文件示范文本》的开标过程，即投标文件一次性开启。

（2）自动化类项目在开标阶段未出现流标情况，投标人数量统计见表 4-4-3。

（3）自动化类项目均未收到对开标过程的异议。

表 4-4-3　　　　　　　　自动化类项目投标人数量统计表

序号	类　　别	标段数量/个	投标人数量/家次		
			最多	最少	平均
1	泵站机组状态在线监测系统	2	9	5	7
2	调蓄水库自动化系统	1	6	6	6

（二）评标

（1）初步评审中，自动化类共否决投标人 10 家次，占投标总家次的 50%，其中否决最多的为泵站机组状态在线监测系统，被否决的投标人占总数的 64.3%，投标人否决及修正统计见表 4-4-4。被否决的原因主要在三方面：①业绩证明材料不符合要求；②人员社保证明不符合要求；③项目负责人资格不符合要求。

表 4-4-4　　　　　　自动化类项目投标人否决及修正统计表

序号	类　　别	标段数量/个	投标人数量/家次	否决数量/家次	否决比例/%	修正数量/次
1	泵站机组状态在线监测系统	2	14	9	64.3	0
2	调蓄水库自动化系统	1	6	1	16.7	0
合　　计		3	20	10	50	

（2）自动化类项目评标过程中流标 2 次，均为泵站机组状态在线监测系统。其流标情况汇总见表 4-4-5。

表 4-4-5　　　　　　　自动化类项目评标流标情况汇总表

序号	项目名称	流标阶段及次数	主要流标原因及措施
1	泵站机组状态在线监测系统	评标流标，2 次	一次流标为多家投标人弄虚作假、二次流标因业绩证明材料不满足招标文件要求，有效投标人不足 3 家，3 次调整业绩证明材料要求，招标成功

泵站机组状态在线监测系统第二次招标，被否决的投标人均为业绩证明材料不符合招标文件要求：一方面原因在于业绩证明材料要求为合同甲方出具，但4家投标人中有3家投标人提供的业绩证明为最终用户或者运行管理单位出具；另一方面投标人也未认真阅读招标文件，在开标之前亦未对此提出澄清申请。

（三）中标候选人公示

自动化类项目均按规定发布中标候选人公示。自动化类项目在中标候选人公示期间共有异议一次，未出现投诉，异议内容为投标人业绩弄虚作假。

（四）中标结果公示

自动化类项目在中标候选人公示无异议后，均确定排名第一的中标候选人为中标人，符合《招标投标法实施条例》第五十五条规定。

五、合同履约反馈

（一）质量保证期

自动化类项目质量保证期均为5年。

（二）履约管理及验收

自动化类项目在合同执行过程中应注意人员履约和变更方面的管理。

第五节　其他工程相关货物项目招标投标过程评估

一、基本情况

该工程中除上述金属结构类、机电设备类及自动化类以外，工程类货物中还有一些标批次少的货物，其中G312合六叶公路桥维护系统采购与安装为G312桥施工标中的暂估价项目，见表4-5-1。

表4-5-1　　　　其他工程相关货物项目招标情况一览表

序号	设 备 类 型	标段数量 /个	概算 /万元	最高投标限价 /万元	最高投标限价 下浮率/%	中标金额 /万元	中标价下浮率 /%
1	LED大屏	1	90.00	90.00	0	85.17	5.37
2	除湿系统	1	240.00	240.00	0	227.00	5.42
3	桥检车	1	500.00	440.00	12.00	408.00	7.27
4	MD装置	1	1180.00	1180.00	0	1097.00	7.03
5	电缆	2	3814.22	3765.00	1.29	3585.34	4.77
6	预应力钢筒混凝土管（PCCP）	2	23398.76	19420.00	17.00	17258.60	11.13
	合计	8	29222.98	25135.00	13.99	22661.11	9.84

其他工程相关货物项目一共招标8个标段，概算29222.98万元，签约合同总额22661.11万元，降幅金额6561.87万元。招标情况见表4-5-1，金额下浮情况见图4-5-1。

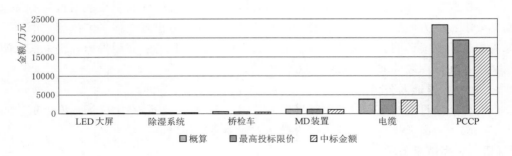

图 4-5-1　其他工程相关货物项目金额下浮情况示意图

二、招标准备

（一）标段划分

安徽省引江济淮集团有限公司 LED 大屏显示系统作为一个独立的项目，主要为满足对工程建设情况的实时监控，快速获取工地画面及工程现场建设情况；G312 合六叶公路桥维护系统采购与安装的 3 个标段为暂估价项目，分别采购除湿系统、桥检车及 MD 装置。另外，电缆也分别划分了 2 个标段进行招标，预应力钢筒混凝土管（PCCP）按照所属施工标分成 2 个批次进行招标。

（二）市场调研

LED 大屏项目属于比较常规项目，市场上招标较多，资格要求上一般规模较大的项目会对资质提出要求，小型项目则只对业绩提出要求。

桥梁维护系统采购与安装项目公开招标项目很少，对潜在投标人的调研主要从交通行业网站上查找中标单位联系调研，另外通过桥梁建管单位了解行业内的设备制造商，了解到的潜在投标人不多。电缆、预应力钢筒混凝土管（PCCP）潜在投标人较多。

三、招标投标

（一）招标文件

（1）LED 大屏显示系统及电缆及安装附件采购标采用的范本是《其他货物示范文本》。

桥梁维护系统采购与安装项目因监督部门为合肥市公共资源交易监督管理局，因此采用的范本是《合肥市水利水电工程其他货物采购招标文件示范文本（2020 年版）》，该范本编制参照了《其他货物示范文本》，相关条款无实质性差异。

（2）LED 大屏显示系统根据调研情况，要求投标人同时具备"电子与智能化工程专业承包"资质和类似业绩。

桥梁维护系统采购与安装项目、电缆项目主要从同类项目业绩金额方面进行要求；预应力钢筒混凝土管（PCCP）类似业绩从管道长度、管径进行要求。

（3）其他工程相关货物项目评标办法及报价分值计算方法见表 4-5-2。

表 4 - 5 - 2　　　其他工程相关货物项目评标办法及报价分值计算方法一览

序号	项目类型	评标办法	报 价 分 值 计 算 方 法
1	LED 大屏	综合评估法	投标报价得分：报价偏差率为 0 时投标总报价得满分；报价偏差率大于 0 时，每上升一个百分点扣 0.5 分，扣完为止（不得负分）；报价偏差率小于 0 时，每下降一个百分点扣 0.2 分，扣完为止（不得负分）
2	公路桥维护系统采购与安装、电缆	综合评估法	（1）报价偏差率大于 $C\%$ 时：投标报价得分 $= F-(P-C\%)\times100\times E_1$，且最低为 0 分； （2）报价偏差率小于 $C\%$ 时：投标报价得分 $= F+(P-C\%)\times100\times E_2$，且最低为 0 分
3	预应力钢筒混凝土管（PCCP）	综合评估法	（1）报价偏差率大于 $C\%$ 时：投标报价得分 $= F-(P-C\%)\times100\times E_1$，且最低为 0 分； （2）报价偏差率小于 $C\%$ 时：投标报价得分 $= F+(P-C\%)\times100\times E_2$，且最低为 0 分

（4）合同条款的制定均根据对应示范文本并结合行业习惯，满足项目的实施需要。

（二）招标文件澄清与修改

其他工程相关货物 8 个标段中有 4 个标段发布澄清修改通知 4 次，分别为最高投标限价、技术标准、财务要求及清单修改。其他工程相关货物项目澄清修改情况汇总见表 4 - 5 - 3。

表 4 - 5 - 3　　　其他工程相关货物项目澄清修改情况汇总表

序号	项 目 名 称	修改内容	修改次数
1	桥梁维护系统采购与安装	投标人财务状况要求	1
2	电缆及安装附件采购标 1	清单中项目名称表述有误	1
3	江水北送亳州供水预应力钢筒混凝土管（PCCP）采购标	最高投标限价、技术标准	1
4	江水北送段阜阳供水工程预应力钢筒混凝土管（PCCP）采购标	最高投标限价、技术标准	1

四、开标、评标与定标

（一）开标

其他工程相关货物项目均为一阶段开标，未出现开标流标，其中电缆项目的投标人较多。其他工程相关货物项目投标人数量统计见表 4 - 5 - 4。

表 4 - 5 - 4　　　其他工程相关货物项目投标人数量统计表

序号	类 别	标段数量/个	投标人数量/家次		
			最多	最少	平均
1	LED 大屏	1	5	5	5
2	除湿系统	1	7	7	7
3	桥检车	1	7	7	7
4	MD 装置	1	6	6	6
5	电缆	2	22	22	22
6	预应力钢筒混凝土管（PCCP）	2	11	11	11

（二）评标

（1）初步评审中，其他工程相关货物项目共否决投标人31家次，占投标总家次的34.07％，其中否决最多的为电缆，被否决的投标人占总数的47.7％，投标人否决及修正情况见表4-5-5。桥梁维护系统被否决的7家投标人中有4家因为投标文件格式不符合要求。

表4-5-5　　　　　其他工程相关货物项目投标人否决及修正统计表

序号	类　　别	标段数量/个	投标人数量/家次	否决数量/家次	否决比例/％	修正数量/次
1	LED大屏显示系统	1	5	1	20	0
2	桥梁维护系统	3	20	7	35	0
3	电缆	2	44	21	47.7	0
4	预应力钢筒混凝土管（PCCP）	2	22	2	9.1	1
	合　计	8	91	31	34.07	1

（2）其他工程相关货物评标过程中流标1次，流标情况见表4-5-6。

表4-5-6　　　　　其他工程相关货物项目流标情况表

序号	项目名称	流标阶段及次数	主要流标原因及措施
1	桥梁除湿系统标1	评标流标，1次	投标人在文件格式上出现低级错误，投标经验不足导致

（三）中标候选人公示

其他工程相关货物均按规定发布中标候选人公示，其中有1个预应力钢筒混凝土管（PCCP）收到对评标结果的异议并引发投诉。

五、合同履约反馈

（一）合同签订

G312合六叶公路桥钢箱梁维护系统采购与安装属于暂估价招标，由中标人和总包单位签订合同。

（二）质量保证期

桥梁维护系统的质量保证期为6年，LED大屏、电缆的质量保证期为5年，预应力钢筒混凝土（PCCP）管的质量保证期为2年。其他工程相关货物质量保证期统计见表4-5-7。

表4-5-7　　　　　其他工程相关货物质量保证期统计表

序号	质量保证期/年	标段数量/个	货物类别
1	6	3	桥梁维护系统
2	5	3	LED大屏、电缆
3	2	2	PCCP管

第六节　典型货物招标项目招标投标过程评估

本节选取"水泵、电机招标"作为典型货物招标项目，从水泵、电机标段划分的合理性等方面进行分析评估，提出相关建议，供后期同类项目参考。

一、水泵、电机招标概况

该工程共招标水泵、电机项目 14 个标段，其中水泵招标 7 个、电机招标 5 个、水泵电机合并招标 2 个。水泵、电机招标情况统计见表 4-6-1。

表 4-6-1　　　　　　　　水泵、电机项目招标情况统计表

序号	项目简称	招标范围	最高投标限价/万元	投标人数量/家	中标金额/万元	中标价下浮率/%
1	派河口水泵	水泵	3300.00	5	3100.95	6.03
2	朱集站水泵电机	水泵电机	2370.00	6	2098.03	11.48
3	亳州加压站水泵电机	水泵电机	1023.87	8	910.00	11.12
4	蜀山水泵	水泵	5525.00	6	5328.00	3.57
5	枞阳水泵	水泵	2654.00	7	2518.95	5.09
6	插花站水泵	水泵	474.00	6	446.60	5.78
7	阜阳加压站水泵	水泵	796.00	10	749.58	5.83
8	枞阳等枢纽及庐江境泵站机组	水泵、辅机	872.00	6	820.98	5.85
9	江水北送水泵	水泵	5000.00	4	4798.75	4.03
10	派河口电机	电机	3000.00	7	2808.00	6.40
11	蜀山电机	电机	6423.00	5	6026.00	6.18
12	枞阳电机	电机	2150.00	5	2016.00	6.23
13	阜阳供水电机	电机	2654.00	4	2518.95	5.09
14	江水北送电机	电机	3350.00	3	3166.00	5.49
	合　计		39591.87	78	37306.79	5.77

二、标段划分及市场调研

在枞阳水泵标招标之前，该工程电机标（派河口、蜀山电机）2 次招标均有异议或投诉发生，因此在朱集站和亳州加压站设备招标中，将水泵和电机合并招标。从该工程前期已招标的水泵、电机标进行分析，电机标招标异议、投诉高发。

朱集站和亳州加压站将水泵、电机合并招标，招标效果和水泵、电机分别招标区别不大，水泵及电机前期招标情况见表 4-6-2，因此计划将枞阳枢纽及后期的电机标都与相应的水泵标合并招标。

表 4 - 6 - 2　　　　　　　　　枞阳水泵标招标前水泵及电机招标情况表

序号	项目简称	招标内容	最高投标限价/元	中标金额/元	中标价下浮率/%	投标人数量/家	是否流标	异议投诉
1	派河口电机	电机	3000.00	2808.00	6.40	7	否	有异议
2	蜀山电机	电机	6423.00	6026.00	6.18	5	否	有异议、投诉
3	派河口水泵	水泵	3300.00	3100.95	6.03	5	否	无
4	朱集站水泵、电机	水泵、电机	2370.00	2098.03	11.48	6	否	无
5	亳州加压站水泵、电机	水泵、电机	1023.87	910.00	11.12	8	否	无

经市场调研，行业内将水泵电机合并招标也不是个例，比如南水北调中线一期引江济汉工程进口段泵站泵组及其附属设备采购标、淮安三站改造工程灯泡贯流泵机组成套设备采购标、连云港市东海县引淮入石泵站更新改造工程泵站主机组（水泵、电机）附属配件采购标等，均将水泵和电机合并招标。

水泵、电机合并招标有其优点，且也被多个项目采用，但仍然存在一定的合规性风险，以下进行详细论述分析。

三、水泵、电机合并招标风险分析

《工程建设项目货物招标投标办法》第二十二条规定"招标货物需要划分标包的，招标人应合理划分标包，确定各标包的交货期，并在招标文件中如实载明。招标人不得以不合理的标包限制或者排斥潜在投标人或者投标人。依法必须进行招标的项目的招标人不得利用标包划分规避招标"。第二十三条规定"招标人允许中标人对非主体货物进行分包的，应当在招标文件中载明。主要设备、材料或者供货合同的主要部分不得要求或者允许分包"。

存在的风险点：在该工程中，枞阳、蜀山及江水北送的电机标概算均大于水泵标，电机属于主要设备，允许分包有风险，如无潜在投标人能够同时生产水泵和电机，则有标包划分不合理、将电机规避招标的嫌疑。

此外，《工程建设项目货物招标投标办法》第三十二条第二款规定"一个制造商对同一品牌同一型号的货物，仅能委托一个代理商参加投标"。对此政府采购法律体系有更为明确的规定，《政府采购货物和服务招标投标管理办法》第三十一条规定"采用最低评标价法的采购项目，提供相同品牌产品的不同投标人参加同一合同项下投标的，以其中通过资格审查、符合性审查且报价最低的参加评标；报价相同的，由采购人或者采购人委托评标委员会按照招标文件规定的方式确定一个参加评标的投标人，招标文件未规定的采取随机抽取方式确定，其他投标无效。使用综合评分法的采购项目，提供相同品牌产品且通过资格审查、符合性审查的不同投标人参加同一合同项下投标的，按一家投标人计算，评审后得分最高的同品牌投标人获得中标人推荐资格；评审得分相同的，由采购人或者采购人委托评标委员会按照招标文件规定的方式确定一个投标人获得中标人推荐资格，招标文件未规定的采取随机抽取方式确定，其他同品牌投标人不作为中标候选人。非单一产品采购项目，采购人应当根据采购项目技术构成、产品价格比重等合理确定核心产品，并在招标文件中载明。多家投标人提供的核心产品品牌相同的，按前两款规定处理"。

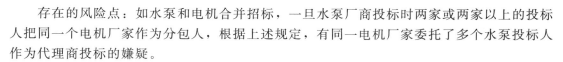

存在的风险点：如水泵和电机合并招标，一旦水泵厂商投标时两家或两家以上的投标人把同一个电机厂家作为分包人，根据上述规定，有同一电机厂家委托了多个水泵投标人作为代理商投标的嫌疑。

四、结论

该工程水泵和电机招标经历了单独招标、合并招标，再回归到单独招标，招标人对此进行了详尽的市场调研，并深入研究法律法规，回避了上述风险。

第七节　货物类项目招标投标总体结论和建议

一、总体结论

该工程货物类项目招标过程总体合法规范，市场调研工作比较细致，标段划分既考虑工程建设的统一管理又兼顾行业要求和习惯，取得了较好效果；招标文件编制采用的标准文件、示范文本符合行业规定，资格条件设置合理，综合评估法既保证了投标人的综合实力，又保证了一定的竞争性；中标单位在业内有较强影响力，技术水平和生产能力均属于国内领先水平，达到了招标预期。

二、评估建议

（一）针对闸门项目招标竞争性不足的建议

从投标人分布情况来看，闸门类项目投标人以省内和周边省份企业为主，招标竞争性不足。尤其是船闸闸门项目最高投标限价较低，个别标段超概，招标竞争性更弱。闸门类项目的运输成本较高，省外投标人因考虑运费因素，参与度不高，后期的闸门项目中考虑运距因素，适当提高最高投标限价，以提高外省单位的投标积极性。同时，可探索将船闸闸门制作安装纳入船闸土建施工招标中，使用采购、施工（安装）工程总承包（P－C）模式，在技术标准中对设备的参数等做出相关要求。一方面土建施工单位具备闸门安装相关资质，可以选择的闸门生产商范围更大，同时减少了发包人的协调工作；另一方面土建施工标标的金额大，相对于施工标合同金额，闸门金额占比相对较小，将其并入施工标招标，可以有效解决闸门单独分包招标时概算金额不足的问题。

（二）针对电机采购模式的建议

电机项目潜在投标人较少，流标及异议、投诉高发。该工程的水泵和电机的投标人、中标人比较集中，投标人之间竞争激烈，尤其是电机标更为突出，这导致了此类项目的流标和异议投诉较多，也影响了项目的进展。为提高招标效率，避免由于市场相对垄断导致招标人处于不利地位，建议在后期项目中使用P－C模式，在招标时做好技术参数设置，施工过程中做好合同管理，同时对重要设备的采购需加强事前控制。

（三）加强信用评价结果运用

货物类项目的评标办法均未将信用评价作为评审项。行业主管部门应进一步加强宣传引导，市场主体也应积极响应、主动进行信用评价申报，招标人（招标代理机构）应跟踪市场主体的填报覆盖率，共同努力将信用评价结果纳入招标评审。

（四）进行价格调整的建议

目前货物类项目均不进行价格调整，闸门类项目受钢材价格影响大，如钢材价格市场波动较大时，合同双方均面临价格风险。为合理分担价格波动风险，建议在闸门类项目中约定价格调整的相关规定。

第五章 服务类项目招标投标过程评估

第一节 服务类项目招标投标基本情况

一、基本情况

截至目前，该工程共完成服务类项目 127 个标段的招标，包括勘察设计、监理和咨询项目，概算 492016.21 万元，中标金额 390630.14 万元，降幅率 20.61%。服务类项目招标情况具体见表 5-1-1、表 5-1-2。根据本次评估重点，本章主要对工程直接相关的勘察设计、监理和咨询服务项目的招标投标过程进行评估。

表 5-1-1　　　　　　　　　服务类项目招标情况表

类别	标段数量/个	概算/万元	中标金额/万元	降幅金额/万元	降幅率/%
监理	41	67767.92	50559.40	17208.52	25.39
咨询	85	105661.59	85201.39	20460.2	19.36
勘察设计	1	318586.70	254869.36	63717.34	20.00
合计	127	492016.21	390630.14	101386.07	20.61

表 5-1-2　　　　　　　　　服务类项目年度招标情况表

年度	标段数量/个	概算/万元	控制价/万元	中标金额/万元	降幅金额/万元	降幅率/%
2015	2	600.00	560.00	460.00	140.00	23.33
2016	5	320984.70	320694.70	256677.80	64306.90	20.03
2017	22	36969.05	35154.00	28977.56	7991.49	21.62
2018	41	89456.45	78544.00	68266.50	21189.95	23.69
2019	34	29391.22	27588.00	24165.71	5225.51	17.78
2020	22	14513.87	13446.20	11953.52	2560.35	17.64
2021	1	100.92	130.00	129.05	-28.13	-27.87
小计	127	492016.21	476116.90	390630.14	101386.07	20.61

二、招标计划完成情况

该工程 2018 年、2019 年、2020 年三年招标计划服务类项目共 90 个，至 2020 年年底实际完成 97 个，比计划超出 7 个；招标计划总概算 123352.09 万元，实际招标完成概算

133361.54 万元，比计划超出 10009.45 万元，超计划完成 8.11％。服务类项目招标计划完成情况见表 5-1-3、图 5-1-1。

表 5-1-3　　　　　　　　　　服务类项目招标计划完成情况表

年度	招标计划		完成情况			
	数量/个	概算/万元	数量/个	概算/万元	控制价/万元	中标价/万元
2018	26	65888.00	41	89456.45	78544.00	68266.50
2019	37	39781.78	34	29391.22	27588.00	24165.71
2020	27	17682.31	22	14513.87	13446.20	11953.52
合计	90	123352.09	97	133361.54	119578.2	104385.73

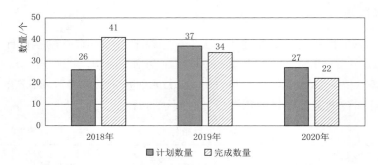

图 5-1-1　服务类项目招标计划数量完成情况图

第二节　勘察设计项目招标投标过程评估

一、基本情况

该工程勘察设计标服务内容包括工程勘察、初步设计、招标设计、施工图设计及初步设计评审和施工与验收期间需勘察设计单位配合的各种相关服务与工作。主体工程包括输水河道、枢纽建筑物、跨河建筑物、跨河桥梁、铁路改建、影响处理、水保、环保、景观绿化、交通工程、供水供电、通信监控、沿线设施及所需使用的房屋建筑、征地拆迁、移民安置、后期配套工程预留衔接及其他工程等，涉及水利、交通运输、市政等多个行业。为有效提高勘察设计工作效率，便于合同管理，该工程勘察设计划分为一个标段进行公开招标，勘察设计标于 2016 年 4 月 29 日发布招标公告，2016 年 5 月 23 日开标，同日完成评标。

二、招标准备

该工程项目可行性研究报告于 2016 年 3 月通过水利部、交通部审查后，为确保完成安徽省委、省政府提出的 2016 年全面开工的要求，在项目可行性研究报告报国家发展改革委审批的同时，同步启动勘察设计招标，该招标项目由安徽省水利工程招标监督管理办

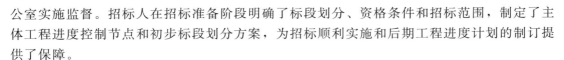

公室实施监督。招标人在招标准备阶段明确了标段划分、资格条件和招标范围，制定了主体工程进度控制节点和初步标段划分方案，为招标顺利实施和后期工程进度计划的制订提供了保障。

（一）标段划分

为提高勘察设计工作效率、实现高效管理，确保完成 2016 年引江济淮工程（安徽段）全面开工的目标，本次勘察设计招标设 1 个标段。

（二）招标方案

由于该工程勘察设计只设一个标段进行招标，因此招标范围涵盖勘察、初步设计、招标设计、施工图设计及初设评审和施工与验收期间需勘察设计单位配合的各种相关服务与工作。具体包括以下 5 个方面的内容。

（1）该工程可研报告中明确的主体工程（包括且不限于输水河道、枢纽建筑物、跨河建筑物、跨河桥梁、铁路改建、影响处理、水保、环保、景观绿化、交通工程、供水供电、通信监控、沿线设施及所需使用的房屋建筑、征地拆迁、移民安置、后期配套工程预留衔接及其他工程）的工程勘察，初步设计、招标设计、施工图设计三个阶段设计任务，概算、预算、最高投标限价等文件编制，施工现场配合服务以及相关后续服务工作。

（2）对项目建议书、可行性研究阶段的各项审查、审批意见在设计阶段的逐一响应、落实。

（3）不含已开工的 1.5km 试验工程勘察、设计任务，但中标人应将上述工程报批后的初步设计文件纳入本次总体初步设计文件中。

（4）配合招标人委托的各阶段勘察、设计成果审查（咨询）工作，负责对审查（咨询）意见修改、完善。

（5）包括为完成上述勘察、设计任务所需的各项科学研究试验及专题研究等。

该工程为跨流域重大战略性水资源配置和综合利用工程，工程等级高，项目复杂，同时涉及多个行业，因此，勘察设计招标接受联合体投标。

为保证工程进度的顺利实现，增强勘察设计合同服务期界定的合理性和可行性，保证勘察设计成果及时提交，在招标准备阶段，对主体工程进行了初步标段划分，明确各主体工程标段计划起始、结束时间，在招标投标过程中作为技术文件由投标人响应并优化，以投标人的响应作为合同服务期管理的依据。

通过对勘察设计招标重要事项策划，于 2016 年 4 月 22 日向安徽省水利工程招标监督管理办公室报送《引江济淮工程（安徽段）勘察设计招标备案的请示》。

三、招标投标

（一）招标文件编制

招标文件依据《安徽省水利水电勘察设计招标文件示范文本（2010 版）》编制，历经三次审查定稿。

1. 资格条件设置

投标人的资质要求为同时具有工程勘察综合甲级资质或岩土工程（勘察）专业甲级资质和设计综合甲级资质［或同时具有工程设计水利行业甲级资质、工程设计水运行业甲级资质或工程设计水运行业（通航建筑工程）专业甲级资质]；投标人业绩要求为同时具有投资 10 亿元及以上含大型水利枢纽的水利工程和三级及以上船闸工程业绩。接受联合体投标，采用资格后审。

2. 评分办法

勘察设计招标主要目标是以保证勘察设计质量为目的，吸引有实力和有经验的单位承担任务，不以价格因素为主要竞争因素。本项目采用综合评估法，其中投标报价为费率报价，最高投标限价为批复的同范围同口径初步设计概算中的勘察设计费、重大科学研究试验及专题费用的 90%，报价评分采用示范文本评分标准中投标报价（方法一），在最高投标限价的基础上，每降 1 个百分点加 1 分，总分值 10 分，避免了恶性价格竞争。根据初步设计提交时间要求紧和质量要求高的特点，将"初步设计周期"设置为客观评分项，每提前 5 天加 1 分，最高 2 分。

3. 合同条款设置

（1）服务期。勘察设计服务期按勘察设计成果文件提交为节点设置，以设计人在投标文件中编制的《工程设计进度控制及标段划分方案》及发包人工作计划安排为准。

（2）费用及支付。勘察设计费按批复的同范围同口径初步设计概算中的勘察设计费、重大科学研究试验及专题费用乘以中标费率计算，按初步设计、招标设计、施工图设计、进度款、项目交工和竣工验收分阶段进行支付。

（3）履约担保。履约担保金额 1000 万元，形式为 50%现金担保，50%银行保函，以设计人（联合体牵头人或其他成员）名义提交。履约担保有效期自合同生效之日起至竣工验收之日止。

（4）双方责任。发包人责任主要为提交勘测设计基础资料和费用支付；设计人责任主要有成果质量责任、分包责任、技术支撑责任、如期履约责任、人员变更责任、人员到岗责任、人员安全责任等，其中人员变更及到岗责任规定较细，违约处罚金额较高。

（二）招标文件澄清与修改

澄清修改通知对投标人须知前附表 1.4.2 项进行修改，删除"联合体其他成员资质：具有工程设计水运行业甲级资质或工程设计水运行业（通航建筑工程）专业甲级资质"的要求，避免了歧义。

四、开标、评标与定标

（一）开标

2016 年 5 月 23 日上午 9：30 组织召开开标会议，招标人代表、安徽合肥公共资源交易中心特邀监察员、安徽省投资集团纪委代表、安徽省发展改革委引江济淮领导小组办公室代表、安徽省水利招标管理监督办公室代表、4 家投标人（均为联合体）法定代表人或委托代理人及拟投入项目负责人参加会议。会议按招标文件规定对投标人法定代表人或委托代理人及拟投入项目负责人证件进行核验（后逐步取消了项目负责人到场的要求），并开启投标文件、宣读投标函内容、记录、签字确认，开标现场无异议。

（二）评标

评标委员会由 7 名评委组成，其中招标人代表 2 人，从安徽省综合评标评审专家库随机抽取评标专家 5 人，评标专家专业分别为岩土工程勘察（工程地质勘察）和水工建筑。

投标文件评审中无否决投标情形，评分无统计、计算错误，客观分得分排序与最终排序一致，主观分得分只是加大了得分差距，未对评审结果造成实质性影响。客观分中，投标人三和投标人四相差 3 分，分差出现在 2 个评分项中，一是"项目负责人业绩"评分项，投标人四只有 1 项，比投标人三少 1 分；二是"初步设计周期"评分项中，投标人三承诺在 45 天基础上提前 10 天得 2 分，投标人四未作出提前完成初步设计承诺，不得分。得分情况见表 5-2-1、表 5-2-2。

表 5-2-1 客 观 分 得 分 表

序号	投标人名称	技术客观分（22分）	报价得分（10分）	客观分得分（32分）
1	投标人一	9	6	15
2	投标人二	13	5	18
3	投标人三	22	10	32
4	投标人四	19	10	29

表 5-2-2 主 观 分 得 分 表

序号	投标人名称	答辩得分（6分）	其他得分（62分）	主观分得分（68分）
1	投标人一	3.71	45.57	49.28
2	投标人二	3.71	45.14	48.85
3	投标人三	5.43	54.64	60.07
4	投标人四	3.71	46.22	49.93

（三）中标候选人公示

评标结束后，招标人于 2016 年 5 月 24 日在中国采购与招标网、安徽合肥公共资源交易中心网站发布了该项目的中标候选人公示，公示内容包括中标候选人名称及投标报价、异议和投诉方式和渠道，公示期 3 天，公示期间无异议。

（四）中标结果

中标人为 4 家勘察设计单位组成的联合体，其中省内单位 3 家，省外单位 1 家；水利行业 3 家，交通行业 1 家。中标费率 80%，降幅率 20%。

五、履约情况反馈

中标人在合同履行过程中，发挥了联合体各方的专业技术优势，总体上较好地满足了勘察设计工作的质量和进度要求，有效地保证了各工程进度节点目标的实现。

联合体协议中虽然明确了牵头人的组织协调相关责权，但在合同实施中落实尚不够充分，履约过程中，招标人仍需对联合体各方进行沟通协调，管理协调工作量大。此外，该工程施工、货物招标过程中，澄清修改通知涉及工程量（货物）清单内容的 49 项，涉及最高投标限价的 97 项，在澄清修改通知中占比最高。同时，通过访谈和问卷调查了解，个别专业工程设计分包（如装饰、供电等专项设计）管理不到位，责任不明确；部分项目招标设计阶段的图纸、技术标准和要求、工程量清单及最高投标限价编制深度不够。这些都反映在勘察设计合同履约过程中还存在一些质量、进度控制问题，需要发包人加强合同管理。

六、评估结论和建议

（一）评估结论

（1）该工程投资额大，建设周期长，工程建设内容复杂，专业性强，基本建设程序严格，将整个建设工程的所有勘察、设计划分为一个合同标段，符合大型水利工程建设管理习惯，有利于加快基本建设程序推进。

（2）该工程勘察设计工作量大，涉及水利、水运、公路、市政等多行业，对勘察设计单位的专业技术水平要求高，为避免勘察设计项目招标竞争性不足，采取允许联合体招标的策略有利于强强联合，能充分发挥联合体各方的专业技术优势，提高勘察设计招标效率和建设管理效率，是较为科学合理的。

（3）该工程勘察设计招标采用综合评估法，对投标人的业绩、信誉和勘察设计人员的能力以及勘察设计方案的优劣和投标报价进行综合评审和比较，不以价格因素为主要竞争因素，符合《工程建设项目勘察设计招标投标办法》《建设工程勘察设计管理条例》等优选勘察设计单位的精神，与该工程的复杂性相适应，有利于吸引综合实力强的勘察设计企业参与竞争，并保证和提高勘察设计工作质量。

（4）该工程勘察设计招标启动时间早，投标报价为费率报价，以批复的同范围同口径初步设计概算中的勘察设计费、重大科学研究试验及专题费为计费基数，既保证了价格竞争，又解决了招标时勘察设计工作量难以计算的困难，有效提高了勘察设计招标的工作效率。

（二）评估建议

1. 建议强化勘察设计联合体的管理

联合体在合同存续期内作为一个整体对项目负责，联合体各方就中标项目向招标人承担连带责任。在该项目中，除项目可行性研究和初步设计报审报批阶段外，表面上看设计阶段相互间不需要太多的沟通协调，但在项目合同实施中难免会出现各方不相统属、"各司其职"的局面，导致招标人在合同管理中仍要面对联合体各方进行沟通协调，凸显联合体整体性不强。为充分发挥联合体的整体优势，加强设计工作的协调衔接，减少合同管理难度，建议在招标、合同管理阶段就以下事项予以明确：①在合同中进一步明确联合体牵头人具体协调管理责任和工作内容；②明确联合体内部的协调管理机制，在招标文件中不仅要求联合体各方签署联合体协议，还应在技术条款中要求编制联合体内部管理办法，并列为技术评分项，按管理办法的合理性、可行性进行评分，强化联合体投标人在投标阶段充分沟通，以便中标后建立良好的内部协调机制。

2. 建议加强对设计分包工作的管理

该工程所有勘察、设计为一个合同标段，以水利工程和水运工程为主体工程进行勘察设计发包，在合同实施阶段勘察设计单位难免会对装饰、供电、智能化等工程专项设计工作进行分包，设计总包单位若对分包单位的选择和管理不善，势必会造成设计分包管理不到位。为充分发挥设计总包的优势，加强专项设计工作的协调衔接，减少专项设计管理难度，建议加强对设计分包工作的管理：①对设计总包单位提出明确要求并监督执行到位，专项设计分包前需提出分包方案报发包人批准，切实做到选择业绩、资信和设计服务能力较强的分包单位承担专项设计工作，并签订责任划分明确、价格合理的分包合同，提高分包单位的积极性和工作质量；②强化设计总包单位的主体责任，严格要求设计总包单位按合同约定承担分包管理和协调的工作，对设计总包单位的分包管理进行考核。

3. 建议尽可能采用施工图招标

水利工程包括招标设计阶段，但往往由于时间紧，任务重，导致招标设计深度不够，甚而采用"扒初步设计"的方法应付，导致招标时澄清修改多，也给后续履约带来风险。建议尽可能采用施工图招标，切实提高招标设计深度。

第三节　监理类项目招标投标过程评估

一、基本情况

该工程第一个监理标"引江济淮试验工程建设监理"于 2015 年 12 月 21 日开标。截至目前，共完成 41 个监理标段招标。监理招标项目概算共计 67767.92 万元，中标金额共计 50559.40 万元，降幅金额 17208.52 万元，平均降幅率 25.39%。

从年度招标情况分析，2015 年、2016 年均只有 1 个标段招标，2017 年度招标 3 个标段，2018 年达到峰值。2017 年 3 个标段价格竞争最强，降幅率达到峰值，之后降幅率呈下降趋势。分年度招标情况见表 5-3-1、图 5-3-1。

表 5-3-1　　　　　　　　监理类项目分年度招标情况一览表

年度	标段数量/个	概算/万元	中标金额/万元	降幅金额/万元	降幅率/%
2015	1	600.00	460.00	140.00	23.33
2016	1	1200.00	951.00	249.00	20.75
2017	3	6588.00	4381.58	2206.42	33.49
2018	17	39175.45	29176.32	9999.13	25.52
2019	10	12960.68	9774.60	3186.08	24.58
2020	8	7142.87	5686.85	1456.02	20.38
2021	1	100.92	129.05	-28.13	-27.87
小计	41	67767.92	50559.40	17208.52	25.39

从投资规模分析，1000 万~2000 万元标段最多，共 13 个标段，降幅率 23.41%；2000 万~3000 万元标段价格竞争最为充分，降幅率达 29.95%。监理类项目分规模招标情况见表 5-3-2，分规模招标数量降幅率趋势见图 5-3-2。

图 5－3－1　监理类项目分年度招标标段数量、降幅率趋势图

表 5－3－2　　　　　　　　监理类项目分规模招标情况一览表

投资规模/万元	标段数量/个	概算/万元	中标金额/万元	降幅金额/万元	降幅率/%
≤500	4	810.92	776.05	34.87	4.30
500~1000	10	7568.13	6087.34	1480.79	19.57
1000~2000	13	19164.87	14679.22	4485.65	23.41
2000~3000	9	22928.00	16060.26	6867.74	29.95
3000~4000	5	17296.00	12956.53	4339.47	25.09
小计	41	67767.92	50559.40	17208.52	25.39

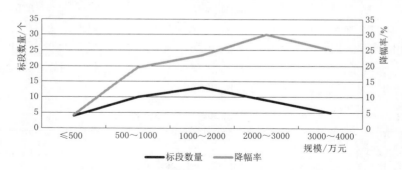

图 5－3－2　监理类项目分规模招标数量、降幅率趋势图

二、招标准备

（一）标段划分

工程建设监理分标：按照施工单元划分为 39 个标段，包括水利行业 18 个标段、公路行业 5 个标段、水运行业 5 个标段、市政行业 4 个标段、水利＋公路 5 个标段、水利＋水运 2 个标段；环境监理分为 2 个标段，分别为引江济巢段和江淮沟通段、江水北送段。

41 个监理标段中概算 500 万元以下的 4 个标段，500 万~1000 万元的 10 个标段，1000 万~2000 万元的 13 个标段，2000 万~3000 万元的 9 个标段，3000 万元以上 5 个标段。概算最高为 3990 万元，概算最低为 100.9 万元。监理类项目标段划分情况见表 5－3－3、图 5－3－3 和图 5－4－4。

表 5 - 3 - 3 　　　　　　　　　　监理类项目标段划分情况一览表

行业分类		水利	公路	市政	水运	水利+公路	水利+水运	环境监理	小计
标段数量/个		18	5	4	5	5	2	2	41
概算规模	≤500万元	3	1	0	0	0	0	0	4
	500万~1000万元	4	2	0	2	0	0	2	10
	1000万~2000万元	5	1	3	2	2	0	0	13
	2000万~3000万元	4	1	1	1	1	1	0	9
	3000万~4000万元	2	0	0	0	2	1	0	5
招标年度	2015	1	0	0	0	0	0	0	1
	2016	1	0	0	0	0	0	0	1
	2017	2	0	0	0	1	0	0	3
	2018	6	2	1	1	3	2	2	17
	2019	4	2	1	2	1	0	0	10
	2020	3	1	2	2	0	0	0	8
	2021	1	0	0	0	0	0	0	1

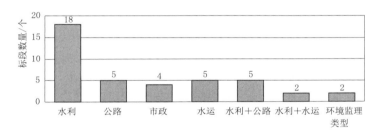

图 5 - 3 - 3 　监理类项目按类型标段划分情况一览图

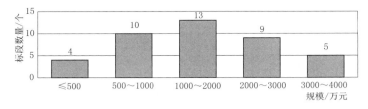

图 5 - 3 - 4 　监理类项目按规模标段划分情况一览图

（二）市场调研

根据该工程施工标段规模大、涉及专业多且有多行业交叉的情况等特点，对监理资质的要求较高，在市场调研中重点对符合资质要求的单位数量进行摸底，省内符合要求的单位较少，全国范围内则有一定数量保证，鉴于该工程的影响力，可以满足招标需要。在市场调研中了解到目前监理项目中标价下浮率较高，履约过程中人员到位率不高，人员管理有较大难度，在该工程前期监理招标中鼓励价格竞争、强化人员要求。随着该工程项目推进，省内监理单位项目趋于饱和，过低的价格和过严的人员要求均限制了投标单位的积极性，一些项目陆续招标失败。面对市场现状，为提高监理招标成功率，在后期招标中采取了弱化价格竞争、放宽人员要求的措施。

三、招标投标

(一) 招标文件编制

1. 招标文件范本的选用

(1) 以水利工程为主的监理标招标文件范本选用《安徽省水利水电工程监理招标文件示范文本》(以下简称《水利监理示范文本》)，该示范文本在该工程建设过程中历经三次修改：最早采用 2014 年版示范文本；2017 年 5 月 24 日，安徽省水利厅发布了 2017 年版示范文本；在 2017 年 9 月九部委联合印发《标准监理招标文件》等五个标准招标文件后，安徽省水利厅随即对示范文本进行了修改完善，并于 2018 年 12 月发布了 2018 年版示范文本；随着电子招标投标的发展，安徽省水利厅对 2018 年版示范文本进行了调整，使其适应现阶段电子招标投标的需要，于 2020 年 10 月发布了 2020 年版示范文本 (电子招标投标)。

(2) 以水运工程为主的监理标招标文件范本选用 2012 年交通运输部发布的《水运工程标准施工监理招标文件》(以下简称《水运标准监理招标文件》)。

(3) 以公路工程为主的监理招标文件范本选用 2018 年 4 月 25 日交通运输部发布的《公路工程标准施工监理招标文件 (2018 年版)》。

(4) 市政工程监理招标文件范本选用合肥市公共资源交易监督管理局发布的《合肥市房屋建筑和市政工程监理招标文件示范文本》。

(5) 环境监理招标文件在《水利监理示范文本》的基础上修改。

2. 资格条件设置

各行业工程监理资质均按行业资质管理规定设置，行业交叉的工程要求同时具备相关行业资质，除个别水利监理标段设置乙级资质外，其他均为甲级资质，无违反资质管理规定提高资质要求的情况。

业绩要求按工程特征和规模设置，按规模设置的规模要求按标段概算的 30% 控制，业绩的年份要求一般为 5 年内，个别特殊业绩或二次招标标段年份要求放宽到 10 年内，无超出项目需求提高业绩要求的情况。

投标人资格条件设置见表 5-3-4。

表 5-3-4　　　　　　　　　投标人资格条件设置一览表

序号	行业	资 质 要 求	业 绩 要 求
1	水利	(1) 水利甲级，8 个标段； (2) 水利甲级 + 设备甲级，4 个标段； (3) 水利甲级 + 设备乙级，5 个标段； (4) 水利乙级 + 设备乙级，1 个标段	(1) 按水利监理项目投资规模或监理合同金额设置，5 年，13 个标段； (2) 按监理项目类型和规模设置，5 年，3 个标段； (3) 按监理项目类型和规模设置，10 年，2 个标段

序号	行业	资 质 要 求	业 绩 要 求
2	公路	(1) 公路甲级及特殊独立大桥专项监理，2个标段； (2) 公路甲级，3个标段	(1) 按监理项目结构特征和规模设置，10年，2个标段； (2) 按监理项目结构特征和规模设置，5年，3个标段
3	市政	市政甲级或综合资质，4个标段	按监理项目结构特征和规模设置，5年，4个标段
4	水运	水运甲级，5个标段	按监理项目结构特征和规模设置，5年，5个标段
5	水利＋公路	(1) 水利甲级＋公路甲级监理，4个标段； (2) 水利甲级＋设备甲级＋公路甲级监理，1个标段； (3) 所有标段接受联合体投标	水利监理项目按合同金额设置，公路监理项目按结构特征和规模设置，同时具有水利和公路业绩，5年，5个标段
6	水利＋水运	(1) 水利甲级＋设备甲级＋水运甲级＋公路乙级，1个标段； (2) 水利甲级＋设备甲级＋水运甲级，1个标段； (3) 所有标段接受联合体投标	(1) 按监理项目项目特征和规模设置同时具有水利、水运、公路业绩，5年，1个标段； (2) 按监理项目项目特征和规模设置同时具有水利、水运业绩，5年，1个标段
7	环境监理	无	近5年具有单独委托的水利水电工程或交通工程或铁路工程环境保护监理项目，2个标段

3. 评标办法设置

监理标评标办法均采用综合评估法，全部采用资格后审，评分项基本一致，评分标准根据使用的范本不同有所差异。其中报价分分值为10～42分，报价分计算均以投标人报价的平均数下浮后作为评标基准价计算偏差率，以偏差率计算报价得分。随着项目推进，为增加投标吸引力，报价分值有所降低，评标基准价下浮系数有所提高。主要评分因素分值统计和报价评分标准统计见表5-3-5和表5-3-6。

表5-3-5　　　　　　　　　主要评分因素分值统计表

序号	行　业	报价分	投标人业绩	总监业绩	监理大纲	总监答辩	信用分
1	水利＋公路＋水运	15～32	2～12	4～6	13～33	5～8	3、6
2	公路	10	16～21	4	35	0	3、5
3	市政	10，20	9，10，21	6，10	30，35，46	0，6	5
4	水运	10	12	6，8	40	0	3

4. 合同条款的设置

监理服务期根据所监理的项目工期设定，覆盖所监理项目的全过程；监理人员的专业、数量根据监理工作需要设置；监理费用按月度、季度或半年进度支付，支付方式各不相同，支付条件较为严格，支付比例总体偏低；办公场地由招标人无偿提供，其他试验检测、生活设施设备由监理人自行解决；合同中对监理人的违约责任规定得细致，并随着项目的推进，在合同中监理人违约条款不断增加。

表 5-3-6　　　　　　　　　　　报价评分标准统计表

序号	行业	报价分值	报价分评分标准
1	水利 ＋公路 ＋水运	15～32	（1）投标报价等于评标基准价（A）时得满分，在此基础上每低于 1 个百分点扣E_1分，每高于 1 个百分点扣E_2分。报价分值不小于 30 分，$E_1=1$，$E_2=2$；报价分值≤20 分，$E_1=0.2$，$E_2=0.5$。 （2）评标基准价＝有效投标报价平均值×下浮系数（0.97）有效投标报价平均值的计算：所有有效投标报价去掉 n 个最高值和 n 个最低值后的算术平均值即为有效报价平均值 B。$M≤5$，$n=0$；$5<M≤10$，$n=1$；$10<M≤20$，$n=2$；$M>20$，$n=3$。（M 为有效报价的数量）。有效投标报价指通过初步评审和详细评审的投标报价
2	公路	10	（1）与水利计算方法基本一致，投标报价平均值计算有所差异。 （2）投标报价平均值的计算：所有投标人的评标价去掉一个最高值和一个最低值后的算术平均值即为评标价平均值〔如果参与评标价平均值计算的有效投标人少于 5 家（不含 5 家）时，则计算评标价平均值时不去掉最高值和最低值〕
3	市政	10，20	与水利基本一致。最早 1 个标段下浮系数开标现场在（0.95、0.96、0.97、0.98、0.99）范围内抽取
4	水运	10	与水利基本一致。下浮系数开标现场随机抽取。前期抽取范围为（0.95、0.96、0.97、0.98、0.99），后期抽取范围为（0.97、0.98、0.99）

5. 最高投标限价

该工程监理项目最高投标限价的价格水平按批复概算价适当下浮，平均下浮率 14.80%。根据对各行业平均最高投标限价、平均工期和平均人员数量要求统计，扣除暂列金后，人均月费用只有水运监理标段约 2 万元，水利标段不足 1.5 万元。各标段人均月费用见表 5-3-7、图 5-3-5。

表 5-3-7　　　　　　　　　　监理标段人均月费用统计表

行业	标段数量 /个	平均最高投标限价 /万元	平均暂列金 /万元	平均工期 /月	平均人员数量 /人	人均月费用 /万元
水利	18	1493.87	68.08	44.53	23.93	1.34
公路	5	1328.00	57.50	38.25	21.75	1.53
市政	4	1268.00	52.00	32.75	22.75	1.63
水运	5	1270.00	60.00	35.80	16.80	2.01
水利＋公路	4	2437.25	110.00	47.88	34.25	1.42
水利＋水运	2	2730.00	95.00	54.00	29.00	1.68
环境监理	2	737.50	0.00	72.00	9.00	1.14

（二）招标文件澄清与修改

共有 29 个招标项目发出 35 次澄清修改通知，主要内容涉及最高投标限价 18 次、资格条件 4 次、投标人须知内容 2 次、评标办法 5 次、合同条款 5 次、技术标准和要求 2 次、投标文件格式 4 次，有 5 个标段因澄清修改延期开标。

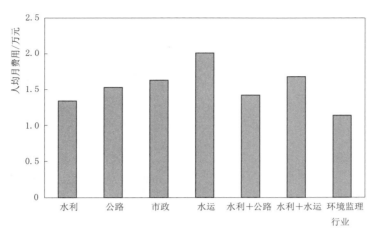

图 5-3-5 各行业监理标段人均月费用对比图

四、开标、评标与定标

(一) 开标

1. 投标人数量

据统计，41 个监理标段共收到 276 套投标文件（不含流标），平均每个标段 6.73 个投标人。其中投标人最多的 14 家；29 个标段投标人不足 10 家，其中 8 个标段投标人 3 家，投标人数量分布情况见表 5-3-8 和图 5-3-6。

表 5-3-8　　　　　　　　　　投标人数量分布情况表

投标人数量		3家	4家	5家	6家	7家	8家	9家	10家	11家	12家	13家	14家	合计
标段数量/个		8	5	3	5	4	3	1	2	3	4	2	1	41
所属行业	水利	2	2		4	1	2		2	1	3	2	1	20
	公路	1				2		1						4
	市政	2	1	2										5
	水运	1		1	1		1			1				5
	水利＋公路	2				1					1	1		5
	水利＋水运		2											2
招标年度	2015											1		1
	2016				1									1
	2017		1							1	1			3
	2018	2	2	2	1	3			1	1	2	2	1	17
	2019	2	1		2	1	2	1	1					10
	2020	3	1	1						1				8
	2021	1												1

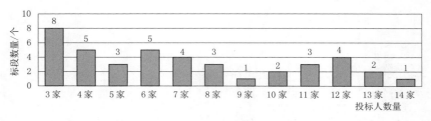

图 5 - 3 - 6　投标人数量分布情况图

2. 开标阶段流标情况

开标阶段共有 6 个标段流标，均因投标人不足 3 家所致，流标主要原因有：①项目金额小，吸引力不足；②人员要求高，监理单位履约风险大。二次招标除 1 个水运监理标段有 8 家投标人外，其他标段均只有 3 家投标人。该标段二次招标降低了最低人员数量要求，吸引力增强。监理标段开标阶段流标情况见表 5 - 3 - 9。

表 5 - 3 - 9　　　　　　　　　　监理标段开标阶段流标情况表

序号	招标年度	行业分类	标段数量	流标次数	投标人数量/家	
					第一次	第二次
1	2018	公路	1	1	2	3
2		水利＋公路	1	1	1	3
3	2019	水利＋公路	1	1	1	3
4		公路	1	1	2	3
5	2020	水运	1	1	0	8
6		水利	1	1	2	4

（二）评标

评标过程在安徽合肥公共资源交易中心进行，全程由安徽合肥公共资源交易中心特邀监察员和行业监督单位监督，评标专家独立对投标文件进行评审。

1. 评标阶段流标情况

在评审阶段，41 个监理标段共否决投标 14 个，造成 4 个标段流标，均因否决投标后有效投标人不足 3 家，评标委员会认为竞争性不足所致。评标阶段流标情况见表 5 - 3 - 10。

表 5 - 3 - 10　　　　　　　　　　监理标评标阶段流标情况表

序号	行业分类	招标年度	投标人数量/家	否决投标数量/家	否 决 投 标 原 因
1	水利	2019	3	2	专业监理工程师有在建项目暂列金与招标文件不一致
2	水利	2017	3	1	投标报价超最高投标限价
3	水利	2018	3	1	资质证书名称与投标人不一致；投标报价超最高投标限价
4	水利	2018	3	1	

2. 客观分得分情况

从水利工程监理标段中随机选取 14 个标段统计，投标人客观分得满分的概率是 8％，业绩得满分的概率是 61%，获奖得满分的概率是 39%，总监得满分的概率是 30%，副总监得满分的概率是 65%，其他人员得满分的概率是 100%，监理项目客观分得分情况统计见表 5-3-11。客观分得满分的概率小，体现出该工程监理标客观分评分标准要求偏高。

表 5-3-11　　　　　　　　　监理项目客观分得分情况统计表

评审项	参与赋分的投标人平均家数	得满分投标人平均家数	满分单位占比 /%	得分率区间 /%
客观分	6.1	0.5	8	48～94
其中：业绩		3.4	61	59～100
获奖		2.2	39	19～83
总监		1.5	30	49～97
副总监		4.2	65	53～100
其他人员		6.3	100	100

3. 主观分得分情况

对水利工程监理标段中随机选取 14 个标段统计，总监陈述答辩得分在该项分值的得分区间为 69%～86%，按不计入投标人总得分进行统计分析，该项分值对第一中标候选人的排序没有影响，对第二中标候选人的排序有 14% 的影响，对第三中标候选人的排序有 46% 的影响；监理大纲得分在该项分值的得分区间为 25%～77%，按不计入投标人总得分进行统计分析，该项分值对第一中标候选人的排序有 14% 的影响，对第二中标候选人的排序有 29% 的影响，对第三中标候选人的排序有 77% 的影响。陈述答辩与监理大纲得分影响统计见表 5-3-12，从统计数据看，总监陈述答辩得分差别小，对中标结果影响小；监理大纲得分差别大，对中标结果影响大。

表 5-3-12　　　　　　　　　陈述答辩与监理大纲得分影响统计表

得　分　情　况		总监陈述答辩/%	监理大纲/%
得分平均区间		69～86	25～77
不含该项得分的排名变动占比	第一名	0	14
	第二名	14	29
	第三名	46	77
不含该项得分后未入前三名占比	第一名	0	0
	第二名	0	7
	第三名	23	46

（三）中标候选人公示

中标候选人均按法律法规和招标文件约定公示，公示内容及时间均符合相关规定。公示期间无异议。

（四）中标结果

监理标共有 35 个中标单位（含联合体成员），其中国有企业 29 家，民营企业 6 家；安徽省内企业 14 家，省外企业 21 家。省内企业中标金额 20556.95 万元，平均降幅率

24.87％，省外企业中标金额 30002.44 万元，平均降幅率 25.75％。中标单位基本情况、数量和降幅率见表 5-3-13、图 5-3-7 和图 5-3-8。

表 5-3-13   中标单位基本情况表

序号	中标单位区域	中标单位数量/家	概算/万元	最高投标限价/万元	中标金额/万元	降幅率/％
一	省内	14	27361.39	23680.00	20556.95	24.87
1	国有企业	11	20620.00	17608.00	15284.97	25.87
2	民营企业	3	6741.39	6072.00	5271.99	21.80
二	省外	21	40406.53	34056.20	30002.44	25.75
1	国有企业	18	31881.61	27040.20	23975.03	24.80
2	民营企业	3	8524.92	7016.00	6027.41	29.30
合 计		35	67767.92	57736.20	50559.40	25.39

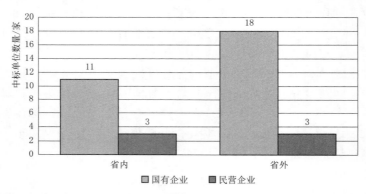

图 5-3-7 监理类中标单位数量图

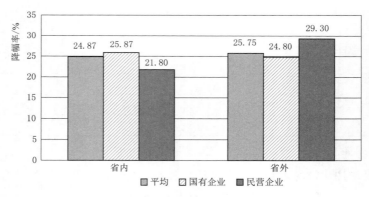

图 5-3-8 中标单位降幅率图

从表 5-3-13 可以看出，省内、省外企业的中标降幅率基本一致，但各行业之间有明显差异。下面分别对水利、公路、市政、水运 4 个行业的中标情况进行对比分析。

1. 水利监理标段中标情况

水利监理共有 18 个标段，中标单位 11 家，其中省内企业 4 家，省外企业 7 家。除 2 家省外企业为民营外，其余均为国有企业。水利监理标段降幅率 26.40%，略高于平均水平。水利监理标段中标情况见表 5 - 3 - 14。

表 5 - 3 - 14　　　　　　　　　　水利监理标段中标情况表

中标单位编号	单位性质	所属区域	中标数量/家	概算/万元	最高投标限价/万元	中标金额/万元	降幅金额/万元	降幅率/%
中标单位一	国有	省内	2	4076.00	3364.00	2781.58	1294.42	31.76
中标单位二	国有	省内	1	517.00	490.00	448.00	69.00	13.35
中标单位三	国有	省内	2	2004.00	1733.00	1500.00	504.00	25.15
中标单位四	国有	省内	2	3549.00	2789.00	2492.05	1056.95	29.78
中标单位五	国有	省外	1	927.00	923.00	820.10	106.90	11.53
中标单位六	国有	省外	1	2300.00	1890.00	1713.58	586.42	25.50
中标单位七	国有	省外	1	3600.00	3000.00	2712.61	887.39	24.65
中标单位八	国有	省外	1	1150.87	1090.20	1069.50	81.37	7.07
中标单位九	国有	省外	1	1350.00	1215.00	1050.55	299.45	22.18
中标单位十	民营	省外	4	3997.00	3227.00	2766.00	1231.00	30.80
中标单位十一	民营	省外	2	3042.92	2430.00	2160.41	882.51	29.00
合　计			18	26513.79	22151.20	19514.39	6999.40	26.40

2. 公路监理标段中标情况

公路监理共有 5 个标段，中标单位 3 家，其中省内 2 家，均为民营企业，省外 1 家，为国有企业。公路监理标段降幅率 18.97%，低于平均水平 6 个百分点，主要原因是最高投标限价下浮率较低。公路监理标段中标情况见表 5 - 3 - 15。

表 5 - 3 - 15　　　　　　　　　　公路监理标段中标情况表

中标单位编号	单位性质	所属区域	中标数量/家	概算/万元	最高投标限价/万元	中标金额/万元	降幅金额/万元	降幅率/%
中标单位一	民营	省内	2	3058.00	2800.00	2467.64	590.36	19.30
中标单位二	民营	省内	2	2791.00	2512.00	2219.23	571.77	20.49
中标单位三	国有	省外	1	342.00	335.00	330.00	12.00	3.51
合　计			5	6191.00	5647.00	5016.87	1174.13	18.97

3. 市政监理标段中标情况

市政监理共有 4 个标段，中标单位 3 家，全部为省外国有企业。市政监理标段降幅率 33.51%，高于平均水平超过 5%，其中 3 个标段降幅率超过 30%，最高达 43.56%。造成降幅率偏高的主要原因是市政工程监理概算水平偏高，前期招标时最高投标限价下浮率均在 30% 左右，后期两个项目受其他行业监理流标影响，对招标最高投标限价下浮率进行了调整。市政监理标段中标情况见表 5 - 3 - 16。

表 5 - 3 - 16　　　　　　　　　　市政监理标段中标情况表

中标单位编号	单位性质	所属区域	中标数量/家	概算/万元	最高投标限价/万元	中标金额/万元	降幅金额/万元	降幅率/%
中标单位一	国有	省外	1	1085.00	970.00	850.00	235.00	21.66
中标单位二	国有	省外	2	4607.00	3296.00	3047.51	1559.49	33.85
中标单位三	国有	省外	1	1121.00	806.00	632.65	488.35	43.56
合　计			4	6813.00	5072.00	4530.16	2282.84	33.51

4. 水运监理标段中标情况

水运监理共有 5 个标段，中标单位 4 家，除 1 个省内民营企业外，均为省外国有企业。水运监理标段降幅率 21.26%，低于平均水平不到 5%，其中省内民营企业所中标段降幅率 31.54%，大幅拉高了平均降幅率。水运监理标段中标情况见表 5 - 3 - 17。

表 5 - 3 - 17　　　　　　　　　　水运监理标段中标情况表

中标单位编号	单位性质	所属区域	中标数量/家	概算/万元	最高投标限价/万元	中标金额/万元	降幅金额/万元	降幅率/%
中标单位一	民营	省内	1	2308.00	1940.00	1580.01	727.99	31.54
中标单位二	国有	省外	1	604.00	545.00	506.00	98.00	16.23
中标单位三	国有	省外	1	1881.00	1800.00	1584.02	296.98	15.79
中标单位四	国有	省外	2	2280.68	2065.00	1899.95	380.73	16.69
合　计			5	7073.68	6350.00	5569.98	1503.70	21.26

五、履约情况反馈

所有监理标段中标人均按合同要求时间进场，但投标承诺人员与实际到位人员有一定出入，为此各建设管理处对监理人员考勤和人员变更进行严格管理，有 10 个监理标段出现 30 名人员变更，收取违约金 130 万元；有 5 个监理标段出现 29 次人员考勤违约，收取违约金 13.9 万元。

合同执行过程中有 4 个监理标段签订补充协议变更监理服务内容，有 3 个标段增加监理服务内容和合同金额，1 个标段监理标段服务范围调整后，合同金额减少。监理标段调整服务内容情况见表 5 - 3 - 18，体现出在招标准备阶段对招标监理范围的界定不够准确。

表 5 - 3 - 18　　　　　　　　　　监理标段调整服务内容情况表

序号	合同签订时间	补充协议签订时间	服　务　内　容　变　更	合同额增加/万元
1	2017 年 12 月 1 日	2020 年 11 月 17 日	增加 X065 公路桥（加宽工程）监理任务	99.81
2	2019 年 1 月 31 日	2020 年 11 月 9 日	增加莱北水利重要堤防变更设计工程监理任务	203.20
3	2018 年 3 月 20 日	2020 年 12 月 14 日	新增 80.028 万元	30.03
4	2018 年 5 月 14 日	2019 年 12 月 17 日	监理服务范围调整	−331.68

此外，涉及机电和金属结构设备采购的监理标段，合同中虽明确了监理单位的设备监造职责，并要求配备专业人员负责设备监造工作，但从访谈情况看，在设备监造方面监理

发挥作用有限，主要表现在监造人员的专业和数量不足，不能满足监理项目设备种类繁多和数量较多的要求，部分设备监造仅起到"见证"作用，未完全达到预期效果。

六、典型项目分析

流标率高是该工程后期监理招标的主要问题，41 个标段共流标 10 次，流标率 24.39%。其中开标阶段流标 6 次，均为投标人不足 3 家所致；评标阶段流标 4 次，均为仅 3 家投标人，发生否决投标情形后，有效投标人不足 3 家所致。

投标家数不足、流标率较高的原因主要是随着该工程的推进，投标人资源被大量占用，在发包人严格履约的要求下，投标人选择趋于谨慎，对价格、资格（资质、业绩）、人员要求等因素更加敏感，招标难度有随时间增长的趋势，各年度流标情况见表 5-3-19 和图 5-3-9。

表 5-3-19　　　　各年度流标情况统计表

招标年度	标段数量/个	流标数量/个	流标率/%	招标年度	标段数量/个	流标数量/个	流标率/%
2015	1	0	0.00	2019	10	2	20.00
2016	1	0	0.00	2020	8	3	37.50
2017	3	1	33.33	2021	1	0	0.00
2018	17	4	23.53	合计	41	10	24.39

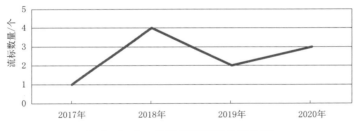

图 5-3-9　各年度流标数量统计图

鉴此，本次评估以江水北送段 H001 标工程建设监理为例，进行典型分析。江水北送段 H001 标工程建设监理典型性体现在第一次招标 3 家单位投标，流标后，经市场调研分析，调整招标文件后，第二次招标吸引 8 家单位投标，极大提高了招标吸引力。

（一）江水北送段 H001 标工程建设监理概况

H001 监理标主要内容包括：阚疃南站—刘张庄（桩号 50+343～30+281）段疏浚工程，疏浚长度 20.062km；西淝河下段、茨淮新河—阚疃集闸下（桩号 73+703～61+543）段疏浚工程，疏浚长度 12.160km；新建阚疃南站和阚疃南闸工程；新建西淝河北站和控制闸工程，西淝河影响处理工程共 10 座建筑物；新建和加固西淝河桥梁 4 座。工程概算总投资约 59344 万元，监理服务费概算约 1049 万元，计划施工总工期 24 个月，缺陷责任期不少于 24 个月。

H001 监理标段第一次招标于 2019 年 6 月 12 日上午 9：30 在安徽合肥交易中心开、评标。现场上海宏波工程咨询管理有限公司、徐州市水利工程建设监理中心、江苏科兴项目管理有限公司 3 家单位递交投标文件。经评审，有 2 份投标文件分别因 1 名专业监理工程师有在建项目和暂列金金额与招标文件不一致，未通过技术标初步评审。因有效投标人数量不足 3 家，评标委员会认为该项目缺乏竞争性，否决了所有投标，项目流标。

（二）流标原因

结合本节相关统计结果和招标人在流标后的市场调研，流标原因分析如下。

1. 价格因素

H001 监理标段招标最高投标限价 938 万元（含暂列金 40 万元），计划监理服务期 24 个月，招标文件强制规定人员数量 15 人，扣除暂列金后人均月费用达到 2.49 万元，在监理标段中最高，价格因素不是造成投标数量少的主要原因。

2. 资格要求

该标段投标人资质要求为：同时具有水利工程施工监理专业甲级资质和机电及金属结构设备制造监理专业乙级及以上资质。符合资质要求的单位较多，不对投标造成影响。

业绩要求为：近 5 年至少具有 1 项类似项目业绩。类似项目指：新建大型泵站（单站流量 $\geqslant 50\mathrm{m}^3/\mathrm{s}$ 或装机功率 $\geqslant 10\mathrm{MW}$）或新建大型水电站（发电装机容量 $\geqslant 300\mathrm{MW}$）项目监理；评分项中要求有 3 项类似项目业绩得满分 9 分。在调研的 31 家单位中满足业绩基本要求的有 19 家，但满足 3 项的只有 13 个，按照投标人投标策略，客观分有明显减分的项目吸引力不足。

3. 人员要求

人员基本要求为 13 人，均需在投标文件中予以明确，并提供社保证明，投标单位人员压力较大，在调研的满足业绩要求的单位中有 6 个单位因人员不足原因明确不参加本标段投标。

上述分析可以看出，招标文件业绩要求和人员要求同时对该标段招标竞争性造成明显影响。

在调研中明确表示不参加该标段投标的有 14 家单位；有 4 家单位希望放宽类似项目业绩年限要求；有 5 家单位表示希望降低监理人员配置数量要求；有 7 家单位表示会积极关注第二次招标；有 1 家单位未做回应。

（三）招标文件调整

对调研结果分析后，根据调研情况对二次招标的业绩、人员适当放宽要求，并同步修改评分办法，通过调整有效地提高了本标段投标竞争性，调整情况见表 5-3-20。

表 5-3-20　　　　　　　　　监理类项目招标文件调整情况表

序号	招标文件条款	一次招标文件内容	二次招标文件内容	主要修改描述
1	招标公告 3.1 条（3）	近 5 年（2014 年 3 月 1 日以来）内至少已完成 1 个"类似项目"业绩	近 10 年（2009 年 3 月 1 日以来）内至少已完成 1 个"类似项目"业绩	放宽业绩年限要求
2	评标办法前附表 2.2.4（1）投标人近年类似项目业绩	投标人近 5 年每具有 1 个"类似项目"业绩得 3 分，本项最多得 9 分	投标人近 10 年每具有 1 个"类似项目"业绩得 3 分，本项最多得 9 分	放宽业绩年限

续表

序号	招标文件条款	一次招标文件内容	二次招标文件内容	主要修改描述
3	投标人须知前附表附件1	（1）以上人员（试验检测工程师、试验检测员、监理员除外）（即合同计量工程师、水工建筑工程师、测量工程师、机电设备专业工程师、金属结构设备专业工程师、安全工程师、结构工程师）须提供社保证明材料； （2）以上人员中试验检测工程师、试验检测员、监理员在投标时仅需填报人员数量，无须提供相关资料，在签订合同前，按照招标文件要求的最低数量和资格要求由投标人自报，经招标人审核同意后进场	（1）以上人员中水工建筑工程师、安全工程师须提供社保证明材料； （2）以上人员中合同计量工程师、测量工程师、机电设备专业工程师、金属结构设备专业工程师、结构工程师、试验检测工程师、试验检测员、监理员在投标时仅需填报人员数量，无须提供相关资料，在签订合同前，按照招标文件要求的最低数量和资格要求由投标人自报，经招标人审核同意后进场	减少投标阶段需提供社保证明及职称、资格证书的人员数量
4	评标办法前附表2.2.4（1）其他监理人员资历、业绩及进场计划	配备合同计量、水工建筑、安全、结构、机电、金属结构，担任岗位与监理专业完全匹配的得6分，每有1项岗位与专业不匹配扣1分（岗位中的所有人员均匹配认定为该项匹配），扣完为止	配备的水工建筑工程师、安全工程师，每有1人担任的岗位与监理专业完全匹配的得2分，本项最多得6分	减少专业数量，增加人员分值比重，降低人员数量要求

（四）二次招标

1. 开标

开标现场接收8套投标文件，一次招标的3家投标人全部参与本次投标，其他5家投标人都接受过市场调研，其中1家省外单位第一次参与该工程投标。二次招标投标人情况见表5-3-21。

表5-3-21 **监理类项目二次招标投标人情况表**

序号	投标人编号	是否参加一次招标	是否接受调研	调 研 反 馈
1	投标人一	否	是	不来参加，人员不够
2	投标人二	否	是	有关注，人员不足，不参与
3	投标人三	否	是	工程所在地不在合肥市，不参与
4	投标人四	否	是	表示会关注
5	投标人五	否	是	参加很多未中标过，可以关注
6	投标人六	是	是	继续关注
7	投标人七	是	是	继续关注
8	投标人八	是	是	继续关注

2. 评标

（1）否决投标情况。投标文件评审中否决4家投标人，否决投标情况见表5-3-22。

表 5 - 3 - 22　　　　　　　　　　监理类项目否决投标情况表

被否决投标编号	否　决　情　形
一	拟投入试验检测仪器设备与招标文件要求不一致，不符合投标人须知前附表 1.4.1 要求
二	拟任总监任职经历不符合投标人须知前附表 1.4.1 要求
三	(1) 暂列金金额与招标文件不一致，不符合投标人须知前附表 3.2.4 要求； (2) 拟任总监无业绩证明材料，不符合投标人须知前附表 1.4.1 要求
四	拟投入试验检测仪器设备与招标文件要求不一致，不符合投标人须知前附表 1.4.1 要求

　　(2) 评分情况。评委评分无统计、计算错误，客观分得分排序与最终排序一致，主观分得分只是拉大得分差距，未对评审结果造成实质性影响。技术客观分中，投标人三和投标人四仅相差 1 分，分差出现在"工程获奖情况"评分项，但投标人三的报价得分比投标人四少 3.76 分，拉开了差距。投标人二报价分比投标人四略低，但技术客观分少了 17 分，在资信、业绩方面差距明显。客观分和主观分得分分别见表 5 - 3 - 23、表 5 - 3 - 24。

表 5 - 3 - 23　　　　　　　　　　客　观　分　得　分　表

序号	投标人名称	技术客观分（26 分）	报价得分（15 分）	客观分得分（41 分）
1	投标人一	16	10.13	26.13
2	投标人二	8	14.40	22.40
3	投标人三	24	10.75	34.75
4	投标人四	25	14.42	39.42

表 5 - 3 - 24　　　　　　　　　　主　观　分　得　分　表

序号	投标人名称	答辩得分（6 分）	其他得分（53 分）	主观分得分（59 分）
1	投标人一	3.29	42.13	45.41
2	投标人二	0.00	41.64	41.64
3	投标人三	3.47	45.99	49.46
4	投标人四	4.93	48.00	52.93

（五）总体评价

　　江水北送段 H001 标工程建设监理经历两次招标。该标段在第一次招标时对潜在投标人的投标竞争性估计不足，再加上业绩年限要求欠合理，造成一次招标投标人数量少，导致流标。流标后，招标人（招标代理）积极进行市场调研，根据市场竞争情况，优化了监理人员和业绩要求，二次招标投标人达到 8 家，虽然评审否决了 4 家投标，仍顺利完成二次招标工作。对 H001 标工程监理标段招标过程进行总结，说明招标准备工作的重要性。首先要充分分析招标项目面临的市场状况，对困难有所准备：对竞争相对充分的项目，可以强化招标要求，以期通过招标明确各合同条款执行事项，减少项目实施阶段的矛盾和协调难度。对竞争较弱，甚至流标率高的项目，则应在满足基本要求的情况下，尽量减少过多或过高的需求，以给投标人充分的资源调配空间，保证招标成功。

七、监理项目现状及招标策略分析

　　该工程实施前期，由于项目规模大，业绩形象好，监理标吸引了省内外大量监理单位

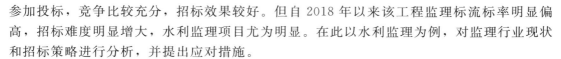

参加投标，竞争比较充分，招标效果较好。但自 2018 年以来该工程监理标流标率明显偏高，招标难度明显增大，水利监理项目尤为明显。在此以水利监理为例，对监理行业现状和招标策略进行分析，并提出应对措施。

（一）水利监理项目招标现状及流标原因分析

1. 可承担大型水利工程监理的单位数量少

根据该工程特点，大多水利工程监理合同标段工程规模需匹配水利工程施工监理甲级资质或同时要求水利工程施工监理甲级和机电及金属结构设备制造监理资质。该工程已经招标完成 18 个水利工程监理合同标段，其中有 8 个标段要求水利工程施工监理专业甲级资质，有 4 个标段同时要求水利工程施工监理专业甲级和机电及金属结构设备制造监理专业甲级资质，有 5 个标段同时要求水利工程施工监理专业甲级和机电及金属结构设备制造监理专业乙级及以上资质。

经查，全国约有 502 家监理单位具有水利工程施工监理甲级资质，其中安徽省有 20 家（国有企业 13 家，民营企业 7 家）；全国约有 79 家监理单位同时具有水利工程施工监理专业甲级和机电及金属结构设备制造监理专业乙级及以上资质，其中安徽省仅有 5 家（全部为国有企业）；全国约有 34 家监理单位同时具有水利工程施工监理甲级资质和机电及金属结构设备制造监理甲级资质，其中安徽省仅有 4 家（全部为国有企业），而大型工程往往需要两项资质以上。因此仅从具备资质情况看，可承担大型水利工程的监理单位的范围不多。

据统计分析，水利工程监理单位具有以下特点：①水利工程监理单位承接业务具有很强的地域性特点，辐射范围一般在本省或邻近省份。②水利行业监理实力强的企业多为国有企业，如在安徽省同时具有水利工程施工监理专业甲级和机电及金属结构设备制造监理专业乙级及以上资质的 5 家监理企业全部为国有企业；与民营监理企业相比，国有监理企业经营策略相对保守，市场竞争意识相对较弱，对于收益率低、履约风险大的监理项目积极性不高。③水利工程监理企业规模普遍不大，执业人员数量不多，可以同时承接大型工程监理业务有限。

2. 水利监理单位业务相对饱和

2013 年以来工程建设项目尤其是水利工程投资持续加大（见图 5 - 3 - 10），大型水利工程项目较多，所需从业人员数量增加，可承担大型水利工程的监理单位业务相对饱和。全国约有 44300 名水利工程监理工程师执业，而水利监理工程师停考多年，监理单位持证人员严重不足，难以满足当前水利工程监理市场需求。监理单位数量、执业人员数量与当前市场实际需求不相适应，导致可承担大型水利工程的监理单位倾向于选择利润率高、履约风险低的项目。

3. 水利工程监理费概算低

水利工程初步设计概算编制时，参照《建设工程监理与相关服务收费管理规定》（发改价格〔2007〕670 号）相关标准计算施工监理服务费。施工监理服务收费以建设项目工程概算投资额分档定额计费方式收费，其计费额为工程概算中的建筑安装工程费、设备购置费和联合试运转费之和，即工程概算投资额。施工阶段监理服务内容是：施工过程中的质量、进度、费用控制，安全生产监督管理、合同、信息等方面的协调管理，该监理费用

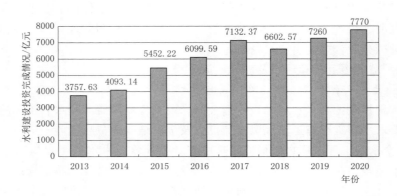

图 5-3-10 2013—2020 年我国水利建设投资完成情况图

未包括试验检测费。此外，监理服务费的主要成本是人工费，该规定是 2007 年 3 月国家发展改革委和建设部联合发布，距今已有 14 年，而我国人工费在工程费用所占比例逐年增加。

在水利监理概算费用偏低的情况下，监理标段投标最高投标限价按批复概算价平均下浮近 15%，评标基准价一般按投标报价平均值下浮 3%，实际中标金额较概算平均下浮约 25%，导致人均月综合费用不足 1.5 万元，且监理费中还包含了 15%～20% 的试验检测费。水利监理中标金额相对偏低，又进一步降低了监理单位的投标积极性。

（二）应对措施

基于以上分析，针对该工程监理标流标率高，招标难度大的现状，提出如下措施。

1. 优化监理项目招标价格竞争

该工程监理费概算标准偏低，监理标最高投标限价按批复概算下浮约 15% 确定，且监理费报价范围中还包含 15%～20% 的试验检测费，造成监理招标困难问题。建议充分考虑监理市场现状，合理确定最高投标限价。同时，目前水利工程监理标评标基准价一般按投标报价平均值下浮 3% 考虑，易造成相对低价中标，影响监理单位投标积极性和监理合同履约水平，建议优化投标报价标评分标准，可将最高投标限价纳入评标基准价计算，适度弱化价格竞争，从而提高监理招标吸引力。

2. 充分考虑监理市场供给现状，重视监理招标准备工作

建议借鉴江水北送段 H001 监理标一次招标流标、二次招标成功的经验，项目招标前须做好最高投标限价、投标资格要求、评标办法等招标策划工作和市场调研工作，最好通过市场初步验证后实施招标，凭借引江济淮工程的行业影响力，提高招标成功率。

3. 采取措施鼓励监理单位发挥作用

该工程项目法人现场管理人员少，驻场监理人员多，若要达到比较理想的建设管理效果，需要发挥驻场监理人员的作用，监理单位受项目法人委托承担"三控制、二管理、一协调"职责，建立项目法人与监理单位的相互信任关系尤显重要。建议采取奖励、表彰、座谈等激励措施激发驻场监理人员的工作热情和主动性，促使监理单位积极发挥作用。

八、评估结论和建议

(一) 评估结论

(1) 该工程监理招标积极做好准备工作,将行业主管部门编制的标准招标文件(示范文本)作为招标文件范本,采用综合评估法评标,以投标人的业绩和资信、项目总监理工程师经历及主要监理人员情况、监理大纲、投标报价为择优评审因素,招标、开标、评标与定标程序规范,投标异议发生率低。

(2) 该工程实施前期,由于项目规模大,业绩形象好,监理标吸引了省内外大量监理单位参加投标,竞争比较充分;该工程实施后期因项目占用资源较大,费用偏低,合同履行风险大等原因,造成流标率偏高,招标难度增大。

(3) 该工程监理招标文件对监理人员数量、资历、考勤和人员变更有严格要求,虽为提高监理服务质量、避免监理履约职责不清提供了保障,但由于市场对监理人员需求量大,合同实施阶段人员变更、缺勤情况相对较多。发包人现场管理机构既要激发监理人员的工作积极性,又要严格合同管理,其工作难度增加。

(二) 评估建议

1. 建议优化监理标段价格竞争

鉴于该工程监理标段招标最高投标限价较概算平均下浮率约15%,中标金额相比招标最高投标限价的平均下浮率又在12%以上,整体降幅率超过25%,经计算,施工期内监理平均综合费用人均每月不足2万元,建议合理确定最高投标限价,优化招标评分标准,适当弱化价格竞争,提高监理招标竞争性。同时,由于当前水利监理市场现状,监理人员不足,建议采取措施促进监理职能有效发挥,可制定奖励措施,从奖惩两个方面促进监理单位的职能发挥,提高现场管理效率。

2. 建议建立监理单位数据库,为二期工程招标打好基础

该工程监理招标已吸引了众多监理单位参与投标,都是资质高、业绩多、人员精、实力强的单位,二期工程的监理招标,这些单位会是主要参与者。对这些单位的业绩、人员、资信、特长、成本控制、履约情况等信息进行收集整理,对二期工程监理招标的资格设定、最高投标限价编制、人员设备要求乃至技术标准都有重要的参考价值,可以使招标文件编制更有针对性,招标条件更加精确,从而有效提高招标效率,并降低合同管理难度。

3. 建议尝试剥离设备监造工作,提高设备监造质量

目前大部分监理单位缺少专业的设备监造工程师,难以有效进行设备监造,往往只对制造流程和试验检验结果进行表面化的监管、确认,没有能力精准把控设备制造的核心质量问题。2020年5月水利部发布《水利部关于废止〈水电新农村电气化规划编制规程〉等87项水利行业标准的公告》,废止了《水利工程设备制造监理规范》,该规范的废止,预示设备监造可能发生资质取消等规定变化。建议密切关注设备监造相关规定的调整,尝试把设备监造工作从监理内容中剥离出来,将整个工程的设备按类型划分,委托检测单位、设计单位或设备制造商等专业机构进行监造,提高设备监造的专业化水平,切实加强设备制造阶段的质量控制。

第四节　咨询类项目招标投标过程评估

一、基本情况

截至目前，该工程共完成相关咨询类服务项目公开招标 85 个。本节对其中的 66 个咨询类项目招标投标过程进行评估（不含行政类、移民类及招标代理、保险共计 19 个标段），66 个咨询类招标项目概算共计 59571.59 万元，中标金额共计 49719.95 万元，降幅率 16.54％，见表 5 - 4 - 1。

表 5 - 4 - 1　　　　　　　　　　　　咨询类项目招标情况一览表

序号	项目类型	标段数量/个	概算/万元	最高投标限价/万元	中标金额/万元	降幅金额/万元	降幅率/％
1	检测	11	13355.00	12909.00	11572.81	1782.19	13.34
2	专题研究	8	2975.00	2964.00	2845.49	129.51	4.35
3	造价咨询	7	7331.00	7331.00	4578.00	2753.00	37.55
4	监测及监控	15	14514.59	13360.00	11423.12	3091.47	21.30
5	其他咨询	25	21396.00	21336.00	19300.52	2095.48	9.79
小　计		66	59571.59	57900.00	49719.95	9851.64	16.54

二、招标准备

招标人为加强项目管理，规范采购活动，对工程相关咨询服务项目大多采用公开招标方式进行采购。根据现行规定，除勘察、设计、监理外，工程其他服务项目不在强制招标范围，各行业对咨询类服务项目招标均未作出明确规定，也没有标准文件和示范文本，招标难度较大；部分项目专业从业单位较少，市场竞争不足，影响招标效率。针对上述问题，咨询类项目招标前期准备工作偏重对从业单位数量、资质资格情况、人员执证情况和类似业绩情况的市场调研，以便根据项目市场条件不同编制招标文件。由于项目类型和涉及专业较多，市场调研有一定的难度。

三、招标投标

（一）招标文件编制

1. 招标文件范本选用

咨询类项目没有标准文件和示范文本，主要以各行业以往的同类项目招标文件为基础进行编制，评标办法、合同条款均根据具体项目制定，并随着招标计划推进根据项目类型不断修改完善，始终未形成适应该工程的标准化文件体系。

2. 评标办法

咨询类项目均采用综合评分法，评分项设置和评分标准均有所差异，其中投标报价评分以有效投标人报价平均值为评标基准价计算基准，分值不超过 35％。

3. 合同条款

咨询类项目由于涉及服务类型繁多，各类型项目的服务标准和服务内容差异较大，合同条款也各有差异，统一特点是违约责任条款明确而细化，且随招标项目推进违约条款不断增加，中标人违约风险相应变大。

（二）招标文件澄清与修改

共有 35 个标段发出 42 次澄清修改通知，主要内容涉及最高投标限价 15 次、资格条件 4 次、投标人须知 6 次、评标办法 1 次、咨询项目清单 5 次、图纸 1 次、投标文件格式 5 次，有 8 个标段因澄清修改延期开标。咨询类项目澄清修改通知发布情况见表 5-4-2。

表 5-4-2　　　　　　　　　　咨询类项目澄清修改通知发布情况

序号	澄清修改内容	涉及项目数量/个	占项目总数比例/%
1	最高投标限价	15	23
2	资格条件	4	6
3	投标人须知	6	9
4	评标办法	1	2
5	咨询项目清单	5	8
6	图纸	1	2
7	投标文件格式	5	8
8	延期开标	8	12
9	其他	5	8

四、开标、评标、定标

（一）开标

1. 投标人数量

经统计，66 个咨询类项目标段共收到 676 套投标文件（不含流标），平均每个标段约 10 家投标人，大部分咨询类项目招标竞争比较充分。咨询类项目投标人数量见表 5-4-3。

表 5-4-3　　　　　　　　　　咨询类项目投标人数量一览表

序号	项目类型	投标人数量/家	项目数量/个	平均投标人数量/家
1	检测	86	11	8
2	专题研究	48	8	6
3	造价咨询	185	7	26
4	监测及监控	196	15	13
5	其他咨询	161	25	6
	小　计	676	66	10

2. 开标阶段流标情况

咨询类项目开标阶段共有 3 个标段流标，其中 2 个标段因投标人不足 3 家，1 个标段因交易平台系统问题，投标文件无法解密所致。咨询类项目开标阶段流标情况见表 5-4-4。

表 5-4-4　　　　　　　咨询类项目开标阶段流标情况表

标段编号	投标人数量	流　标　原　因
一	1	投标人不足 3 家
二	2	投标人不足 3 家
三	18	系统故障，投标文件无法解密

（二）评标

咨询类项目评审阶段共有 19 个标段否决投标 90 家，其中 2 个标段流标，均因出现否决投标后有效投标人不足 3 家，评标委员会认为竞争性不足。

（三）中标候选人公示

咨询类项目中标候选人均按法律法规和招标文件约定公示，公示内容及时间均符合相关规定。中标候选人公示期满，招标人发布中标公示。

全过程跟踪审计项目（6 个标段），在中标候选人公示期间，收到 3 份异议材料，分别对一标段、三标段、四标段、五标段、六标段中标候选人业绩真实性提出异议。原评标委员会对异议事项进行重新评审，评审结果为：一标段取消第一、第二中标候选人中标资格，重新招标；三标段、四标段、五标段均取消第一中标候选人中标资格，确定第二中标候选人为中标人；六标段对第一中标候选人的异议不成立。

全过程跟踪审计一标段二次招标中标候选人公示期间，收到 1 份异议，对第一中标候选人业绩真实性提出异议。原评标委员会对异议事项进行重新评审，评审后中标候选人排名发生变化。招标人对重新评审推荐的中标候选人进行公示。公示期间收到异议 1 份，对二次公示中标候选人事项提出异议，招标人依据相关法律法规对异议事项进行了书面答复。

（四）中标结果

咨询类项目共有 49 个中标单位（含联合体成员单位），其中国有企业 23 个，民营企业 11 个，事业单位 15 个；安徽省内企业 22 个，省外企业 27 个。省内单位中标金额 14663.21 万元，降幅率 16.77%，省外企业中标金额 35056.73 万元，降幅率 16.44%。咨询类项目中标情况见表 5-4-5、图 5-4-1 和图 5-4-2。

表 5-4-5　　　　　　　　咨询类项目中标情况表

序号	中标单位区域	中标单位数量/个	概算/万元	最高投标限价/万元	中标金额/万元	降幅金额/万元	降幅率/%
一	省内	22	17616.92	17090.00	14663.21	2953.71	16.77
1	国有企业	12	12974.00	12690.00	11306.14	1667.86	12.86
2	民营企业	5	2535.50	2490.00	1760.05	775.45	30.58
3	事业单位	5	2107.42	1910.00	1597.02	510.4	24.22
二	省外	27	41954.67	40810.00	35056.73	6897.94	16.44
1	国有企业	11	9268.50	9130.00	7871.04	1397.46	15.08
2	民营企业	6	8000.00	7869.00	5094.47	2905.53	36.32
3	事业单位	10	24686.17	23811.00	22091.22	2594.95	10.51
合　计		49	59571.59	57900.00	49719.94	9851.65	16.54

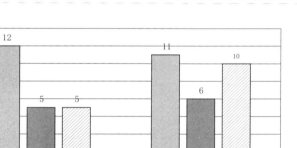

图 5-4-1　咨询类中标单位数量图

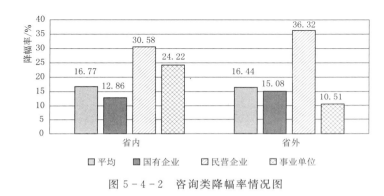

图 5-4-2　咨询类降幅率情况图

检测标省内、省外中标单位的总体降幅率基本一致，不同性质单位的降幅率相差较大，主要是各项目类型竞争性差异造成。下面分别对检测、专题研究和造价咨询 4 类项目的中标情况进行对比分析。

1. 检测项目中标单位情况

检测项目共有 11 个标段，中标单位 9 个，其中省内 4 个，省外 5 个；国有企业 5 个，民营企业 1 个，事业单位 3 个。平均降幅率 13.34%，低于咨询类平均水平 3.20%。各中标单位降幅率差异较大，最高达 31.76%，最低 2.54%。检测项目降幅率差异主要体现在项目所属行业的差异，水利、市政行业与公路、水运行业相比降幅率明显偏低。其中市政行业市场化程度高，降幅率又明显高于水利行业。检测项目中标情况见表 5-4-6。

表 5-4-6　检测项目中标情况表

序号	所属区域	单位性质	单位数量/个	中标数量/个	概算/万元	最高投标限价/万元	中标金额/万元	降幅金额/万元	降幅率/%
一	水利行业		3	4	7121.00	7119.00	6838.73	282.27	3.96
1	安徽	国有	1	2	3056.00	3054.00	2966.26	89.74	2.94
2	江苏	事业	1	1	1647.00	1647.00	1605.21	41.79	2.54
3	广东	事业	1	1	2418.00	2418.00	2267.26	150.74	6.23
二	公路行业		2	3	2840.00	2527.00	2083.15	756.85	26.65

187

续表

序号	所属区域	单位性质	单位数量/个	中标数量/个	概算/万元	最高投标限价/万元	中标金额/万元	降幅金额/万元	降幅率/%
1	安徽	国有	1	2	1830.00	1625.00	1373.29	456.71	24.96
2	陕西	国有	1	1	1010.00	902.00	709.86	300.14	29.72
三	市政行业		3	3	2124.00	2124.00	1784.26	339.74	16.00
1	安徽	国有	1	1	950.00	950.00	798.00	152.00	16.00
2	安徽	事业	1	1	828.00	828.00	730.00	98.00	11.84
3	上海	国有	1	1	346.00	346.00	256.26	89.74	25.94
四	水运行业		1	1	1270.00	1139.00	866.67	403.33	31.76
1	上海	民营	1	1	1270.00	1139.00	866.67	403.33	31.76
合　计			9	11	13355.00	12909.00	11572.81	1782.19	13.34

2. 专题研究项目中标单位情况

专题研究项目共有 8 个标段，中标单位 5 个，均为事业单位，其中省内单位 1 个，省外单位 4 个。专题研究项目资金较少，概算共 2975.00 万元，平均单项投资约 370 万元，在招标中价格因素比重较低，降幅率偏低。专题研究项目中标情况见表 5-4-7。

表 5-4-7　专题研究项目中标情况表

序号	所属区域	单位性质	单位数量/个	中标数量/个	概算/万元	最高投标限价/万元	中标金额/万元	降幅金额/万元	降幅率/%
1	安徽	事业	1	1	247.50	247.00	240.00	7.50	3.03
2	江苏	事业	1	2	755.00	745.00	738.90	16.10	2.13
3	湖北	事业	2	3	1370.00	1370.00	1304.64	65.36	4.77
4	北京	事业	1	2	602.50	602.00	561.95	40.55	6.73
合　计			5	8	2975.00	2964.00	2845.49	129.51	4.35

3. 造价咨询项目中标单位情况

造价咨询项目共有 7 个标段，中标单位 7 个，全部为民营企业，其中省内企业 4 个，省外企业 3 个。造价咨询项目采用费率招标，为更直观地进行对比，按所服务的施工标段投资额，将招标控制费率和中标费率折算为金额。造价咨询目前市场竞争激烈，在招标过程中异议事项较多，多个标段重新招标或取消第一中标候选人中标资格。充分的市场竞争导致投标价格下浮较多，平均降幅率 37.55%。造价咨询项目中标情况见表 5-4-8。

表 5-4-8　造价咨询项目中标情况表

序号	所属区域	单位性质	单位数量/个	中标数量/个	最高投标限价/万元	中标金额/万元	降幅率/%
1	安徽	民营	4	4	2231.00	1518.00	32.00
2	广东	民营	1	1	1620.00	972.00	40.00
3	浙江	民营	1	1	1900.00	1140.00	40.00
4	北京	民营	1	1	1580.00	948.00	40.00
合　计			7	7	7331.00	4578.00	37.55

五、履约情况反馈

所有标段中标人均按合同要求时间进场或开展相关工作，按合同进度开展工作、提交成果，合同履约情况总体良好，只有1个造价咨询单位因人员出勤不足被处罚两次，累计收取违约金4.8万元。

有2个标段因服务内容变更签订补充协议（见表5-4-9），合同金额增加：1个标段增加了服务内容，1个标段实际服务工作范围比招标范围增加。

表5-4-9　　　　　　　　　咨询类项目补充协议签订情况表

序号	合同签订时间	补充协议签订时间	补 充 协 议 内 容	合同额增加/万元
1	2019年2月2日	2020年9月14日	增加水运工程船闸、锚地、跨渠桥和服务区中的桩基检测	47.22
2	2018年4月27日	2020年12月1日	按照实际咨询工作范围进行咨询费用核算	19.70

六、典型项目分析

咨询类项目类型较多，市场情况、服务需求等都有很大差异，通过充分的市场调研和招标准备，招标过程基本顺利。本次评估选择检测项目为典型，对招标过程进行分析评估。

此处"检测"是指项目法人委托具有相应资质的检测单位对工程质量进行的全过程检测。各行业对检测的规定不尽相同，《水利工程质量检测管理规定》（水利部令第36号）为"水利工程检测单位依据国家有关法律、法规和标准，对水利工程实体以及用于水利工程的原材料、中间产品、金属结构和机电设备等进行的检查、测量、试验或者度量，并将结果与有关标准、要求进行比较以确定工程质量是否合格所进行的活动"。《公路水运工程试验检测管理办法》（交通运输部令2005年第12号）规定为"根据国家有关法律、法规的规定，依据工程建设技术标准、规范、规程，对公路水运工程所用材料、构件、工程制品、工程实体的质量和技术指标等进行的试验检测活动"。《建设工程质量检测管理办法》（建设部令第141号）规定为"工程质量检测机构接受委托，依据国家有关法律、法规和工程建设强制性标准，对涉及结构安全项目的抽样检测和对进入施工现场的建筑材料、构配件的见证取样检测"。

因各行业对检测的工作内容、监管部门规定均不相同，对检测项目按监管部门和行业分为水利、公路、市政、水运4类共11个标段，概算共计13355.00万元，中标金额共计11572.81万元，平均降幅率13.34%。各行业降幅率相差较大，行业内降幅率也有较大差异，见表5-4-10和图5-4-3。

（一）招标准备

1. 标段划分情况

本工程检测项目按行业和工程管理区段划分为11个标段，其中水利工程检测4个标段，公路工程检测3个标段（其中钢结构专项检测1个标段），水运工程检测1个标段，市政桥梁工程检测3个标段。检测项目标段划分情况见表5-4-11。

表 5－4－10 检测标段招标情况一览表

序号	所属行业	标段数量/个	概算/万元	最高投标限价/万元	中标金额/万元	降幅金额/万元	降幅率/%
1	水利	4	7121.00	7119.00	6838.73	282.27	3.96
2	公路	3	2840.00	2527.00	2083.15	756.85	26.65
3	市政	3	2124.00	2124.00	1784.26	339.74	16.00
4	水运	1	1270.00	1139.00	866.67	403.33	31.76
合　计			13355.00	12909.00	11572.81	1782.19	13.34

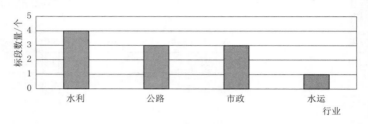

图 5－4－3　分行业检测标段数量对比图

表 5－4－11 检测项目标段划分情况表

序号	标段编号	标段范围	主　要　工　作　内　容
1	水利检测 1	引江济淮试验工程。江淮沟通段桩号 40＋700～42＋200，长 1.5km	（1）过程中检测：对工程使用的材料抽检；对灌注桩质量检测，锚杆、锚筋、CFRP 筋施工质量检测，改良回填土压实度等实体质量检测； （2）科研检测：对科研单位试验和监测结果进行验证； （3）河道工程断面检测
2	水利检测 2	引江济巢段水利工程	（1）全过程质量检测：对原材料、中间产品、构（部）件及工程实体质量检测； （2）质量巡查：包括内业资料检查和外业实体巡查等，重点检查参建各方在工程质量等方面的履职行为； （3）竣工图复核：复核各参建单位是否按规范要求进行竣工图的编制和审核
3	水利检测 3	江淮沟通段水利工程（不含试验工程）	
4	水利检测 4	江水北送段水利工程	
5	公路检测 1	引江济巢段公路工程	（1）交工验收检测：跨河桥梁及接线工程的交工验收质量检测； （2）质量巡查：在项目法人的组织下，定期、不定期对建设工程质量进行巡查活动，巡查内容包括工程质量类内业资料检查和工程实体质量巡查等； （3）配合项目法人进行竣工验收的有关工作
6	公路检测 2	江淮沟通段公路工程	
7	公路检测 3	K74＋541 G3 高速钢箱梁拱桥、G312 合六叶公路桥、靖淮大桥、淠河干渠总渡槽	跨河建筑物的钢结构部分专项检测，包括钢结构桥梁及渡槽的焊缝和工程实体检测

序号	标段编号	标 段 范 围	主 要 工 作 内 容
8	水运检测	全部水运工程	（1）交工验收检测：船闸工程、航道疏浚工程等的交工验收质量检测； （2）质量巡查：在项目法人的组织下，定期、不定期对建设工程质量进行巡查活动，巡查内容包括工程质量类内业资料检查和工程实体质量巡查等； （3）配合项目法人进行竣工验收的有关工作
9	市政检测 1	周瑜大道桥、世纪大道桥、巢湖路桥、翡翠路桥、文山路桥、创新大道桥	全过程跟踪检测服务，包括：见证取样检测、工程质量检测，以及建设单位对工程质量有怀疑的部位需要增加的检测等。检测工作涵盖施工图纸相对应的整个工程全部内容
10	市政检测 2	青龙桥、金寨路桥、玉兰大道桥、繁华大道桥	
11	市政检测 3	兴业大道桥、中肯路桥、望江西路桥、清溪西路桥	

2. 资格要求

按各行业检测管理办法和项目实际情况，经过充分的市场调研，对各标段投标人的资质和业绩进行设定，省内符合条件的单位均较少，检测标资格要求情况见表 5 - 4 - 12。

表 5 - 4 - 12　　　　　　　　检测标资格要求情况表

序号	标段编号	资 质 要 求	业 绩 要 求
1	水利检测 1	同时具有水利工程质量检测岩土工程、混凝土工程、量测 3 项甲级资质	近 5 年具有 3 项合同金额 50 万元及以上的水利水电工程检测业绩
2	水利检测 2	同时具有水利工程质量检测五项（岩土工程、混凝土工程、金属结构、机械电气和量测）甲级资质	近 5 年具有至少 1 个签约合同价 100 万元及以上的水利水电工程质量检测项目（已成功完成）
3	水利检测 3		
4	水利检测 4		
5	公路检测 1	具有公路工程综合甲级和桥梁隧道工程专项试验检测资质	近 5 年具有至少 1 个签约合同价 100 万元及以上含大桥的交工验收检测项目
6	公路检测 2		
7	公路检测 3	具有公路工程综合甲级试验检测资质证书（主要试验检测参数须包括"钢材厚度、钢材及焊缝无损检测、涂层厚度、高强螺栓终拧扭矩"）或公路工程桥梁隧道工程专项试验检测资质证书	近 5 年至少完成过 1 个签约合同价 100 万元及以上包含钢结构桥梁检测内容的检测项目或包含单跨跨径 100m 及以上的钢结构桥梁检测项目
8	水运检测	具有水运工程结构甲级和水运工程材料甲级试验检测资质	近 5 年具有至少 1 个含 1000t 级及以上船闸交工验收检测的项目
9	市政检测 1	建设行政主管部门颁发的建设工程质量检测机构资质证书（检测范围须包括见证取样检测、地基基础工程检测、主体结构工程现场检测和钢结构工程检测）	近 5 年内具有单个合同总检测费用不少于 500 万元的市政道路（须包含桥梁工程检测）或桥梁工程第三方检测业绩（施工单位自检项目除外）
10	市政检测 2		
11	市政检测 3		

（二）招标文件编制

1. 招标文件范本选用

检测类项目没有标准招标文件和示范文本，参照相应行业监理标准文件、示范文本。

2. 评标办法

检测标均采用综合评估法，评分项设置和评分标准均有所差异，投标报价评分除试验工程第三方检测标以有效投标报价的次低报价为评标基准价外，其他标段均以有效投标报价去掉最高、最低报价后的平均值为评标基准价。技术评分中以检测工作大纲、人员配置、业绩、检测设施设备、信用信誉等为主要评分项，客观因素评分分值均占50%以上。检测标评分情况见表5-4-13。

表5-4-13　　　　　　　　　　**检 测 标 评 分 情 况 表**

序号	标段编号	评 分 办 法	
		客 观 分	主 观 分
1	水利检测1	总分67分。其中：报价35分（以有效投标人次低报价为基准价）；项目负责人业绩3分；人员职称2分；企业业绩12分；科研实力10分；实验室5分	总分33分。其中：人员配备合理性3分；仪器设备6分；工作大纲24分
2	水利检测2	总分55分。其中：报价25分（以有效投标人报价平均值为基准价）；业绩6分；项目负责人业绩6分；技术负责人6分；主要人员配置12分	总分45分。其中：报价合理性5分；答辩5分；设施设备10分；工作大纲25分
3	水利检测3		
4	水利检测4		
5	公路检测1	总分55分。其中：报价10分（以有效投标人报价平均值为基准价）；人员30分；业绩10分；信用评价5分	总分45分。其中：工作大纲40分；设备5分
6	公路检测2		
7	公路检测3	总分60分。其中：报价10分（以有效投标人报价平均值为基准价）；人员35分；业绩10分；信用评价5分	总分40分。其中：工作大纲35分；设备5分
8	水运检测	总分55分。其中：报价10分（以有效投标人报价平均值为基准价）；人员30分；业绩10分；信用评价5分	总分45分。其中：工作大纲40分；设备5分
9	市政检测1	总分52分。其中：报价20分（以有效投标人报价平均值为基准价）；体系认证5分；业绩9分；信誉6分；项目负责人业绩6分；技术负责人业绩6分	总分48分。其中：检测大纲32分；设备5分；人员配备6分；服务承诺5分
10	市政检测2		
11	市政检测3		

3. 主要合同条款

检测标段按行业不同，参照使用的合同文本差异较大，水利、公路、水运项目均采用单价承包形式，市政项目采用总价承包形式；水利、市政项目无预付款，公路、水运项目预付款要求严格；支付比例总体偏低；各标段违约责任条款严格，中标人违约风险高，招标人执行违约处罚难度大。检测标合同主要条款见表5-4-14。

（三）招标文件澄清与修改

11个检测标段中有10个标段共发出13次澄清修改通知，主要内容涉及最高投标限价、资格条件、投标人须知、评标办法、检测清单、投标文件格式、延期开标。澄清修改通知发布情况见表5-4-15。

表 5 - 4 - 14   检测标合同主要条款

序号	标段编号	支付进度	承包方式	履约担保	预付款	服务期	违约条款
1	水利检测 1	每季度付已完工作的 70%，完工付至 80%	单价承包	10%保证金	无	至合同段完工	9 条
2	水利检测 2	每半年付已完工作的 70%，完工付至 80%，结算审计付至 95%	单价承包	10%保证金	无	至主体工程竣工	12 条
3	水利检测 3						
4	水利检测 4						
5	公路检测 1	每半年付已完工作的 70%，完工付至 80%，结算审计付至 95%	单价承包	10%保函或保证金	10%，履约担保为保函无预付款。100%保函	至主体工程竣工	10 条
6	公路检测 2						
7	公路检测 3						
8	水运检测	每半年付已完工作的 70%，完工付至 80%，结算审计付至 95%	单价承包	10%保函或保证金	10%，履约担保为保函无预付款。100%保函	至主体工程竣工	10 条
9	市政检测 1	按单座桥梁结算；准备工作完成付 15%；每半年付已完工作的 70%，结算审计付至 97%	总价承包	10%保函或保证金	无	竣工验收并完成移交备案	18 条
10	市政检测 2						
11	市政检测 3						

表 5 - 4 - 15   澄清修改通知发布情况

序号	澄清修改内容	涉及项目数量/个	占项目总数的比例/%
1	最高投标限价	3	27
2	资格条件	3	27
3	投标人须知	3	27
4	评标办法	1	9
5	检测清单	4	36
6	投标文件格式	3	27
7	延期开标	3	27
8	其他	1	9

（四）开标、评标、定标

1. 开标

11 个检测标段投标人数量均满足开标条件，投标人数量与最高投标限价和同期开标标段数量密切相关。检测标段投标人数量见表 5 - 4 - 16。

2. 评标

评审阶段共有 5 个标段否决投标人 13 家，均因投标人投标经验不足造成的低级失误。否决投标情况见表 5 - 4 - 17。

3. 中标候选人公示

中标候选人均按法律法规和招标文件约定公示，公示内容及时间均符合相关规定，公示期间无异议投诉事项。

表 5 - 4 - 16　　　　　　　　　　检测标段投标人数量一览表

序号	标段编号	投标人数量/家	最高投标限价/万元	开标时间
1	水利检测1	3	78.00	2016 年 5 月 13 日
2	水利检测2	12	2418.00	2018 年 1 月 9 日
3	水利检测3	12	2976.00	2018 年 1 月 9 日
4	水利检测4	12	1647.00	2018 年 1 月 9 日
5	公路检测1	14	902.00	2018 年 10 月 12 日
6	公路检测2	14	1275.00	2018 年 10 月 12 日
7	公路检测3	5	1139.00	2019 年 11 月 28 日
8	水运检测	4	950.00	2019 年 10 月 19 日
9	市政检测1	4	828.00	2019 年 8 月 22 日
10	市政检测2	3	346.00	2019 年 8 月 22 日
11	市政检测3	3	350.00	2019 年 8 月 22 日

表 5 - 4 - 17　　　　　　　　　　否 决 投 标 情 况 表

序号	标段名称	投标人数量/家	否决投标数量	否 决 原 因
1	水利检测2	12	4	未按要求缴费；未提供技术负责人资格证书；技术负责人专业不符合要求；业绩时间不符合要求
2	水利检测3	12	4	
3	水利检测4	12	3	未按要求缴费；技术负责人专业不符合要求；业绩时间不符合要求
4	公路检测1	14	1	未提供项目负责人在类似项目中担任项目负责人业绩、技术负责人在类似项目中担任技术负责人或项目负责人业绩
5	公路检测2	14	1	

4. 中标结果

11 个检测标段共有 9 个中标单位，其中国有企业 5 个，民营企业 1 个，事业单位 3 个；安徽省内单位 4 个，省外单位 5 个，分布在 4 个省（直辖市），分别为上海 2 个，广东、江苏、陕西各 1 个。检测标段中标单位情况见表 5 - 4 - 18。

表 5 - 4 - 18　　　　　　　　　　检测标段中标单位情况表

序号	标段编号	中标单位所属省份	中标单位性质
1	水利检测1	安徽	国有企业
2	水利检测3		
3	水利检测2	广东	事业单位
4	水利检测4	江苏	事业单位
5	公路检测1	陕西	国有企业
6	公路检测3	上海	民营企业
7	公路检测2	安徽	国有企业
8	市政检测3		
9	市政检测1	安徽	事业单位
10	市政检测2	上海	国有企业
11	水运检测	安徽	国有企业

（五）履约情况反馈

所有标段中标人均按合同要求时间进场或开展相关工作，按合同进度开展工作、提交成果，合同履约情况良好，无违约与索赔情况。

水运检测1个标段增加水运工程船闸、锚地、跨渠桥和服务区中的桩基进行检测，包括：混凝土灌注桩、PHC桩等桩基的桩身完整性检测、水泥土搅拌桩的取芯和抗压强度检测。合同金额增加47.22万元。

七、评估结论和建议

（一）评估结论

（1）该工程咨询类服务项目按现行规定不属于依法必须招标的项目，为规避采购风险，引导市场竞争，对达到一定规模的咨询类服务项目进行公开招标，对项目招标和中标信息进行公开，全部进入公共资源交易中心交易，由行政监督部门监督，取得了很好的招标效果。

（2）该工程咨询服务类项目招标前均进行市场调研，招标准备工作比较充分。采用综合评估法评标，资格条件和评标办法设置合理，招标、开标、评标与定标程序规范，并积累了大量咨询服务类项目招标的成功经验。

（3）该工程咨询服务类项目中标人普遍资信较好、业绩丰富、履约能力较强，能运用专业咨询知识和管理方法提供专业咨询服务，取得了良好的咨询效果。

（4）该工程造价咨询、安全监测咨询类服务项目潜在投标人数量充足，招标竞争比较充分；造价咨询项目有恶意竞争现象，招标过程中异议事项较多；规划类和图审类项目潜在投标人数量有限，竞争性不足，采用公开招标方式采购效率不高。

（二）评估建议

1. 建议创新咨询服务发包方式，逐步推进全过程咨询服务模式

该工程前期实施的咨询服务类项目种类和标段数量众多，招标人在不同的建设阶段引入多家咨询服务机构，这种片段式、碎片化咨询服务发包模式导致建设单位花费大量时间用于采购、管理协调上；同时由于各咨询单位分别负责不同环节和不同专业的工作，这不仅增加了成本，一定程度上分割了建设工程技术咨询的内在联系，缺乏整体把控，缺乏系统化规划和衔接，一旦出现工作失误，容易导致各咨询方相互推诿，让建设单位无法区分责任。因此，建议逐步推行全过程咨询服务模式，减少咨询服务标段数量。全过程咨询在全国已有大量成功案例，也是国家大力推行的一种咨询服务方式，如安徽省治淮重点工程建设管理局承担建设管理责任的淮河干流王家坝—临淮岗段行洪区调整及河道整治工程（安徽省实施部分），已经开展了建设全过程工程咨询服务发包工作，将项目管理、工程建设监理、移民安置监督评估、招标采购代理、水土保持技术服务、环境保护技术服务、质量检测等打包成一个合同标段。

2. 建议做好工程服务类投标人数据库建设

该工程咨询服务类招标取得显著效果，吸引了大批工程咨询服务单位参与投标，形成了大量的投标数据和信息，建议开展工程咨询服务类招标专题研究，对数据进行收集、整理、分析，为今后招标人及其他类似工程服务项目招标提供示范和参考作用，可节约大量

的前期市场调研成本，提高工程咨询服务类招标效率。

3. 建议推进工程咨询服务类招标文件标准化

除勘察、设计、监理外，各行业其他工程服务类项目均没有招标文件标准文本或示范文本，该工程通过大量工程服务类项目招标，在招标文件编制中进行了大量的实践，在项目实施中，对合同条款、技术标准、服务要求等方面的管理收获了很多经验。建议招标人后期组织力量进一步对已经实施的咨询服务类招标文件和合同条款进行认真总结梳理，组织编制标准化的工程服务类项目招标文件、合同条款示范文本。

4. 建议对缺乏市场竞争性的咨询服务项目采取非招标方式采购

鉴于图审类、规划类等咨询服务类项目即使调研充分，但仍缺乏市场竞争性，采用公开招标方式难以起到降低成本，提高效率的目的，且容易造成不必要的时间和资源浪费。建议在今后工程实施中，对相关项目进行仔细梳理，市场竞争度低的项目可采取非招标方式进行采购或者打包在其他项目中招标。

第五节 服务类项目招标投标过程评估结论与建议

一、评估结论

1. 该工程服务类项目招标取得了明显的招标效果和招标成功经验

该工程服务类项目招标准备工作充分，招标前推行市场调研，资格条件和评标办法合理设置，兼顾竞争和择优，采用综合评估法评标，招标、开标、评标与定标程序规范，投标异议发生率低，大多数中标人资信好、业绩丰富、履约能力较强，取得了明显的招标效果并积累了丰富招标成功经验。

2. 针对该工程特点优化的勘察设计招标策略对加快工程项目建设具有重要意义

该工程规模大，建设周期长，工程建设内容复杂，跨行业多，专业性强，勘察设计工作量大，基本建设程序繁杂且严格，将整个主体工程的所有勘察设计划分为一个合同标段，允许联合体投标，费率报价等招标策略，符合大型水利工程建设管理习惯，有利于吸引综合实力强的勘察设计企业参与竞争，有利于解决当时勘察设计工作量难以计算的困难，有利于提高勘察设计工作质量、建设管理效率和加快基本建设程序推进。

3. 监理招标竞争性不足、招标困难

该工程监理招标时间跨度大、标段划分多，招标文件和监理合同对监理人员数量、资历、考勤和人员变更有严格要求，受监理市场背景和该工程监理合同管理特点共同影响，2018年及以后监理标竞争性变弱、降幅率降低、招标困难。

4. 分散式委托、单项服务供给的服务采购模式耗费了项目法人大量精力

该工程服务类项目呈现种类多、标段数量多的"双多"特点，在不同的建设阶段，根据不同服务需要引入招标代理、勘察设计、监理、造价、图纸审查、检测（监测）、评估、专题研究、专项咨询等多家咨询服务机构。此种服务采购模式虽然有效弥补了项目法人专业技术力量的不足，对确保工程安全、加快工程进度、提升工程质量、节省工程投资等起到了不可或缺的积极作用，但一定程度上也分割了建设工程各环节的内在联系和衔接，导

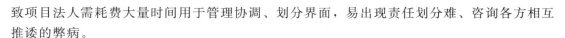

致项目法人需耗费大量时间用于管理协调、划分界面，易出现责任划分难、咨询各方相互推诿的弊病。

二、评估建议

1. 以问题为导向，进一步优化勘察设计招标及合同履约管理

该工程勘察设计合同为联合体中标，合同履约表现有待加强：①联合体整体性不强，建设单位仍要面对联合体各方进行沟通协调；②设计总包单位对装饰、配电等部分专项设计分包单位的选择和管理有待加强；③部分招标设计图纸、技术文件、工程量清单深度不够。建议在后期类似勘察设计项目招标及合同履约过程中，以问题为导向，进一步在合同中明确联合体各方的义务和责任，明确选择分包人的方法和要求，充分体现联合体牵头人、设计总包单位的协调管理作用；进一步强化合同履约管理，加强设计文件审查；项目管理预算市场价文件和最高投标限价委托专业造价咨询机构编制，以提高编制质量，以利相互复核和造价动态控制，同时适当减少设计单位工作量。

2. 充分考虑监理招标竞争性不足的现状，建议进一步优化监理招标策略

由于现阶段大型基础建设项目多，监理单位业务区域性强，符合该工程需求的监理单位范围和数量受限、执业人员偏少，该工程监理费用低，履约成本高，监理单位利润低等原因，致使后期监理标竞争性变弱、招标困难。因此，建议进一步优化监理招标策略：①合理确定监理最高投标限价，优化招标评分标准，减小评标基准价下浮空间，适度弱化价格竞争，提高监理项目的吸引力；②给监理单位合理的利润空间，并适当简化优化监理人员要求，解决监理单位面临的困难，同时给现场管理留有弹性管理空间，鼓励监理单位发挥作用，促进监理职能有效发挥，以期提高建设监理效果，从管理监理单位向依靠监理单位、鼓励监理单位发挥作用转变。

3. 建议减少服务类项目合同数量，开展全过程咨询服务招标

该工程现阶段分散式委托、单项服务供给模式的服务类项目分割了建设工程各环节的内在联系和衔接，项目法人需耗费大量时间用于管理协调、划分界面，还容易出现责任划分难、咨询各方可能相互推诿的弊病。建议响应国家《关于推进全过程工程咨询服务发展的指导意见》的精神乃至国家推动高质量发展的基本国策，开展全过程咨询服务模式试点，将跨阶段咨询服务组合或同一阶段内不同类型咨询服务组合为全过程咨询招标，从而有效降低咨询服务成本，充分发挥综合性咨询服务单位的专业优势，提高咨询服务单位责任心，为工程建设活动提供更高质量智力技术服务，全面提升投资效益和工程建设质量。

4. 建议建立服务类项目招标投标数据库，为二期工程招标打好基础

一方面，该工程服务类项目招标吸引了众多服务单位参与投标，都是资质高、业绩多、人员精、实力强的单位，这些单位会是二期工程的服务类项目主要参与者；另一方面，招标人在该工程服务类项目招标和履约过程中，积累了不同时期不同类型服务项目的大量调研报告、招标投标文件、技术要求、合同文件、监督检查报告、履约验收报告、总结报告等数据资料，这些数据信息是二期工程服务类项目招标的主要参考资料。对该工程服务类项目投标单位的业绩、人员、资信、特长、成本、履约情况等信息和招标人形成的

数据信息进行收集整理甚至数据加工，对二期工程及其他同行的服务类项目招标的资格设定、最高投标限价编制、人员设备要求乃至技术标准、合同条款设定都有重要的参考价值，可以使招标文件编制更有针对性，招标条件更加精确，从而有效提高招标效率，并降低合同管理难度。

第六章 非招标方式采购项目评估

第一节 非招标方式采购概述

一、非必须招标项目

非必须招标项目指国家规定依法必须进行招标之外的工程、货物和服务采购项目。当前我国建设工程依法必须招标的范围由《招标投标法》《必须招标的工程项目规定》和《必须招标的基础设施和公用事业项目范围规定》（发改法规〔2018〕843号）等规定。实际上，强制招标范围不限于工程建设项目，根据有关法律法规和国务院规定的需要招标的特许经营权、药品采购、科研服务等也在强制招标范围。

党的十九大以来，国家不断深化"放管服"改革，为扩大市场主体的自主权，减轻企业负担，激发市场活力和创造力，国家发展改革委制定发布《必须招标的工程项目规定》（2018年6月1日起正式实施），相较原《工程建设项目招标范围和规模标准规定》（计委令2000年第3号），大幅缩小了必须招标的工程项目范围，非必须招标项目数量大幅增加，使简政放权的效果落到实处。

二、非招标方式采购

非招标方式采购是指以公开招标和邀请招标之外的方式取得工程、货物、服务所采用的采购方式。非招标方式采购有利于采购人改变单纯依赖招标方式实现公平采购交易的状态，可根据项目特点，自主决定选择更为灵活的采购方式，有利于增强采购针对性，降低采购成本，缩减采购时间，从而提高采购效率。

三、常见非招标采购方式

实践中我国经济交易活动中采用的非招标采购方式的种类很多。政府采购中的非招标方式有竞争性谈判、竞争性磋商、单一来源采购和询价采购4种。企业采购中常用的非招标方式有比选、询价、谈判、竞价（或反向拍卖）、订单、直接采购等，集中采购的组织形式有框架协议、定点采购、战略采购等。国家对企业非招标方式采购没有原则性规定，由企业自主选择采购方式，目前国有企业常参照《非招标方式采购代理规范》和《国有企业采购操作规范》实施非招标采购方式的采购活动。

《非招标方式采购代理服务规范》由中国招标投标协会发布，该规范通过对传统采购方式的总结提炼和优化改造，按照采购方式的共性特点归类并区别于政府采购方式的需要，包括的非招标采购方式有谈判、询比、竞价、直接采购4种非招标采购方式和框架协议组织形式采购。《国有企业采购操作规范》由中国物流与采购联合会发布，该规范提炼和总结了40多家国有企业的采购管理经验，借鉴了联合国贸易法委员会《公共采购示范法》和欧盟、美国公共采购法律法规的部分做法。该规范规定的非招标采购方式有竞价采购、询比采购、合作谈判、竞价谈判、磋商谈判、单源直接采购、多源直接采购。这两个规范均属于行业自律推荐性服务标准，适用于采购人组织的非招标方式采购活动（法定应实施政府采购非招标方式的除外）。

常见非招标采购方式见表6-1-1。

表6-1-1　　　　　　　　　　　常见非招标采购方式

序号	非招标采购方式依据	非招标采购方式
1	《政府采购法》《政府采购非招标采购方式管理办法》《政府采购竞争性磋商采购方式管理暂行办法》	竞争性谈判、竞争性磋商、询价、单一来源
2	中国招标投标协会《非招标方式采购代理服务规范》	谈判采购、询比采购、竞价采购、直接采购
3	中国物流与采购联合会《国有企业采购操作规范》	竞价采购、询比采购、合作谈判、竞价谈判、磋商谈判、单源直接采购、多源直接采购
4	《政府采购法》（2020年修订草案征求意见稿）	竞争性谈判、询价、单一来源采购、框架协议采购

四、引江济淮工程（安徽段）非招标方式采购情况

1.非招标方式采购金额分布情况

截至目前，该工程共完成非招标方式采购约433项，概算8750.12万元，降幅率1.96%。施工类项目均采用公开招标，无非招标方式采购；非招标方式中货物类项目302项，平均每个项目合同金额仅2.29万元；服务类项目131项，平均每个项目合同金额60.22万元。非招标方式采购统计详见表6-1-2。

表6-1-2　　　　　　　　　　　非招标方式采购统计表

项目类别	标段数/个	概算/万元	控制价/万元	签约合同价/万元	降幅率/%	平均合同金额/万元
施工	0	0	0	0	0	0
货物	302	690.08	690.08	690.08	0.00	2.29
服务	131	8060.04	7996.44	7888.18	2.13	60.22
合计	433	8750.12	8686.52	8578.26	1.96	19.81

2.非招标方式采购方式分布情况

从统计数据看，使用的采购方式有徽采商城采购、询比采购、询比价采购、比价采购、直接采购、直接委托采购、参与省国资委集中采购等方式，可归纳为5种采购方式：徽采商城采购、询比采购、比价采购、竞争性磋商采购和直接采购。徽采商城采购平均合同价1.41万元，询比采购平均合同价39.42万元，比价采购平均合同价15.03万元，竞争性磋商采购平均合同价13.74万元。非招标采购方式主要分布见表6-1-3和图6-1-1。徽采商城采购和比价采购数量多，但合同金额小，本次不进行详细评估。

表 6-1-3　　　　　　　　　　　　非招标采购方式分布一览表

采购方式	徽采商城采购	询比采购	比价采购	竞争性磋商采购	直接采购	合计
标段数/个	277	17	61	1	77	433
合计采购金额/万元	391.51	670.18	917.10	13.74	6585.72	8578.25
占比/%	4.56	7.81	10.69	0.16	76.77	100.00
平均合同价/万元	1.41	39.42	15.03	13.74	85.53	19.81

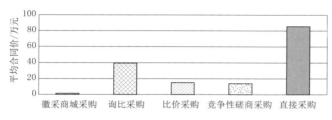

图 6-1-1　非招标采购方式分布图

第二节　非招标方式采购管理制度评估

一、引江济淮工程（安徽段）非必须招标项目

该工程资金来源主要是政府资金和企业自筹，项目法人属省属国有企业，该工程的主要采购方式是公开招标。根据当前国家有关规定，除《必须招标的工程项目规定》《必须招标的基础设施和公用事业项目范围规定》规定必须招标的工程项目外，该工程概算资金范围内仍有部分采购项目属于非必须招标项目，主要包括：①合同估算价未达到必须招标规模标准，如合同估算价小于 400 万元的工程施工，小于 200 万元的与工程建设有关的货物，小于 100 万元的工程勘察、设计、监理；②项目性质不属于必须招标范围，如行政后勤物资采购、宣传服务、管理咨询服务、法律服务、科研及信息网络开发服务、金融保险服务、交通及运输服务、物业管理服务、劳务派遣服务、维修与维护服务和其他各类社会化专业服务，以及勘察、设计、监理以外的其他工程咨询服务等。

二、非招标方式采购制度的建立

鉴于国有企业的采购具有一定的公共属性，非必须招标项目亦要接受国家有关部门的监督检查，为规范非必须招标项目采购行为，降低企业采购风险，在充分研究《企业国有资产法》《招标投标法》和《政府采购法》等相关法律法规，以及相关非招标采购规范的基础上，遵循物有所值、公平高效、透明规范和诚实信用的原则，该工程采购人制订了非招标方式采购内控管理制度。

（1）2018 年制订发布了《安徽省引江济淮集团有限公司行政后勤采购暂行管理办法》（皖引江综〔2018〕443 号），2020 年 5 月 1 日废止，以下简称《行政后勤采购暂行管理办法》。

（2）2020 年参照中国招标投标协会发布的《非招标方式采购代理规范》和中国物流与采购联合会发布的《国有企业采购操作规范》，制订发布了《采购管理办法（试行)》。

三、引江济淮工程（安徽段）非招标采购方式

1. 《行政后勤采购暂行管理办法》

2018 年采购人发布的《行政后勤采购暂行管理办法》规定，非招标采购方式有自行竞争性谈判、询价、单一来源采购、徽采商城采购、零星小额采购等 5 种方式。由于该办法已废止，不再详述。

2. 《采购管理办法（试行)》

2020 年采购人发布的《采购管理办法（试行)》规定，非招标采购方式有询比采购、竞争磋商、比价采购、网上商城采购、直接采购和采购人总经理办公会批准的其他采购方式。

（1）询比采购。询比采购是指采购人组建的评审小组对响应采购的供应商按照采购文件规定的规则和时间一次性递交的响应文件进行评审，采购人根据评审小组的评审结果，确定成交供应商的采购方式。询比采购通常适用于采购人可准确提出采购项目需求和技术要求、市场竞争比较充分的采购项目。

（2）竞争磋商。竞争磋商是指采购人通过组建竞争磋商小组，与符合条件的供应商就采购的货物、工程和服务事宜进行磋商，最终完善、确定磋商文件和合同条款，供应商按照磋商文件的要求提交响应文件和报价，采购人从磋商小组评审后提出的候选供应商名单中确定成交供应商的采购方式。符合下列情形之一的，可以采用竞争磋商：

1）采购人不能准确提出采购项目需求及其技术要求，需要与供应商讨论后研究确定的。

2）采购目标总体明确但可以有不同路径和方案实现，采购人需要和供应商通过对话确定最优且最符合采购人需要的路径方案。

（3）比价采购。比价采购是指对不少于 3 家供应商提供的报价进行比较，以确保价格具有竞争性的采购方式。比价采购适用于采购的货物规格、标准统一，现货货源充足且价格变化幅度较小，且单项合同（或 1 年内同项采购）估算价不超过 10 万元的货物采购项目。

（4）"网上商城"采购。"网上商城"采购，是指其他货物（包括计算机设备及软件、办公消耗用品、家具用具、电器设备、广播电视设备等）规格、标准、数量明确，且单项采购估算价、批量采购估算价、1 年内同项采购估算价均不超过 30 万元（各建管处的采购估算价不超过 1 万元），通过"网上商城"（包括徽采商城、京东、苏宁、淘宝等）进行的采购。

（5）直接采购。直接采购是指采购人向某一供应商进行采购的方式。符合下列情形之一的，可以采用直接采购：

1）只能从唯一供应商处采购的。

2）必须保证与原有采购项目一致性或配套的要求，需要继续从原供应商处采购的。

3）发生了不可预见的紧急情况需要进行紧急采购的。

4）涉及国家秘密或企业秘密不适宜进行竞争性采购的。

5）招标失败后依法不再招标的，或者通过询比采购或竞争磋商或比价采购方式验证有效响应的供应商不足两家的。

6）经招标、询比、磋商、比价、直接采购程序后签订采购合同的，继续在该供应商处采购，采购需求未发生变化，合同总价变动不超过 10%，且工程类合同金额 40 万元及以内的，货物类合同金额 20 万元及以内的，服务类合同金额 10 万元及以内的，采购需求部门可将合同协议报总经理办公会批准后组织签订合同。

7）潜在供应商与采购人存在控股或者管理关系，且依法有资格能力提供相关货物、工程或服务的。

8）为满足工作需要在所在地商场、超市等场所购入，开具正规发票且总额不超过 3000 元的日常消耗品零星采购。

9）经总经理办公会批准的其他情形。

直接采购的供应商可通过以下途径遴选：①从项目所在地市级及以上相关行业主管部门供应商目录中抽取；②可根据《安徽省引江济淮集团有限公司供应商信用评价（暂行）管理办法》，从已合作供应商中选取；③采用推荐的方式选取；④参与招标、询比、竞争磋商、比价的合格供应商；⑤通过采购领导小组批准的其他方式。

四、引江济淮工程（安徽段）非招标采购程序

《采购管理办法（试行）》规定的非招标方式采购程序见表 6-2-1。

五、非招标方式采购制度的合规性分析

1. 国家对企业大量采购活动并不强制要求必须采用招标方式

国家对依法必须招标的项目范围规定很明确，只有在规定范围内的项目才属于依法必须招标的项目，有关规定如《招标投标法》第三条、《政府采购法》第二十七条、《必须招标的工程项目规定》和《必须招标的基础设施和公用事业项目范围规定》等，除国家规定必须招标的项目外，国家对企业经营管理过程中的大量采购活动并不强制要求必须采用招标方式。

表 6-2-1 非招标方式采购程序

序号	采购方式	采 购 程 序
1	询比采购	（1）编制采购文件； （2）采购领导小组负责采购文件审定、批准； （3）采购信息发布； （4）现场踏勘（可选）； （5）澄清及修改（可选）； （6）组建评审小组； （7）开启响应文件、组织评审； （8）候选成交供应商公示； （9）清标； （10）合同谈判； （11）发出成交通知书； （12）签订合同； （13）资料归档

序号	采购方式	采 购 程 序
2	竞争磋商采购	（1）编制磋商文件； （2）采购领导小组负责磋商文件审定、批准； （3）磋商信息发布； （4）现场踏勘（可选）； （5）澄清及修改（可选）； （6）组建磋商小组； （7）开启初始响应文件； （8）组织磋商； （9）候选成交供应商公示； （10）发出成交通知书； （11）签订合同； （12）资料归档
3	比价采购	（1）对采购项目的价格构成和评定成交的标准等事项作出规定； （2）成立采购小组； （3）确定被比价的供应商名单； （4）确定成交供应商； （5）将比价采购结果告知所有被询价的供应商； （6）资料归档
4	网上商城采购	徽采商城采购程序：登陆商城→商品采购→确认订单→合同备案→订单验收，其中"确认订单"采购可选择使用"直接结算""直接竞价""多品牌竞价"等采购方式； 其他网上商城采购程序：登陆商城→商品采购→确认订单→订单验收→保留订单截图、支付截图、发票等
5	直接采购	1. 一般采购程序 （1）采购需求部门编制采购需求、谈判要点、合同条款，推荐供应商报分管领导审核； （2）采购需求部门组建谈判小组（谈判小组由3人及以上单数成员组成），组织谈判工作； （3）谈判小组形成谈判记录； （4）采购需求部门将谈判结果报分管领导批准后生效； （5）采购需求部门负责签订合同； （6）资料归档。 2. 日常消耗品零星采购 （1）经办科室编制《日常消耗品零星采购申请单》； （2）科室负责人审核； （3）报建管处负责人批准； （4）采购过程需2人以上人员参与，保留经签字验收的货物清单及发票； （5）资料归档

2. 国有企业非招标方式采购的常规做法

《国家发展改革委办公厅关于进一步做好〈必须招标的工程项目规定〉和〈必须招标的基础设施和公用事业项目范围规定〉实施工作的通知》（发改办法规〔2020〕770号）规定"16号令第二条至第四条及843号文第二条规定范围的项目，其施工、货物、服务采购的单项合同估算价未达到16号令第五条规定规模标准的，该单项采购由采购人依法自主选择采购方式，任何单位和个人不得违法干涉；其中，涉及政府采购的，按照政府采购法律法规规定执行。国有企业可以结合实际，建立健全规模标准以下工程建设项目采购制度，推进采购活动公开透明"。根据该规定，国有企业，尤其是采购需求量较大的采购单位，需要建立非招标方式采购管理内控制度，以保障非招标采购运行的规范化。

3. 国有企业非招标采购行为应符合国家关于国有企业的有关规定

《中共中央国务院关于深化国有企业改革的指导意见》（中发〔2015〕22号，简称"指导意见"）全面系统地提出了新时期深化国有企业改革的一系列政策措施，是国家对国有企业改革作出的重大战略部署，是新时期深化国有企业改革的思想指南和行动纲领。该指导意见强调坚决防止国有资产流失，多措并举加强国有资产监督，实施信息公开，建立阳光国企，强化决策问责和监督问责，从制度上遏制国有企业腐败问题。采购人属于国有企业，其非招标采购行为应符合国家关于国有企业的有关规定，贯彻落实"指导意见"等有关精神。该工程非招标采购行为遵循物有所值、公平高效、透明规范和诚实信用的原则，实施信息公开，强化责任，加强过程监督，建立阳光采购制度，坚决杜绝腐败，符合国家对国有企业的宏观管理思路。

4. 国有企业拥有充分自主采购的权利和责任

通过前文阐述可知，坚持依法公开竞争、公平交易和接受社会监督为前提，国有企业可以按照市场供给竞争状况和采购项目需求特征自主选择采购方式和组织形式，依法自主规范策划编制非依法必须招标项目的采购制度和采购文件，设置资格条件和评审规则，组建专家评审小组，组织评审和推荐候选成交人、决定成交人、签约等。不受其他主体的非法限制和干预，由此确立国有企业依法自主经营交易的权利和责任。

5. 国有企业非招标采购行为可以参考的采购程序

国家财政部门对政府采购非招标采购行为有详细规定，如《政府采购非招标采购方式管理办法》（财政部令第74号），《政府采购竞争性磋商采购方式管理暂行办法》（财库〔2014〕214号）等，对竞争性谈判、竞争性磋商、询价、单一来源采购等非招标采购方式的操作有严格的规定。该工程采购人属于国有企业，其非招标采购行为不属于政府采购非招标采购管理的范畴，但可以参照执行。除此之外，国家有关部门对企业的非招标采购方式没有具体的强制性规定，《国有企业采购操作规范》和《非招标方式采购代理服务规范》可供国有企业制定内控管理制度、开展非招标采购活动提供参照。

六、评估结论和建议

（一）评估结论

（1）采购人为规范非招标采购行为，建立健全了非招标方式采购内控管理制度，体现了国有企业依法自主决策和自担责任的要求，从制度上遏制了"腐败采购""人情采购"等非正常采购现象。

（2）采购人非招标方式采购内控管理制度符合国家关于公共采购、国有企业采购的有关规定，依据充分。

（3）采购人优化了非招标方式采购流程，有严格的内部监督机制，公开透明，可操作性强。

（4）采购人非招标方式采购内控管理制度体现公平、高效、规范，有利于提高市场主体的参与积极性，促进非招标采购项目的竞争性。

（二）评估建议

（1）增加非招标采购方式信息发布渠道。《采购管理办法（试行）》规定非招标采购信息至少在采购人网站和采购代理机构网站公开。为体现引江济淮工程采购的公共采购属性，引导市场充分竞争，建议增加非招标采购方式信息发布渠道，同步在中国招标投标公共服务平台、安徽省招标投标信息网等权威性、受众供应商广的媒体上公布采购项目信息，以满足市场一体化共享市场采购交易信息和国有资金采购交易接受行政及社会公众监督的基本要求。

（2）进一步优化直接采购方式的管理。建议区分规模大小，对于达到一定规模的直接采购项目，增加采购方式专家论证、采购文件编制、供应商递交响应文件、组织专家评审响应文件等环节做法，优化采购管理。

（3）建立常用供应商库。经过多年的采购实施，采购人积累了大量的供应商信息资源，可以在择优的基础上建立常用供应商库，有利于后续采购工作开展。

第三节　询比采购项目评估

一、引江济淮工程（安徽段）询比采购完成情况

《采购管理办法（试行）》与中国招标投标协会发布的《非招标方式采购代理规范》规定的询比采购方式概念相同，均是指采购人组建的评审小组对响应采购的供应商按照采购文件规定的规则和时间一次性递交的响应文件进行评审，采购人根据评审小组的评审结果，确定成交供应商的采购方式，是企业传统询价（最低价评审法）和比选（综合评分法）两种方式的统称。询比采购通常适用于采购人可准确提出采购项目需求和技术要求、市场竞争比较充分的采购项目。而中国物流与采购联合会发布的《国有企业采购操作规范》中规定的询比采购，指采购需求明确，采购人依照既定程序允许供应商多次报价并经评议最终确定合同相对人的采购方式，与《采购管理办法（试行）》的询比采购方式有所差异。

该工程采购项目中共有 17 个合同标段（包）采用询比采购方式，其中 14 个合同标段（包）供应商报总价，合计成交金额为 670.18 万元，平均合同金额为 47.87 万元；3 个合同标段（包）报单价（或费率）。询比采购项目中全部为服务类项目。询比采购项目中合同金额最大的标段（包）签约合同价为 187 万元，合同金额最小的标包是签约合同价 3.48 万元，该工程询比采购情况见表 6-3-1。本节依据中国招标投标协会发布的《非招标方式采购代理规范》规定的询比采购方法和《采购管理办法（试行）》对询比采购项目进行评估。

表 6 - 3 - 1 　　　　　　　　　　引江济淮工程（安徽段）询比采购情况一览表

序号	项　目　类　别		标段（包）数量	报价方式	评审办法
1	专题研究	服务类	5	报总价	综合评分法
2	专项审计	服务类	3	报总价	综合评分法
3	评估服务	服务类	1	报总价	综合评分法
4	影像拍摄单位入库	服务类	2	报单价	综合评分法
5	资金存放服务	服务类	1	报总价	综合评分法
6	运行管理服务	服务类	2	报总价	综合评分法
7	物业管理服务	服务类	1	报总价	综合评分法
8	企业年金托管	服务类	1	报费率	综合评分法
9	补充医疗保险	服务类	1	报总价	综合评分法
合　计			17		

二、询比采购主要做法

1. 采购项目立项

该工程询比采购项目启动时，先由采购人采购需求部门通过 OA 系统在合同管理类进行询比采购项目立项，立项内容包括：决策文件、采购项目名称、项目背景、资金来源、技术要求（图纸）、采购数量（规模）和预算、采购方式、交货期或工期等。询比采购项目全部委托代理机构办理采购事宜，由合同管理部向采购领导小组申请，选择采购代理机构。

采购项目的启动程序主要是为了落实采购条件，确定采购内容和范围、采购方式，判断采购项目是否已经具备必要的采购条件，采购内容和范围是否准确，采购方式选择是否适当。对于尚不具备采购条件或准备条件不充分的，由采购需求部门进一步落实。对于采购内容和范围不准确的，合理做出调整。对于采购方式选择不当的，另行选择合适的采购方式。

2. 编制采购文件

该工程询比采购项目均委托采购代理机构实施，由 5 家采购代理机构承担采购代理工作。询比采购项目均编制了询比采购文件，询比采购文件均包括以下组成部分：采购公告、供应商须知、采购需求、评审办法、合同条款及格式、响应文件格式。询比采购文件经采购领导小组批准后发布。

3. 采购公告发布

该工程询比采购项目采购公告发布一般在采购代理机构官网、安徽省引江济淮集团有限公司网站和安徽省招标投标信息网发布，自采购文件发出之日起至响应文件递交截止时间平均 11 日，采购文件发售期平均 7 日。

4. 组建评审小组

该工程询比采购项目评审小组由采购人组建，评审小组成员由采购代理机构专家库人员和采购人代表库人员 3 人及以上单数组成。采购人代表由采购领导小组办公室提出推荐名单，报采购领导小组审批。

5. 响应文件开启、评审

该工程询比采购项目响应文件在采购代理机构开标场所开启、公开唱标，报价记录存档备查。响应文件评审由评审小组负责，按询比采购文件规定的评审办法阻止评审，并推荐成交候选人，如满足实质性条件的供应商仅为两家时，由评审小组充分讨论后确定是否继续评审；仅剩一家时，流标（由需求部门和代理公司向领导小组书面请示进行二次询比或直接采购）。

6. 确定成交供应商

响应文件评审结束后，发布成交候选人公示，公示期不少于 3 日。采购需求部门组织对响应文件进行清标，形成清标报告。公示无异议，采购需求部门组织与第一候选成交供应商进行合同谈判。向成交供应商发出成交通知书，并发布成交结果公告。该工程已组织的询比采购项目采购顺利，无供应商提出异议。

三、评估结论和建议

（一）评估结论

（1）询比采购活动开展前进行项目立项的做法，加强了内部管理流程，对采购方式采取事前批准，有利于提高各职能部门的工作效能。

（2）询比采购活动均委托专业采购代理机构代理采购，编制采购文件、发布采购公告、组织专业评审小组评审、对评审结果进行公示等做法，体现了公平和规范的原则，有利于采购项目的竞争择优。

（3）询比采购项目以各类金额小于 100 万元的服务类项目为主，合同条款及格式、内容采用与其公开招标的类似服务类项目的合同，合同体系、内容完整。

（4）询比采购项目清标及合同谈判的做法，能及时发现响应文件评审缺陷、响应文件缺陷，以便于采购人及时作出应对措施，降低后期合同执行风险。

（二）评估建议

（1）编制适用本单位的《询比采购文件示范文本》。已开展的询比采购项目没有使用统一的询比采购文件范本。据调研，已有一些大型国有企业均编制了询比采购文件示范文本，因此，建议参照编制《询比采购文件示范文本》，以便统一管理，提高采购效率和采购文件编制质量。

（2）进一步优化询比采购项目的供应商资格条件和评分标准。考虑国有企业有一定公共采购属性，设置询比采购项目供应商资格条件和评分标准时，建议充分考虑国家优化营商环境、促进中小企业发展的政策导向。

（3）评审专家通过安徽省招标投标协会评标评审专家库中随机抽取产生。为解决广大国有企业非招标方式所需要的专家来源，目前安徽省招标投标协会已建成并投入使用安徽省招标投标协会评标评审专家库。为增强评审工作的专业性，建议询比采购项目评审专家均通过该专家库随机抽取并在制度中予以明确。

第四节　直接采购项目评估

公开竞争是有效公共采购的基础,"直接采购"方式是一种非竞争性采购方式。在某些特殊情况下,直接采购是不可避免的,因此政府采购法体系中的"单一来源采购"、亚洲开发银行采购指南采购体系中的"直接签订合同"、联合国贸易法委员会《公共采购示范法》《非招标方式采购代理规范》和《国有企业采购操作规范》中的"直接采购"均体现了这一特点。

该工程涉及77项直接采购项目,签约合同金额6585.72万元。其中合同金额10万元及以上的项目28项,主要包括物业服务、办公用房租赁、血吸虫病防治与疫情监测、信息化服务、驾驶服务等,占总数量约36%,合同金额6468.92万元。从项目性质看,此类直接采购项目,均不属于依法必须招标的项目,多数属于行政后勤采购项目,企业可自主确定采购方式。

该工程直接采购项目符合采购人规章制度规定直接采购方式的条件,特殊项目报总经理办公会批准,采购程序符合项目法人管理制度,资料完整可查。建议以后对于直接采购项目,加强对供应商市场供给的调研,进一步甄别项目是否具有市场竞争性,对确有竞争性特别是采购金额相对较高的项目,建议采用竞争性采购方式进行。

第五节　评估结论与建议

一、评估结论

(1)询比采购方式遵循物有所值、公平高效、透明规范和诚实信用的原则,符合国家"放管服"改革思路,有效解决招标采购的交易效率低下、交易制度成本过高的问题,进一步强化了采购人自主公平交易的权利和自律约束责任。

(2)询比采购方式体现了公平、高效和规范组织实施采购交易的管理思路,发挥了简化、透明和依法监督国有资金采购交易行为的社会属性优势。

(3)非招标采购方式总体实现了企业依法自主决策和自担责任,优化配置与精准对接市场供需资源,实现物合所需、物有所值的采购目标。

(4)非招标采购方式沿用公开招标方式的"清标及合同谈判"管理思路,对合同履约的投资控制及风险防范起到积极的作用。

二、评估建议

(1)建立非招标采购方式采购文件范本体系。为避免非招标采购方式采购文件质量不高的风险,提高工作效率,建议建立并动态管理适用于采购人的非招标方式采购文件范本和合同范本体系,用于指导后续采购活动。

(2)建立供应商库。为解决非招标采购方式规模小、关注度低、择优性差等问题,建议建立供应商库,以便于及时了解市场信息,激发市场活力,扩大竞争范围,提高采购效率。供应商库可以吸纳以往履约良好的采购项目供应商，也可以公开征集。建立供应商库有利于非招标采购的顺利开展。

（3）进一步优化直接采购方式内控制度。对采购金额相对较大，确因特殊原因需采用直接委托方式的，建议对采购项目技术经济需求进行科学客观的鉴别和评价，可借鉴政府采购中单一来源采购方式的做法，采购前开展直接委托方式论证和直接采购方式公示，加强事前事中事后的过程管理与控制。

（4）全面使用全流程电子采购。为规范应用非招标方式采购行为，满足公平竞争交易和社会公众监督，建议非招标采购方式全面推行电子采购，依托电子采购交易平台，公开规范发布采购公告、公示以及依法可以公开的相关采购信息，适应网络一体共享市场交易信息以及实现网络数字化监督和永久追溯的要求。

第七章 招标投标争议处理
及稽查审计问题评估

招标投标争议是指因招标投标当事人权益发生的纠纷。招标投标当事主体分为民事主体和行政主体。民事主体指招标人和投标人（还包括招标代理机构）；行政主体指进行行政监督的国家机关及其授权机构。招标投标争议的类型分为民事争议和行政争议。民事争议中对招标文件（资格预审文件）争议、开标争议及对评标结果的争议，表达和解决争议时应首先提出异议，对异议答复不满的，可进一步投诉，对于招标过程其他民事侵权争议，表达和解决争议的方式可以是直接进行投诉，也可选择协商、调解、仲裁或诉讼；发生招标投标行政争议，民事主体可以依法申请行政复议或者向人民法院提起行政诉讼。

稽查审计制度在维护财政经济秩序、促进廉政建设、保障国民经济和社会健康发展等方面发挥着重要作用。在工程招标投标方面的稽查审计，作为招标投标活动重要的事中事后监督机制，不仅强调各参与主体在招标投标活动中的主体责任意识，更能够有效地规范、指导招标投标行为，保证项目招标投标合法、合规开展。

第一节 异议处理评估

一、概述

在招标投标过程中，由于存在理解和认识的偏差、竞争及工作失误等原因，投标人或其他利害关系人认为自身合法权益受到损害，向招标人提出异议是招标投标活动中的常见的行为，也是法律法规赋予其应有的权利。因此，异议从法律性质上讲，是平等主体之间的民事法律行为，是调解招标投标活动参与主体争议的重要方法。

《招标投标法实施条例》明确了对于资格预审文件、招标文件、开标和依法必须进行招标的项目的评标结果提出异议，在招标环节中对资格预审文件、招标文件提出异议的主体是潜在投标人和其他利害关系人；在开标、评标和中标环节中对开标提出异议的主体是投标人，对评标结果提出异议的主体是投标人或者其他利害关系人。可以说，《招标投标法实施条例》规定了异议的事项、异议的主体、异议的程序和时间、异议的法律约束等内容，明确了招标投标活动的异议制度。在规范招标投标活动，引导参与主体正确维护其合法权益等方面发挥了重要作用，有利于及早友好地解决争议，避免矛盾激化，提高招标投标活动的效率，同时对招标人起到了监督的作用，保障了招标采购活动的合法合规性。

为了贯彻"三公"和诚实信用原则，同时保障正常招标投标程序的开展，《招标投标法实施条例》明确规定了异议答复时间的限制。对于评标结果的异议，应当自收到异议之日起 3 日内做出答复，其目的是为保障异议人的合法权益和招标项目的实施进度，避免激化矛盾。需要强调的是，如无法按照法律法规规定时限 3 日内向异议提出人做出答复的，经招标人同意，招标代理机构应向异议提出人发出书面通知，说明正在对异议事项进行调查并将尽快予以答复。对于评标结果的异议，招标人往往需要调查取证、组织原评标委员会协助处理异议或纠正问题，因此所需周期较长，在 3 日内难以做出有效的答复。

二、该工程招标投标异议处理

（一）异议的基本情况

截至目前，该工程招标投标活动中收到涉及 21 个项目共计 32 次异议，占招标标段数量的 8.08%。其中施工类项目 4 个，货物类项目 12 个，服务类项目 5 个；异议成立的 7 次（涉及 4 个标段），占异议总数的 21.9%，异议成立中有 4 次是涉及 1 个项目，异议未成立中包含 5 次撤回异议；通过异议方式未解决招标投标的争议而进入投诉环节共计 8 次。异议基本情况见表 7 - 1 - 1。

表 7 - 1 - 1　　　　　　　　　　异 议 基 本 情 况 表

项目类别	招标标段数量/个	涉及异议项目		收 到 异 议				提出投诉数量/次
		数量/个	占比/%	数量/次	占比/%	成立数量/次	涉及项目/个	
施工	73	4	5.48	5	15.63	0	0	1
货物	58	12	20.69	18	56.25	2	2	5
服务	127	5	3.94	9	28.13	5	2	2
汇总	258	21	8.14	32	—	7	4	8

注　异议项目占比计算基数为各项目类别招标标段数量；收到异议占比计算基数为收到异议总数量。

1. 异议主体

该工程提出异议人均为投标人，无其他利害关系人提出异议。异议提出的形式均为线下纸质提交。目前大多数电子交易系统不支持其他利害关系人线上提出异议，只有投标人才能线上提交。在后期运用全流程电子招标投标时，应同时允许线上、线下两种提出渠道，以充分保证异议主体的合法权益。随着电子招标投标的发展，也可以探索电子交易系统接收其他利害关系人线上提出异议。

2. 异议环节

该工程的异议主要是针对评标结果，仅有一例是在开标活动中对投标文件密封情况提出异议（该异议在开标现场及后续给予解释说明，未成立）。

3. 异议处理答复时间

该工程的异议处理时间差异性较大，其中异议答复处理所需最短时间为 1 天，最长时间为 126 天，异议处理平均时间为 18.6 天/次；异议答复在 3 日内完成的有 5 次，占异议总数的 15.6%。异议处理答复时间统计见图 7 - 1 - 1。

（二）异议内容及处理

异议制度旨在加强招标投标当事人的沟通，解决招标投标活动中的争议，正所谓"理

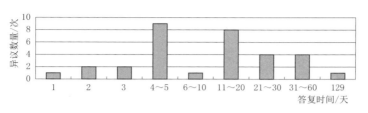

图 7-1-1　异议处理答复时间统计

越辩越明，道越论越清"，招标人应当充分重视异议，以多方视角监督招标投标活动，检验招标投标成果的质量，保障招标采购活动的合法合规性。该工程招标投标异议除一例是对开标环节的异议外，其余全部是对评标结果的异议。对评标结果的异议能够有效保障招标成果的合法性，异议人能够根据招标文件规定的评标标准和方法、开标情况等，作出评标结果是否符合有关规定的判断，发现问题及时提出，利于招标人及时采取措施予以纠正。

1. 异议内容

（1）异议项目类型。该工程招标投标异议类型主要集中在货物类项目招标中，占异议总数量的 56.25%，而货物类项目招标数量仅占招标项目总数量 20.69%。可以说，货物类项目成了异议的"易发地"，分析其原因主要有 3 个方面：①货物类项目的多样性，货物类项目涉及多种类别，其中仅水利工程就包括了金属结构、水泵、电机、自动化设备等，涉及的行业、技术规范多种多样，国家及各行业主管部门无法像施工类项目一样，制定规范的资质标准和对应的承包范围，同时在建立统一业绩公示平台和信用评价制度上也难度较大；②技术标准的复杂性，该工程作为重大基础设施项目，规模大，对设备、产品的技术规格、参数、品牌等有着较高的要求，招标文件技术条款和投标人技术方案均具有一定的复杂性，评审难度也相应增加；③竞争情况的不确定性，通用货物投标人较多，各厂家相互之间竞争激烈，而技术要求较高的货物则因符合条件的国内厂家较少，投标人之间又"知根知底"，容易进行异议举证。

（2）异议内容分类。通过对该工程招标投标异议内容进行归纳，主要包括针对业绩作假、评委评审、投标人不符合资格条件等提出异议，异议成立的是为对业绩作假和评委评审。其中对业绩作假的异议 15 次，占异议总数量的 47%，异议成立 5 次，涉及 3 个项目；对评委评审的异议 11 次，占异议总数量的 34.4%，异议成立 1 次，涉及 1 个项目。

业绩作假和评委评审是该工程招标投标异议的焦点。业绩作假异议产生原因是货物类项目业绩透明度相对不高，调查取证难度较大，投标人为在业绩评审方面获得优势，不惜铤而走险以假乱真，同时行业内或竞争激烈，或相互揭底、拆台。对评委评审的异议，一方面是投标人对招标文件及有关法律法规理解的程度不足，主观认为评审有误，从而盲目地无事实依据地提出异议；另一方面评标委员会对招标文件条款的理解深度和对投标文件评审的细致程度不够，确实存在评标质量不高的情况。

（3）异议函内容的规范性。能够参与该工程的投标人，大都有一定的实力，企业管理较为规范，对招标投标政策法规较为熟悉，有比较丰富的投标经验，异议函总体较为规范，但在对"业绩作假"的异议中经常会出现"据了解……""经查……"等字眼，或者提供的是非官方网站信息，缺乏必要的事实和线索。由于异议内容相当一部分无事实根据，招标人（招标代理机构）处理此类异议需要向异议相关当事人发出核查函，向该项目合同甲方发出征询函，得到明确回复后，方可进行异议答复，耗费大量人力和时间，且效果难以保证。

异议材料的不规范与法律法规对异议的形式、内容未进行统一要求有很大的关系。由此延伸，招标人是否可以在招标文件中约定，异议函应当包括哪些内容和证明材料呢？比如参照对投诉书的要求，这么做，在原则上是没有违反法律法规的，但容易给投标人甚至行业监督部门产生阻塞异议通道、给异议造成障碍的嫌疑，而且即便规定了，由于缺少法律法规明确的依据，执行力度不强，对于上述不规范的异议，招标人仍不会轻易"拒收"，因为一旦"拒收"往往又会引发投诉。这也是这些年来，业内一直有进一步完善异议制度、统一异议函要求的原因所在。

在 15 次涉及"业绩作假"的异议中，有 5 次成立，其余不成立。对于"业绩作假"的异议，需要招标人（招标代理机构）投入人力和时间去经历较为"漫长"的调查，因为即便作假属实的，异议人的举证材料也很难直接作为最终处理的依据，往往需要重新调查取证，所需时间较长，严重影响了招标投标的效率，同时对招标投标各方主体的合法利益造成了伤害。

2. 异议处理

异议处理主要体现在异议答复上，因此，保证异议答复的合法性、可靠性、准确性，才能有效地降低投诉的发生率，保证招标投标活动的效率。招标人采用何种异议处理方法，对异议答复的效果起到了关键性的作用。

（1）调查取证。业绩作假作为对评标结果异议的关注点，招标人（招标代理机构）主要采用调查取证方法。接收到此类异议后，招标人（招标代理机构）向被异议投标人发出核查函，要求其提供相关证明材料；继而向业绩相关单位发出征询函，请其协助确认业绩证明材料的真实性，对于不同的征询对象，其配合程度、回复期限、回复的严谨程度等也不尽相同，因此，既要讲究效率，又要有足够的耐心，才能达到调查取证的目的。

（2）由原评标委员会协助处理。在异议的处理过程中，由原评标委员会协助处理异议是一种不可或缺的处理方式。在该工程招标投标异议处理过程中，由原评标委员会协助完成异议处理共计 9 次，处理内容包括复核业绩认定、其他资格条件认定等。需要指出的是，评标委员会协助异议处理的程序也不是随意启动的，异议的内容一定是属于评标委员会的评审范围的，而且需要原评标委员会重新复核投标文件和评标报告，并且可能涉及评委对有关问题予以纠正的，此时方需由评标委员会进行协助处理。因此，招标人既不能将所有异议一味交原评标委员会协助处理，也不能一味追求效率，"越位"处理。

三、结论和建议

（一）评估结论

（1）从异议数量分析，收到的异议占招标标段数量的 8％，异议数量较低；在 32 次异议中成立的为 7 次，涉及项目 4 个，相应占比较小；进入投诉环节的异议为 8 次，绝大多数异议得到了化解。从统计数据分析，整个招标过程做到了合法合规，对于出现的问题，也进行了及时的纠正。

（2）从异议的内容分析，针对业绩作假和评委评审的比重较大，异议处理时间较长，最长时间为 126 天，平均 18.6 天/次，这与需要处理的异议事项内容及现行异议制度有一定的关系，但仍对项目招标的进度造成了不小的影响。

（3）从异议的环节分析，除一例是对开标环节的异议，其余全部是对评标结果的异议，表明招标文件做到了合规合理，开评标工作组织有力，程序合法。

（二）评估建议

1. 对现行异议制度的建议

随着异议在招标投标活动中的广泛使用，同样也暴露出现行异议制度存在一些不足之处，异议处理的时效性和复杂性，增加了招标人与投标人在招标投标活动中投入的时间和经济成本，降低了招标采购的效率，在一定程度上影响招标投标工作的有序开展，主要体现在以下 3 个方面。

（1）异议权力的滥用和异议材料规范性的缺失。在招标投标的活动中，少数投标人出于盲目加大自身在招标项目中的优势或者恶意竞争的目的，同时由于有关法律法规对异议人提出异议并没有质量要求，异议成本极低，且无有效的监督管理，部分投标人捏造事实恶意异议或者毫无依据臆想异议，采用"有枣没枣打三杆"的策略，进行恶意异议。即便是合理的异议和主张，由于法律法规未对异议的形式、内容提出明确的要求，在实践中，不规范的异议时有发生，异议人提出的异议事项含糊，缺乏必要的事实和线索，"指个兔子给人撵"，造成招标人异议答复的难度增大，影响招标投标活动正常进行。

（2）降低招标投标效率和易产生投诉。对于业绩作假等异议，一种做法是招标人为遵从法律法规的制度和招标的严谨性，需要花费大量的精力去处理，需要频繁地通过核查、征询，甚至通过现场核实的方式进行调查取证，同时需要暂停投标活动和合同履约准备，不但造成招标投标成本的增加，也影响整个工程建设进度；另一种做法是招标人出于招标进度时间的紧迫性和自身调查取证的局限性，对异议答复简单化处理，不做正面答复或实质性答复，以致矛盾激化，产生纠纷，上升到投诉环节，这种结果的产生，和现行制度对异议答复同样也未作出明确要求有很大关系。因此，没有有效的异议和答复规则，异议制度将无法发挥其应有的作用。

（3）异议撤回缺失规则。如果把异议制度的本意定位在友好协商解决，避免矛盾激化和息纷止争，异议发出后，只要异议人提出撤回，就可以撤回，这种做法极易产生，投标人首先提出异议，然后以是否撤回异议作为交换条件，对相关当事人提出不合理的利益要求；此外，不加限制的撤回，也会掩盖事实真相，最终损害招标投标相关方的合法权益。因此，异议撤回和投诉撤回在本质上没有差异，也需明确规定异议撤回的规则。

针对异议存在的不足之处，对异议制度的建设提出以下建议。

（1）对异议的提出和答复作出明确规定。借鉴《政府采购质疑和投诉办法》（财政部令第 94 号）兼顾《工程建设项目招标投标活动投诉处理办法》，对异议的提出和答复材料在形式和主要内容上加以规范，保障异议的可追溯性，提高异议材料有效性，异议函应包括明确的异议事项、请求及基本事实依据等。

（2）明确异议撤回的规则。参照《工程建设项目招标投标活动投诉处理办法》第十九条的规定，对于异议的撤回，应以书面形式提出，同时对于异议内容应加以区分，查实有明显违法行为的，应当不准撤回，并将处理结果报相关主管部门。

综上，为异议的提出和答复提供切实可行的规则，能够有效提高招标投标活动的效率，保障招标投标质量，更好地维护招投标各参与主体的合法权益。

2. 加强异议处理经验总结的建议

对招标人而言，除了规范招标人的行为外，应更加重视处理异议后的经验积累，贯彻落实预防为主的指导思想，遵守法规，公平公正。在异议发生前，应以危机处理的思维方式，换位思考，防患于未然，尽量避免异议的发生，提高招标投标活动的效率；异议发生时做好处理工作，加强沟通，尽快分析异议成因，合理答复；异议结束后，发现问题，及时纠正，防止违法违规行为的影响进一步扩大，甚至造成无法挽回的后果。

3. 加强市场调研和提高评标质量的建议

由于大量异议集中在工程货物招标中，鉴于工程货物的多样性和复杂性，做好市场调研尤其重要。因此，招标人（招标代理机构）应充分重视调研工作的深度和广度，合理设置资格条件和评分要素，科学设置设备产品技术参数，以减少不必要的异议发生；对于评标的异议，需要认真做好评标预备会，提高评委对投标人技术方案评审的重视程度，切实提高评标质量，避免评审疏漏或错误。

第二节 投诉情形评估

一、概述

投诉制度作为招标投标领域赋予招标投标活动当事人的一种行政救济手段，是一项招标投标领域重要的监督措施。《招标投标法》赋予了投标人和其他利害关系人投诉的权利，《招标投标法实施条例》细化规定了投诉的前置条件和处理程序等相关要求。在招标投标活动中，投诉是投诉人向行政监督部门提出，由监督部门介入，以行政救济的方式来解决招标投标活动争议。争议的解决除涉及争议双方外，还涉及国家行政监督部门，属于法律赋予行政监督部门解决争议的权利，投诉处理决定对涉及招标投标活动当事人具有法律约束力。

根据《招标投标法》规定，明确投标人和其他利害关系人认为招标投标活动不符合法律有关规定，有权依法向有关行政监督部门投诉，《招标投标法实施条例》确定了对于资格预审文件、招标文件、开标和依法必须进行招标的项目的评标结果等四项特定事项的投诉规定了异议前置条件。

二、该工程投诉情况

（一）投诉基本情况

截至目前，该工程招标投标活动中共发生 8 次投诉，涉及 7 个项目，其中投诉未成立 6 次，1 次投诉撤回，1 次投诉部分成立。行政复议共发生 2 次，申请人均撤回。其中投诉部分成立的情形，是由于当时异议投诉处理正处于《招标公告和公示信息发布管理办法》实施前后，对于中标候选人公示内容的争议，行政监督部门依据当时最新的法规规定，予以支持。

投诉及行政复议基本情况见表7-2-1，投诉基本情况统计见表7-2-2。

表7-2-1 投诉及行政复议基本情况表

序号	项目名称	项目类别	投诉/行政复议	异议事项	接收时间	异议内容	处理完成时间	处理期限	是否成立
1	项目1	施工	投诉	评标结果	2019-11-28	业绩异议（项目经理业绩作假）	2019-12-17	19	撤回
2	项目2	货物	投诉	评标结果	2017-12-22	业绩异议（公示业绩）、评委评审（复核评委赋分）	2018-1-5	14	是（部分成立，基本认可其诉求）
3	项目3	货物	投诉	评标结果	2018-5-22	弄虚作假（隐瞒诉讼）、评委评审（不公正）	2018-7-11	50	否
4	项目4	货物	投诉	评标结果	2019-1-23	资格条件	2019-2-25	33	否
5	项目5	货物	投诉	评标结果	2019-4-22	评委评审（不具竞争性，应流标）	2019-5-13	21	否
6	项目6	货物	投诉	评标结果	2019-10-15	项目经理在建	2019-12-4	50	否
7	项目7	服务	投诉	评标结果	2017-6-16	评委评审（不应否决投标）	2017-7-7	21	否
8	项目7	服务	投诉	评标结果	2017-6-16	评委评审（不应否决投标）	2017-7-7	21	否
9	项目1	货物	行政复议	评标结果	2018-7-21	业绩异议（业绩作假）	2018-7-31	10	撤回
10	项目1	货物	行政复议	评标结果	2018-8-7	业绩异议（业绩作假）	2019-11-8	458	撤回

表7-2-2 投诉基本情况统计表

项目类别	涉及异议项目/个	收到异议数量/次	提出投诉			
			涉及项目/个	数量/次	占比/%	成立数量/次
施工	4	5	1	1	20.0	0
货物	12	18	5	5	27.8	1（部分成立）
服务	5	9	1	2	22.2	0
汇总	21	32	7	8	25.0	1

注 投诉占比计算基数为收到的异议数量。

（二）投诉主体和投诉事项

从投诉主体的组成来看，该工程招标投标活动投诉人均为投标人，无其他利害关系人提出异议。值得一提的是，招标人是招标投标活动的主要当事人，是招标项目和招标活动毫无疑义的利害关系人，在发生招标人不能自行处理，必须通过行政救济途径才能解决的问题时，可以自发向行政监督部门提出投诉，由行政监督部门依法作出认定，但这一点在招标投标活动中招标人往往容易忽略。

三、结论和建议

(一) 评估结论

对于投诉的事项,该工程招标投标投诉事项均为对评审结果的投诉,在投诉环节中,除 1 例部分成立、1 例撤回外,其余 6 次投诉均未成立,反映出招标人在异议环节的工作质量,较为有效地保证了异议答复的合法合规性。

(二) 评估建议

异议答复期间特别是异议答复后,应及时跟进了解异议人对于答复是否充分理解,以便及早化解矛盾,消除误解,避免由此引起不必要的投诉,力争在异议阶段解决争议。

第三节 稽查审计问题评估

一、稽查审计情况

2020 年 5 月,水利部监督司印发了《水利建设项目稽察常见文件清单》(以下简称《清单》),其中第二章"建设管理"第二节"招标投标制"按照招标程序分为六部分内容。

(1) 2.1 招标准备,包括招标备案、规避招标、招标条件、公平竞争等,共 14 条。

(2) 2.2 招标,包括招标方式选择、招标公告、招标时限、招标文件等,共 27 条。

(3) 2.3 投标,包括投标文件撤回、投标人重大变化、串通投标、弄虚作假等,共 16 条。

(4) 2.4 开标、评标、中标,包括开标时间地点、评标委员会、中标候选人公示等,共 16 条。

(5) 2.5 合同签订,包括签订时限、转包、违法分包等,共 6 条。

(6) 2.6 行政监督和总结及备案,包括未监督、未备案,共 2 条。

《清单》不仅对问题进行了描述,还给出了法律标准及内容等,《清单》是项目稽查、问题检查和问题认定的依据,值得包括项目法人在内的招标投标相关主体认真研究和学习。该次评估运用《清单》对审计通报问题进行分类和分析评估,有利于进一步明确问题所产生的阶段,深挖问题根源和对法律条文的深入理解。

(一) 稽查审计基本情况

《安徽省引江济淮工程建设管理办法》(皖政办秘〔2018〕44 号)规定"省发展改革委会同有关单位,制定引江济淮工程稽察工作计划并组织实施;省审计主管部门负责引江济淮工程建设全过程审计监督管理工作,依法对引江济淮工程进行跟踪审计。引江济淮工程接受国家发展改革委、水利部、交通运输部、审计署等部门和行业稽察与审计"。安徽省审计厅按照该办法要求并根据《中华人民共和国审计法》第二十二条和《安徽省审计监督条例》第二十一条的规定,由省审计厅派出审计组,对该工程建设项目进行了 2018 年度、2019 年度和 2020 年度三次跟踪审计。水利部稽查组在 2020 年对该工程进行了稽查,未提出涉及招标投标方面的问题。

（二）审计通报问题

按照审计年份统计，2018 年通报问题 11 项，2019 年 15 项，2020 年 6 项，总计 32 项。运用《清单》对该工程建设项目跟踪审计通报问题（工程招标投标方面）进行分类、分析，其中 2.1 招标准备阶段通报问题 5 项，2.2 招标阶段 5 项，2.3 投标阶段 2 项，2.4 开标、评标、中标阶段 17 项，2.5 合同签订及 2.6 行政监督和总结及备案阶段 0 项，对弄虚作假行为未依法进行相应处罚的 3 项。问题集中在 2.4 开标、评标、中标阶段为 17 项，占比 53％，在 2.4.5 评标委员会应当否决其投标未否决方面尤为突出，为 13 项，占总数量的 41％，社保问题 5 项，已标价的工程量清单问题 5 项。跟踪审计通报问题占比分析详见图 7-3-1。

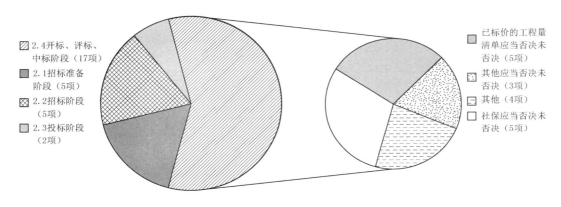

图 7-3-1 跟踪审计通报问题占比分析

二、整改落实情况

针对审计通报的相关问题，项目法人高度重视，逐条落实，采取的主要整改落实措施如下。

（1）加强对招标投标及合同管理法律法规的学习，树立底线意识，杜绝违反国家强制性规定的问题出现，强化专业水平，提高专业能力。对于短期问题即知即改，常规问题立行立改，长期问题建章立制解决。加强对招标文件的复核、审核，注重过程控制，针对审计通报问题，建立负面清单，规范招标投标管理，提高管理质量。

（2）通报问题中评标错误问题占比最高，主要是社保评审错误和已标价的工程量清单评审错误。整改措施包括两方面：一方面需要提高评标预备会的质量和实际效果，对于评标易错内容，做重点强调，以引起评标专家的足够重视；另一方面，招标人代表评标业务知识的学习，也需要持续提升，同时建议主管部门对评标专家开展有针对性的培训。此外，针对社保问题，细化招标文件中对社保的相关要求，使其更加明确。

该工程已经开展的传统纸质招标，包括陆续开展的电子招标，工程量清单均需要人工核对，发布版本也多为 Word 格式，评标占用时间较长，且是"否决投标"的重灾区，也极易发生评审错误。随着《安徽省水利工程电子招投标造价数据交换导则（2020 年版）》的发布及电子清标工具在交易系统上线（已列入计划），必将提高投标人编制清单的准确性，并提高评委评标效率，有效避免此类评标错误。

三、结论和建议

（一）评估结论

该工程接受相关稽查与审计，项目法人对其发现和通报的问题对标对表，逐一整改落实，并通过整改落实完善规章制度和工作机制，在招标采购方面，由此制定了《招标代理机构招投标工作要求》《招投标工作负面清单表》，促进了招标采购工作的规范有序开展。

（二）评估建议

鉴于审计通报问题中有些涉及招标投标法律法规的进一步认识，本次评估就以下几个问题进行探讨并提出建议。相关审计通报问题分析详见表7-3-1。

表7-3-1 引江济淮工程（安徽段）建设项目跟踪审计通报问题分析
（工程招标投标方面）

序号	问题描述	相关法规标准	法规标准内容	审计时间	通报问题
2	招标投标制				
2.1	招标准备				
2.1.5	应招标未招标	《必须招标的工程项目规定》（国家发展改革委令第16号）（自2018年6月1日起施行）第五条 原《工程建设项目招标范围和规模标准规定》（国家计委令第3号）（2018年6月1日起废止）第七条	第五条……（一）施工单项合同估算价在400万元人民币以上；（二）重要设备、材料等货物的采购，单项合同估算价在200万元人民币以上；（三）勘察、设计、监理等服务的采购，单项合同估算价在100万元人民币以上。同一项目中可以合并进行的勘察、设计、施工、监理以及与工程建设有关的重要设备、材料等的采购，合同估算价合计达到前款规定标准的，必须招标	2018年	（1）项目招标代理等服务类采购；（2）临时用地土地复垦方案编制（合同金额39.03万元）。注意：根据时间，应适用于原《工程建设项目招标范围和规模标准规定》（国家计委令第3号）
2.2	招标				
2.2.17	对资格预审文件或者招标文件进行澄清、修改的，应顺延提交文件的而未顺延	《招标投标法实施条例》第二十一条	第二十一条 招标人可以对已发出的资格预审文件或者招标文件进行必要的澄清或者修改。澄清或者修改的内容可能影响资格预审申请文件或者投标文件编制的，招标人应当在提交资格预审申请文件截止时间至少3日前，或者投标截止时间至少15日前，以书面形式通知所有获取资格预审文件或者招标文件的潜在投标人；不足3日或者15日的，招标人应当顺延提交资格预审申请文件或者投标文件的截止时间	2018年	6个项目发出澄清文件到开标时间少于法定15天

续表

序号	问题描述	相关法规标准	法规标准内容	审计时间	通报问题
2.2.25	总承包项目暂估价达到国家规定规模标准的，未依法进行招标	《招标投标法实施条例》第二十九条	第二十九条 招标人可以依法对工程以及与工程建设有关的货物、服务全部或者部分实行总承包招标。以暂估价形式包括在总承包范围内的工程、货物、服务属于依法必须进行招标的项目范围且达到国家规定规模标准的，应当依法进行招标	(1) 2019年；(2) 2020年	(1) 暂估价项目（金额1462.5万元）；(2) 暂估价项目（金额1193.4万元）

1. 关于"必须招标的工程项目"的认识和建议

"2.1.5 应招标未招标"审计通报的两个服务项目，根据时间，应适用于原《工程建设项目招标范围和规模标准规定》（国家计委令第3号，以下简称"3号令"），其中第七条规定：本规定第二条至第六条规定范围内的各类工程建设项目，包括项目的勘察、设计、施工、监理以及与工程建设有关的重要设备、材料等的采购，达到下列标准之一的，必须进行招标：①施工单项合同估算价在200万元人民币以上的；②重要设备、材料等货物的采购，单项合同估算价在100万元人民币以上的；③勘察、设计、监理等服务的采购，单项合同估算价在50万元人民币以上的。2018年10月国家发展改革委法规司答复江苏省发展改革委《关于对招标投标法相关法律法规执行问题的复函》中明确，勘察、设计、监理三项服务之外的其他服务，按照"法无授权不可为"的原则，对《必须招标的工程项目规定》（国家发展改革委令第16号，以下简称"16号令"）中没有明确列举规定必须招标的服务事宜，不宜强制要求招标（16号令与3号令关于"勘察、设计、监理等服务的采购"规定一致）。

2018年3月，国家发展改革委印发16号令，6月1日起实施。这是继2000年5月国家计委颁布实施3号令之后，18年来迎来的首次大变革。其中值得关注的较大变动是明确全国执行统一的规模标准，16号令删除了3号令中"省、自治区、直辖市人民政府根据实际情况，可以规定本地区必须进行招标的具体范围和规模标准，但不得缩小本规定确定的必须进行招标的范围"的规定，明确全国适用统一规则，各地不得另行调整。这里所说的不得另行调整并不包括企业的内部管理规定，《国家发展改革委办公厅关于进一步做好〈必须招标的工程项目规定〉和〈必须招标的基础设施和公用事业项目范围规定〉实施工作的通知》（发改办法规〔2020〕770号）中指出，16号令第二条至第四条及843号文第二条规定范围的项目，其施工、货物、服务采购的单项合同估算价未达到16号令第五条规定规模标准的，该单项采购由采购人依法自主选择采购方式，任何单位和个人不得违法干涉；其中，涉及政府采购的，按照政府采购法律法规规定执行。国有企业可以结合实际，建立健全规模标准以下工程建设项目采购制度，推进采购活动公开透明。

从以上政策变化可以看出，对于如何理解"应招标未招标"，3号令实施后的很长时间以来，应招标被泛化为必须招标和可以招标，随着招标投标领域"放管服"的改革深化，特别是16号令的公布实施，包括《非招标方式采购代理服务规范》《国有企业采购操作规范》的发布，应招标仅指必须招标，不提倡、不鼓励将招标泛化，更不得强制。

建议在招标采购准备阶段，对于计划采用非招标方式进行采购的项目，邀请业内专家进行论证，并向相关部门报备。

2. 关于"澄清、修改通知的时限"的认识和建议

"2.2.17 对资格预审文件或者招标文件进行澄清、修改的，应顺延提交文件的而未顺延"，该条款的法规标准依据为《招标投标法实施条例》第二十一条，即招标人可以对已发出的招标文件进行必要的澄清或者修改。澄清或者修改的内容可能影响投标文件编制的，招标人应当在投标截止时间至少15日前，以书面形式通知所有获取招标文件的潜在投标人；不足15日的，招标人应当顺延投标文件的截止时间。《招标投标法》第二十三条也有针对澄清修改的规定，但未对是否"影响投标文件编制"加以区分，《招标投标法实施条例》是在总结实践经验的基础上，对上位法《招标投标法》的规定作出的进一步补充和细化，因此在法律条文适用上，应当将两者结合。

《招标投标法实施条例》对该条的补充、细化主要考虑的是，有些澄清、修改可能不影响投标文件的编制，为提高效率，将必须在投标截止时间至少15日前以书面方式进行的澄清或者修改，限定在可能影响投标文件编制的情形。

如澄清或者修改会给潜在投标人带来大量额外工作，必须给予潜在投标人足够的时间以便编制完成并按期提交投标文件，招标人应当顺延投标文件的截止时间；对于减少投标文件需要包括的资料、信息或者数据，调整暂估价的金额，增加暂估价项目等不影响投标文件编制的澄清和修改，则不受15日的期限限制。

《招标投标法（修订草案送审稿）》国家发展改革委已提交国务院审议，其中第二十八条规定"招标人对已发出的招标文件进行必要的澄清或者修改的，应当及时以书面形式通知所有招标文件收受人。澄清或者修改的内容可能影响投标文件编制的，应当为编制投标文件预留合理时间"，修订草案送审稿已将《招标投标法实施条例》中是否"影响投标文件编制"纳入了招标投标法修订。

建议充分做好招标前各项准备工作，进一步提高招标文件编制的严谨性，将澄清修改通知发出的数量尽可能地降低；对于理解上的偏差，应向相关部门做好汇报及沟通工作，努力达成共识。

3. 关于"总承包项目暂估价"的认识和建议

"2.2.25 总承包项目暂估价达到国家规定规模标准的，未依法进行招标"涉及两个项目，且金额较大，违反了《招标投标法实施条例》第二十九条的规定。按照合同规定，若承包人不具备承担暂估价项目的能力或具备承担暂估价项目的能力但明确不参与投标的，由发包人和承包人组织招标；若承包人具备承担暂估价项目的能力且明确参与投标的，由发包人组织招标。由此可见，两个项目施工标总承包单位同样忽视了该问题，暴露了总承包单位合同管理意识不强，招标投标政策法律法规了解不够，有待加强和提高。这也是"水利建设项目稽查常见问题清单"将该问题责任主体定位到"总承包单位"的主要原因。

建议项目法人建立暂估价项目清单，尤其是该工程涉及暂估价项目较多且金额较大，对暂估价项目招标作出进度计划安排，杜绝类似情况发生。

第四节 典型案例评估

本节选取的案例，异议内容涉及招标文件投标人须知"1.4 投标人资格要求"中"1.4.3 投标人不得存在的情形"，该条款规定情形易产生争议；案例中异议由招标人组织原评标委员会协助处理，招标人依据评标委员会结论进行答复，在审计中，审计单位否定了评标委会对异议事项作出的结论，因此有必要对相关问题做进一步研究分析。

一、异议基本情况

（一）异议事由

引江济淮工程（安徽段）某水泵及其附属设备采购标在中标候选人公示期内，收到异议函，异议人认为第一中标候选人在某项目投标中因弄虚作假被某市发展改革委处罚，其第一中标候选人资格应取消。

（二）异议处理

在收到异议函后，招标人组织原评标委员会对异议事项进行评审，结论如下：招标文件投标人须知第 1.4.3 项第（12）目"被依法依规暂停或取消投标资格的（依据相关部门的处理决定及其处理效力和范围）"和第（15）目"在最近三年内有骗取中标或严重违约或重大产品质量问题，受到行政处罚的（依据相关部门的处理决定及其处理效力和范围）"均约定需"依据相关部门的处理决定及其处理效力和范围"而定，某市发展改革委对被异议人作出的处理决定为罚款，不属于招标文件投标人须知第 1.4.3 项中第（12）目和第（15）目规定的情形，也不构成违反第 1.4.1 项中的"信誉要求（良好）"。

（三）异议答复

招标人及招标代理机构依据评标委员会的结论，对异议人进行回复，异议不成立。

二、审计通报

审计认为异议处理不合规，应当否决其投标未否决，即根据招标文件投标人须知第 1.4.3 项第（15）目的规定，应否决其投标。

三、对案例的评估

"在最近三年内有骗取中标或严重违约或重大产品质量问题，受到行政处罚的（依据相关部门的处理决定及其处理效力和范围）"源自《安徽省水利水电工程其他货物采购招标文件示范文本（2018 年版）》。

鉴于此次审计给出的结论与评标委员结论不一致，在安徽省水利厅编制示范文本 2020 版本期间，相关单位向主管部门建议修改该条款，修改后的条款为"在近三年内有骗取中标或严重违约或重大产品质量问题（以相关行业主管部门的行政处罚决定或司法机关出具的有关法律文书为准）"[摘自《安徽省水利水电工程其他货物采购招标文件示范文本（电子招标投标，2020 年版）》]。国家发展改革委信访办对该条款理解的答复是，对于骗取中标或严重违约或重大产品质量问题的认定应当以相关行业主管部门的行政处罚决定或司法机关出具的有关法律文书为准，一旦发生相关问题，无地域限制。

按照示范文本 2020 版该条款约定，结合国家发展改革委的答复，"某市发展和改革委员会处理决定"如未认定"骗取中标或严重违约或重大产品质量问题"，则不属于该条款规定的情形。

建议在使用示范文本过程中，如发现缺陷或不足及时向行政监督部门反馈；在招标文件编制时，避免出现歧义或争议条款。

第八章　招标采购体系风险评估

第一节　风险控制理论

一、风险管理理论

（一）风险管理的概念

风险管理是指如何在一个肯定有风险的环境里把风险降至最低的管理过程。任何工程建设项目建设管理过程都伴随着不确定性，这就使得所有的工程建设项目存在有些固有的风险，招标采购概莫能外。风险管理作为一种管理活动和一门管理学科，始于 20 世纪 50 年代的美国。当时美国一些大公司发生了重大损失，使公司高层决策者开始认识到风险管理的重要性。而今，随着信息技术的日新月异及全球化进程的不断加快，风险管理已经成为现代科学管理必不可少的重要部分。

风险管理目标由两部分组成：损失发生前的风险管理目标和损失发生后的风险管理目标。前者的目标是避免或减少风险事故形成的机会；后者的目标是努力使损失后的状态恢复到损失前的状态。两者有效结合，构成完整而系统的风险管理目标。前者突出预防控制，后者突出补救惩治。

本章拟按照风险管理的要求，对该工程招标采购体系存在的优势和风险进行分析、度量和评估。

（二）风险管理的基本程序

风险管理的基本程序为风险识别、风险评估、风险应对和风险管理效果评价等环节。

1. 风险识别

风险识别是通过识别风险源、影响范围、事件及其原因和潜在的后果等，生成一个全面的风险列表；是组织和个人对所面临的以及潜在的风险加以判断、归类整理，并对风险的性质进行鉴定的过程。该项目拟按照风险识别的要求，对该工程招标采购体系风险源进行梳理和识别，考虑其产生的原因和导致的后果，列出风险因素。

风险识别在实践中常用方法有：头脑风暴法（Brainstorming）、德尔菲法（Delphi Method）、情景分析法（Scenarios Analysis）、核查表法、分解分析法、图解法（因果分析图法和流程图法）等。该次招标采购风险评估主要采用头脑风暴法、分解分析法来进行风险识别。

2. 风险评估

风险评估分为风险估计和风险评价。风险评估是指在风险识别的基础上，通过对所收集的大量的详细损失资料加以分析，运用概率论和数理统计，估计和预测风险发生的概率和损失程度。风险估计的主要内容包括损失频率和损失程度两个方面。风险评价是依据风险估计确定的风险大小或高低，评价风险对工程项目投资目标的影响程度。该阶段主要是综合评价风险影响，为应对下一步风险提供依据。

进行风险评估和分析的方法很多，如：主观评分法，层次分析法（AHP），概率分析方法（随机型风险估计方法），Monte Carlo 模拟法，计划评审技术（Program Evaluation and Review Techniques，PERT），风险评审技术（Venture Evaluation and Review Techniques，VERT），主观概率法（Subjective Probability Method），效用理论（Utility Theory），灰色系统理论（Grey System Theory），故障树分析法（Fault Tree Analysis，FTA），概率树法，外推法（Extrapolation），等风险图法，决策树法，模糊分析方法（Fuzzy Analysis），影响图分析法（Influence Diagram）等。

该次招标采购体系风险评估主要采用主观评分法来进行风险评估。主观评分法是一种最常用、最简单的分析方法。它的应用由两步组成：①辨识出某一特定环节可能遇到的所有重要风险，列出风险调查表；②利用专家经验，对可能的风险因素的重要性进行评价，综合成整个阶段风险。当缺乏环节具体的数据资料时，主要依据专家经验和决策者的意向，则多采用本方法。

3. 风险应对

风险应对包括所有为避免或减少风险发生的可能性以及潜在损失而采取的各种风险应对策略。制定风险应对策略主要考虑 4 个方面的因素：可规避性、可转移性、可缓解性、可接受性。该次招标采购风险评估贯彻预防为主、防治结合的方针。

4. 风险管理效果评价

风险管理效果评价是分析、比较已实施的风险管理方法的结果与预期目标的契合程度，以此来评判管理方案的科学性、适应性和收益性。任何一个风险管理都为今后的管理提供了有益的经验，因此做好效果评价对今后的管理工作有巨大的指导意义。

二、招标采购风险管理

（一）招标采购风险概况

招标投标是一项复杂的系统工程，从流程来看涵盖招标、投标、开标、定标、合同签订及履约等一系列环节，非招标采购也类似。招标采购风险是在招标采购过程中由于各种不确定性事件的出现，使招标采购的过程、实际结果与预期目标相偏离的程度和可能性。招标采购存在风险是招标采购过程中的必然现象，也是市场竞争中不可回避的。

（二）招标采购风险控制

招标采购风险控制是对招标采购有关环节的外部或内部风险予以识别，并对其风险做出定性或定量的衡量或评估，在此基础上探讨和研究风险规避、风险降低、风险转移和风险消解等控制措施，达到控制或减少各种意外损失，实现招标采购预期目标的活动。

招标投标活动的程序性强、时效性强，部分参与主体如招标人、评标专家、招标代理对招标结果的影响力强，如果不能及时辨识和防控风险，制止纠正违法违规行为，将造成难以弥补的损失。招标投标活动的这一特点，决定了对其风险防控必须做到主动及时，而只有参与其中才能做到主动及时。目前该工程的项目法人通过建立招标采购内控机制，按行业有关规定招标投标活动报招标行政监督机构备案，最大限度地进入公共资源交易中心交易，依法接受招标行政监督机构的行政监督，招标信息公开透明，依法接受社会监督。这些措施效果明显，对促进项目法人依法合规开展招标业务，维护招标人、投标人等相关方合法权益，预防非法采购、腐败采购起到了积极的作用。

（三）招标采购风险类别

从风险产生的范围把招标采购过程中存在的主要风险可归纳为内部风险和外部风险。其中内部风险主要指人为风险及管理风险，外部风险主要是指政策法规风险、采购环境风险、市场主体的履约能力风险等。

三、招标采购体系风险评估

1. 招标采购体系风险评估的作用

招标采购体系风险评估的作用如下3点。

（1）识别该工程招标采购实施层面的风险，是否会导致对该工程各方面资源的非合理使用，是否存在浪费或低效的风险，进一步完善项目法人招标采购体制机制。

（2）评估该工程招标采购体系风险的严重程度，进一步提高项目法人的招标采购管理水平。

（3）列出该工程招标采购体系的重大或显著的潜在风险因素并提出措施建议，以促进项目法人招标采购工作的可持续发展。

2. 评估周期和数据来源

招标采购风险评估贯穿于本次后评估，包括通过数据分析和研究。数据主要来源于项目法人提供的招标采购过程资料，包括招标采购管理制度，项目立项文件、批复文件、招标方案、招标文件、投标文件、评标报告和中标通知书等招标其他过程文件，采购文件、响应文件、评审报告和成交通知书等采购其他过程文件，合同及变更、违约等合同执行过程文件，招标采购相关稽查审计等资料。为做出更客观地评估，评估单位还开展了与工程现场建管处、招标行政监督部门、公共资源交易中心等有关部门的访谈活动，向参建单位及参加该工程投标的投标人开展问卷调查，向行业专家征求意见，组织专家对评估指标进行评审等活动收集数据。

3. 评估方法和范围

招标采购风险评估由评估单位在委托方配合的情况下，开展该工程招标采购风险评估。引进亚洲开发银行采购风险评估理论，评估核心内容（指标）的优势、缺陷和风险，邀请专家对核心内容（指标）做出了相应的分析和评分。

招标采购风险评估涉及该工程截至目前已完成的招标采购项目，概算金额约529.01亿元，合同金额约436.93亿元，招标采购项目涵盖水利、公路、水运、市政等多个行业，招标方式采购主要采用公开招标，部分采用非招标方式采购。

4. 评估核心内容

引进亚洲开发银行采购风险评估理论，招标采购风险评估基于4个核心内容：①法律法规框架；②制度体系框架和管理能力；③采购操作和市场实践；④采购体系的公正性和透明性。

招标采购风险评估指标体系结构见图 8-1-1。

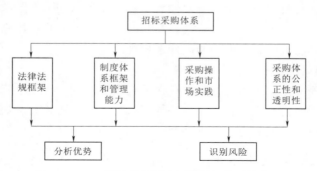

图 8-1-1　招标采购风险评估指标体系结构图

第二节　招标采购风险评估

在该工程招标采购过程中，项目法人成立之初就树立了风险意识，积极采取风险防控措施，有效防范和降低了招标采购风险事件的发生，取得了显著的效果。该工程招标采购项目多、资金规模大、影响面广，对于倡导公平竞争的市场体系、促进招标投标市场的规范具有引领和示范作用。研究和评估该工程招标采购体系，指出项目法人招标采购体系的不足，对保障该工程招标采购健康运行具有重要意义。本节从法律法规框架、制度体系框架和管理能力、采购操作和市场实践、采购体系的公正性和透明性 4 个方面开展该工程招标采购体系风险评估，分析该工程招标采购体系的优势和风险，给出招标采购体系风险评估得分。

一、招标采购体系概述

（一）法律法规框架

我国实行招标投标制度以来，已经基本形成了以《招标投标法》为主，配套相关法规、规章、规范性文件的建设工程招标投标法律法规框架。

1. 由全国人民代表大会制定的招标采购法律

在我国的公共采购领域，有两部法律，即《招标投标法》和《政府采购法》。《招标投标法》由国家发展改革委负责牵头管理，适用于我国国内的所有招标和投标活动，其法律条文涵盖招标、投标、开标、评标和合同签署，以及法律责任。《政府采购法》由财政部负责牵头管理，在各级政府部门使用财政性资金，采购集中采购目录以内的，或者采购限额标准以上的货物、工程和服务中发挥了基础性的作用，采购目录由财政部或各省财政厅发布，定期更新。上述两部法律都是建立在国际实践和原则上，要求使用竞争性招标作为主要采购方法，并对使用其他形式的采购方法定义了使用条件，并且有处理腐败的条款；法律框架支持非歧视性参与，透明的采购过程（包括招标公告发布、招标文件、评标、异议和投诉机制）。根据上述两部法律的适用范围，该工程资金来源为政府投资和企业自筹，项目法人为国有企业，该工程招标主要适用于《招标投标法》法律体系。

2. 国务院颁布的行政法规

自《招标投标法》和《政府采购法》实施以来，国务院颁布了《招标投标法实施条例》和《政府采购法实施条例》两部关于招标采购的行政法规。《招标投标法实施条例》由国家发展改革委牵头提出，将《招标投标法》规定进一步具体化，增加可操作性，并针对《招标投标法》实施以来出现的新情况、新问题充实完善有关规定。《政府采购法实施条例》由财政部牵头提出，对《政府采购法》进行了补充和细化。由于该工程招标适用于《招标投标法》法律体系，以下不再详述政府采购法及有关规定。

3. 国家各部委的规章和规定

自《招标投标法》实施以来，国家各部委陆续发布了很多实施招标投标法及其实施条例的规定，这些规定必须符合国家的法律和行政法规，作为招标投标法及其实施条例实施的法律基础，成为我国实施招标投标法法律体系的重要组成部分。

（1）国家发展改革委颁发的规章和规定。国家发展改革委牵头联合一些其他部委，如住建部、交通部、水利部等一起采用部门规章和行政规范性文件来实施招标投标法，如《评标委员会和评标方法暂行规定》《评标专家和评标专家库管理暂行办法》《工程建设项目施工招标投标办法》《工程建设项目勘察设计招标投标办法》《工程建设项目招标投标活动投诉处理办法》《工程建设项目货物招标投标办法》《电子招标投标办法》《招标公告和公示信息发布管理办法》《必须招标的工程项目规定》等。

（2）国家其他部委颁发的规定。除国家发展改革委外，国家其他部委在其行业管理范围内，也陆续发布了一些实施招标投标法的规定，如《水利工程建设项目招标投标管理规定》《水运工程建设项目招标投标管理办法》《公路工程建设项目招标投标管理办法》《房屋建筑和市政基础设施工程施工招标投标管理办法》等。

4. 地方性规定

各省、市和县各级行政机关，在其行政范围内，采用他们各自实施招标投标法的规定。适用该工程招标采购的地方性规定有《安徽省实施〈中华人民共和国招标投标法〉办法》《安徽省建筑工程招标投标管理办法》《安徽省公共资源交易监督管理办法》《安徽省省级公共资源交易综合管理办法》《安徽省综合评标评审专家库管理办法》《安徽省水利工程建设项目招标投标监督管理办法》《安徽省公路水运工程建设项目招标投标管理办法》《安徽省房屋建筑和市政基础设施工程招标投标监督管理办法（试行）》等。

5. 法律法规政策协调机制

我国《招标投标法》法律法规体系由相当多的国家和地方机构共同参与制订；作为《招标投标法》管理的牵头部门，国家发展改革委经常推动制定关于招标程序、评标专家库、公示公告法定发布媒体、宣传、审查程序和其他政策领域的竞争性规定。为促进政策协调，解决分散监管可能带来的多头管理、推诿扯皮等问题，国务院在2004年7月12日发布了《国务院办公厅关于进一步规范招投标活动的若干意见》。在此基础上，《招标投标部际协调机制暂行办法》在2005年9月1日生效，建立了部际协调机制。这种协调机制的主要职责包括：①分析招标投标法规的现状，为规范涉及多部门的招标投标活动讨论解决方案；②协调不同政府部门之间有关招标投标行政监督的冲突；③交换信息；④协调不同部门发布的招标投标规定；⑤交流招标投标规定的实施情况；⑥联合调查和研究。

为加强安徽省省级公共资源交易政策协调，安徽省人民政府分别于 2014 年 11 月 5 日和 2015 年 6 月 9 日发布了《安徽省公共资源交易监督管理办法》《安徽省省级公共资源交易综合管理办法》，建立省发展改革委牵头，省财政、国土资源、住房城乡建设、交通运输、水利、教育、卫生计生、国有资产监督管理等部门以及省审计厅、省法制办、合肥市政府参加的省公共资源交易监督管理联席会议制度，主要任务是：①研究拟订有关法规、规章草案和政策建议；②加强工作协调，开展联合执法检查和工作调研；③交流工作信息，沟通重要工作；④研究其他需要协商解决的重要事项。

（二）制度和管理能力

1. 项目法人组建单位出台的规定

（1）《安徽省引江济淮工程建设管理办法》。2017 年 9 月，水利部、交通运输部批复该工程初步设计报告。借鉴国内重大调引水工程建设管理经验，2018 年 2 月 26 日安徽省人民政府办公厅印发《安徽省引江济淮工程建设管理办法》（皖政办秘〔2018〕44 号）。该管理办法明确工程建管执行标准、工程建设管理体制、投资计划和资金管理、工程招标投标管理、工程施工及监理、工程质量安全管理、合同与信息档案管理、工程稽查与审计、工程验收主持单位等方面提出了总体要求。

（2）《省引江济淮工程领导小组、办公室及成员单位工作职责分工》。为明确该工程建设阶段安徽省有关单位和沿线相关市、县人民政府工作职责，合力推进工程建设，2017 年 7 月 21 日安徽省人民政府办公厅印发《省引江济淮工程领导小组、办公室及成员单位工作职责分工》（皖政办秘〔2017〕191 号）。该文件明确了省引江济淮工程领导小组、办公室及成员单位工作职责，明确安徽省引江济淮集团公司是该工程项目法人，全面负责项目前期工作推进、工程实施建设、建设资金筹措和项目运营管理等，对工程质量、安全、环保和建设进度、投资控制等负主体责任。

2. 招标采购内控管理制度

（1）制订发布招标采购有关制度。为规范该工程招标采购，招标人制定发布了一系列招标采购内控管理制度，如《工程招标投标管理办法》《行政后勤采购暂行管理办法》《采购管理办法（试行）》《招标代理机构库管理办法》《清标及合同谈判实施细则》等。

（2）招标采购有关做法。

1）成立招标领导小组，领导公司招标和采购工作，负责招标和采购文件审定、批准；合同管理部负责具体招标程序经办；招标需求部门负责准备招标有关资料，配合合同管理部进行招标文件审核。

2）通过公开招标方式选择招标代理机构，并对招标代理机构进行严格考核管理，依法实施该工程招标采购工作。

3）评标结束后组织对评标报告和投标文件进行清标。中标候选人公示无异议，组织与第一中标候选人进行合同谈判。合同谈判后，中标结果报合同管理部分管领导、招标领导小组组长批准，发出中标通知书。

（三）招标采购操作和市场实践

1. 采购方式

公开招标是该工程招标采购中的首选采购方式。任何偏离公开招标的行为都需要有正当理由，并需要得到事先批准，具体见《采购管理办法（试行）》第八条规定"公开招标作为集团公司工程及与工程建设有关的货物、服务项目采购的主要采购方式；依法必须进行招标的项目，如采用邀请招标方式的，按国家及行业招标投标管理相关办法执行。工程及与工程建设有关的货物、服务项目采用非公开招标采购方式的，须经集团公司总经理办公会审议批准"。和《采购管理办法（试行）》第七条规定"采购方式原则上分为招标采购和非招标采购。招标采购分为公开招标和邀请招标；非招标采购包括询比采购、竞争磋商、比价采购、'网上商城'采购、直接采购、集团公司总经理办公会批准的其他采购方式"。

2. 市场竞争性

总体上该工程招标采购项目有足够数量的供应商参加投标。施工类项目每标段投标人平均数量 15 家，货物类项目每标段投标人平均数量 8 家，监理类项目每标段投标人平均数量 7 家，检测类项目每标段投标人平均数量 8 家。

3. 招标文件编制与审查

该工程招标文件按照交通部、安徽省行业（水利、交通）行政主管部门、合肥市公共资源交易管理局制定的标准文件、示范文本进行编制；招标人根据招标项目的特点和需求，组织招标代理机构市场调研，调查收集有关技术、经济和市场情况，由招标代理机构承担招标文件编制工作。合同管理部组织招标文件初步审查，招标需求部门、各职能部门、招标代理机构、设计单位等参加；复杂的技术条款、工程量清单及最高投标限价可邀请外部专家参加审查。招标领导小组负责招标文件审定、批准，然后报有关行政监督部门备案。经批准后的招标文件及招标图纸不得改动。若招标范围、招标资格条件、最高投标限价、评标办法等招标文件主要条款发生修改，应重新报招标领导小组审批。

4. 价格控制

该工程自开展招标和采购工作以来，未组织编制过标底，均采用最高限价控制投标报价、供应商报价，由投标人、供应商自行市场竞争形成中标价、合同价的价格形成机制。施工类最高限价编制完成后，由造价咨询机构审核，再报招标采购领导小组批准。货物和服务类最高限价以概算为基础、主要通过市场询价后确定，报招标采购领导小组会批准。

5. 开标

该工程依法必须招标的项目及纳入公共资源交易目录的项目均在公共资源交易中心开标，其他项目的开标在招标代理机构的开标场所。开标场所全程监控并进行数据存储，可以随时接受相关单位的调阅、监督检查。

该工程招标文件发出之日至投标截止之日不少于 20 天，用于准备投标文件编制。不接受迟到的、未送至指定定点或未按要求密封（加密）的投标文件。开标会由招标人委托的招标代理机构主持，在监督人员的监督下开标，邀请所有投标人参加。纸质标开标时，由投标人或者其推选的代表检查投标文件的密封情况，经确认无误后，由工作人员当众拆封，宣读投标人名称、投标价格和投标文件的其他主要内容；电子标开标时，先由投标人在规定时间内进行在线解密，再由招标人在监督人员监督下解密，导入解密后的投标文件后，进行电子唱标生成开标记录，投标人可以通过电子开标系统查看电子开标系统。招标代理机构协助招标人对开标过程进行记录，监督人员签字确认后，存档备查。

6. 评标

该工程评标由招标人依法组建的评标委员会负责，评标专家依法从评标专家库中随机抽取，依法必须招标的项目开标在公共资源交易中心评标室进行，招标代理机构工作人员提供辅助服务，有特邀监督员全程监督，评标过程全程监控并存储。评标委员会可以要求投标人对投标文件中含义不明确的内容做必要的澄清或者说明，但是澄清或者说明不得超出投标文件的范围或者改变投标文件的实质性内容。完成评标后，评标委员会应向招标人提交书面报告，并推荐合格的中标候选人。

7. 确定中标人

该工程招标采购项目由项目法人确定中标人，其具体步骤是：①中标候选人按有关规定和程序进行公示；②公示无异议，组织与第一中标候选人进行合同谈判；③合同谈判后，中标结果报合同管理部分管领导、招标领导小组组长批准，发布中标结果公示、发出中标通知书。

8. 评标专家

由安徽省省级或市级招标监督部门监督管理的项目，专家的选择通常是在公共资源交易中心的抽取端口从安徽省综合评标评审专家库中随机抽取；由交通运输部水运局监督管理的项目，则评标专家从交通运输部专家库随机抽取。评标专家由计算机随机选择，评标专家仅能接收到评标的时间和地点，不会收到有关评标的任何其他内容，如项目名称、投标人信息等。评标专家到达评标现场需要核验身份，并且不允许携带任何通信工具及电子设备进入评标区域。评标专家的评审错误一旦发现将会受到相关部门的惩戒处罚，限制在一定期限内参加评标、情节严重的将会被清除出评标专家库，有违法违规事项的，依法追究其法律责任。

9. 招标行政监督

该工程初步设计由水利部和交通运输部共同批准，涉及多部门多行业。根据目前有关规定，该工程招标投标监督管理主体包括安徽省水利厅、交通运输部水运局、安徽省交通运输厅、合肥市公共资源交易监督管理局。此外，在项目建设管理体制未明确前，前期招标项目主要由安徽省发展和改革委员会实施监督；还有一些行业交叉招标项目由不同监督机构共同监督的情况和一些委托建设项目由当地（合肥市以外的其他设区市）监督的情况。

10. 异议和投诉

根据《招标投标法实施条例》规定，投标人或者其他利害关系人认为招标投标活动不符合法律、行政法规规定的，可以自知道或者应当知道之日起 10 日内向有关行政监督部门投诉。就招标文件、开标和评标结果事项投诉的，应当先向招标人提出异议。该工程招标工作异议和投诉渠道畅通，每一个招标公告和中标候选人公示均载明招标人、招标代理机构、行政监督部门名称和联系方式。截至目前，该工程招标投标涉及异议项目 21 个，占招标标段数量的 8.08%；提出异议数量 32 次，成立的 7 次，成立比例为 21.88%；进入投诉环节共计 8 次，共涉及 7 个项目，占招标标段数量的 2.69%；投诉成立 1 次（为部分成立），占投诉总数的 12.50%。

（四）公正性和透明性

1. 工程稽查与审计

《安徽省引江济淮工程建设管理办法》规定"省发展改革委会同有关单位，制定引江济淮工程稽察工作计划并组织实施；省审计主管部门负责引江济淮工程建设全过程审计监督管理工作，依法对引江济淮工程进行跟踪审计。引江济淮工程接受国家发展改革委、水利部、交通运输部、审计署等部门和行业稽察与审计"。安徽省审计厅按照办法要求并根据《中华人民共和国审计法》第二十二条和《安徽省审计监督条例》第二十一条的规定，由省审计厅派出审计组，对该工程建设项目进行了 2018 年度、2019 年度和 2020 年度三次跟踪审计。水利部稽查组在 2020 年对该工程进行了稽查。

2. 公正性和透明性做法

该工程招标活动中，为防止腐败和促进采购人员的廉正工作，招标文件编制过程中特别注意不得以不合理的条件限制、排斥潜在投标人或者投标人；在招标文件中明示：禁止投标人相互串通投标，禁止招标人与投标人串通投标；依法必须招标项目的招标公告和公示信息，全部按照公益服务、公开透明、高效便捷、集中共享的原则，依法在指定的媒介向社会公开，接受社会监督。

《采购管理办法（试行）》第六条规定，采购应遵循公开、公平、公正、诚实信用和高效的原则；第三十一条规定，采购工作必须严格遵守以下纪律：（一）公开招标的招标文件发布后修改资质条件、评标办法须经采购领导小组会议批准。（二）不得泄露其他供应商的报价或其他任何涉及采购活动的保密资料；不得在投标（响应）文件开启后修改、增加或减少评审实质性条款；除联系人电话、采购（招标）文件中公布的电话外，其他可能影响采购工作的人员电话一律保密。（三）不得背离采购文件约定的实质性条款与供应商签订合同。（四）不得与供应商相互串通，徇私舞弊，操纵采购结果；不得接受供应商的礼品、礼金、宴请或参与其他可能影响公正的活动；采购活动全过程严禁与供应商有工作之外的任何联系。（五）发生上述违纪问题，将按集团公司相关制度处理。

二、招标采购体系优势

（一）法律法规框架

1. 具有坚实的法律法规框架基础

我国有全面的招标投标法律体系，包含招标投标法及其实施条例、配套的部门规章、标准招标文件、地方性法规、规章和各级行政主管部门发布的行政规范性文件，它们相辅相成，该工程招标工作具有坚实的法律法规基础。该工程非招标方式虽不必然执行政府采购法及配套法规政策，但也借鉴了招标投标法和政府采购法的公共采购的一些成熟做法。

2. 具有公共采购的理念

公共采购是指公共部门使用公共资金通过招标和非招标方式获得工程、货物和服务的行为，由于其具有公共性，在采购过程中须体现公开、公平、公正和诚信的原则。该工程采购具有公共采购的属性，其公开招标采购及非招标方式实践均体现了现代公共采购的理念。

3. 持续优化营商环境

为消除招标投标过程中对不同类型企业设置的各类不合理限制和壁垒，维护公平竞争的市场秩序，国家有关部门积极推动招标投标领域营商环境专项整治，目前国家正建立招标投标领域优化营商环境长效机制，逐步形成高效规范、公平竞争的国内招标采购供应市场。在此背景下，招标人积极贯彻落实《优化营商环境条例》相关精神，在该工程招标采购工作中坚持公开、公平、公正和诚实信用的原则，充分维护广大承包商、供应商的公平竞争秩序。

（二）制度和管理能力

1. 具有相对完善的招标采购管理制度

项目法人依据招标投标法及其有关规定并结合实际，制定发布实施若干规章制度，用于规范招标采购管理，具有很强的可操作性。已建立相对完善的招标投标管理制度，区分依法必须招标和企业自主采购项目，明确自主采购的流程和程序等内容。

2017 年制定并发布实施《工程招标投标管理办法》《安徽省引江济淮集团有限公司合同管理办法》《安徽省引江济淮集团有限公司合同谈判实施细则》《安徽省引江济淮集团有限公司合同款支付管理办法》。2018 年制定并发布实施《招标人代表管理办法》《招标代理机构库管理办法》《清标及合同谈判实施细则》。2019 年修订实施《工程招标投标管理办法》《招标代理机构库管理办法》，同时制订《安徽省引江济淮集团有限公司关于加强分包合同管理的规定》，配套修订《安徽省引江济淮工程施工标材料价差调整管理办法》《安徽省引江济淮集团有限公司施工标中间产品计量规定》，进一步细化施工标合同条款执行标准和要求；制订《招标代理工作通病手册》，规范招标代理工作流程，提高招标代理工作质量。2020 年制定发布《采购管理办法（试行）》，制定并动态管理《招投标工作负面清单表》《招标代理机构招投标工作要求》。

2. 发布招标（采购）预告，提高采购透明度

为使潜在投标人了解该工程未来招标信息，早做准备，提高采购透明度，自 2018 年以来，项目法人每年均通过其官网发布未来一年的招标（采购）预告。这一做法与《中华人民共和国招标投标法（修订草案送审稿）》和财政部 2020 年发布的《关于开展政府采购意向公开工作的通知》精神一致，体现了项目法人招标采购管理工作的前瞻性和透明度。

3. 加强业务培训，借助专业招标代理机构的力量，逐步提升招标采购能力

为解决自身力量不足的问题，招标人经常组织对有关招标采购经办人员的能力提升工作，加强业务培训，如：组织专家到公司开展业务培训，参加省国资委定期举办的法治讲堂培训、省招标投标协会组织的招标投标风险防范培训等。此外，加强对招标代理机构的动态考核管理，确保其高质量完成招标代理项目。

（三）采购操作和市场实践

1. 进入公共资源交易中心交易

目前我国各地已建立公共资源交易中心，交易中心按照规定的场所服务标准，提供评标评审、验证、现场业务办理等交易服务，提供统一、规范的业务操作流程和管理制度，实行统一受理登记、统一信息发布、统一时间安排、统一专家抽取、统一发放中标通知、统一投标保证金收取退付、统一交易资料保存、统一电子监察监控。该工程依法必须招标的项目及纳入公共资源交易目录的项目均进入公共资源交易中心交易，保障了招标活动的公正性。

2. 组建招标（采购）领导小组领导招标采购工作

根据项目法人招标工作需要，组建招标（采购）领导小组，领导项目法人招标采购工

作。组织召开招标领导小组会议，审议招标工作各项议题，招标（采购）领导小组为规范招标采购行为，降低招标采购风险，保驾护航。

3. 组织清标及合同谈判工作

在开标评标工作结束后，项目法人第一时间组织现场建管处、建设管理部、质量安全管理部等相关部门对中标候选单位的投标文件对照招标文件进行认真梳理；对存在与招标文件要求不一致或商务报价存在不平衡报价等情况进行分析，一方面在合同洽谈时要求中标候选单位进一步承诺、确认，另一方面提醒现场建管处在合同履约过程中加强管理、减少变更。自派河口泵站枢纽工程水泵采购标开始，组织开展清标及合同谈判工作，对标后合同履约的投资控制及风险防范起到关键的作用。

4. 外聘法律顾问审查招标（采购）文件

项目法人外聘法律顾问对该工程涉及的各类招标采购文件、合同条款、内控管理制度等重要文件进行审查，有效地规避了招标采购风险。

（四）公正性和透明性

1. 具有严格的监督和监管体系

该工程招标采购工作除依照《招标投标法》接受招标行政监督部门的监督检查外，还须接受国家有关部门的稽查、审计、巡视。根据《安徽省引江济淮工程建设管理办法》，省发展改革委会同有关单位对该工程实施稽查工作，省审计主管部门负责工程建设全过程审计监督管理并进行跟踪审计。根据《安徽省贯彻〈中国共产党巡视工作条例〉实施办法》，省委实行巡视制度，建立专职巡视机构，对所管理的地方、部门、企事业单位党组织进行巡视监督，实现巡视全覆盖，确保省委一届任期内对巡视对象至少巡视一次。

2. 建立门户网站，公开招标采购信息

该工程公开招标活动的项目信息，除依法在指定的媒介向社会公开外，项目法人还建设了自己的门户网站，开设了招标采购专栏，凡公开采购的项目信息（招标公告、采购公告、中标候选人公示、成交候选人公示等），均在门户网站中公开。中标候选人公示中除公布中标候选人排序、投标报价、项目负责人外，还公布中标候选人的投标业绩和否决投标的理由，接受社会监督。

3. 具有明确的异议投诉渠道

该工程招标采购工作均按照招标行政监督部门的要求进行招标备案工作，依法接受监督部门的监督管理。在招标公告和中标候选人公示中均载明招标人、招标代理机构、监督部门的名称和联系方式，接受投标人依法提出的异议和投诉，异议投诉渠道畅通，确保公开透明。

三、招标采购体系风险识别

（一）法律法规框架风险

1. 招标采购体系复杂风险

一方面，该工程涉及水利、公路、水运、市政等行业，其招标行为适用的行业规定各不相同，招标监督管理规定、标准招标文件、合同示范文本、施工和验收规范等差异性较大，甚至某些单个招标项目涉及行业交叉，在统一建设管理和遵守行业习惯做法上难度较大；另一方面，适用于国有企业的非招标采购项目配套的实施细则不足，需要考虑公共采购的属性，兼顾高质高效和合法合规的要求。

2. 政策变动风险

2020年8月，《招标投标法（修订草案送审稿）》国家发展改革委已提交国务院审议，修订后的《招标投标法》离人大常委会通过颁布为期不远。修订后的招标投标法正式颁布实施后，招标投标方面的行政法规、部门规章、地方性法规、规章、规范性文件将相应调整，对招标人未来的管理和执行能力带来挑战。此外，国家为优化营商环境及促进中小企业发展，将密集出台有关新的规定，招标人需要密切跟踪有关政策法规的动向。

3. 异议投诉风险

招标采购制度中的异议、投诉流程是规范招标投标活动，投标人主张权利，按照法律规定的寻求救济，维护自己的合法权益的重要渠道，也是营造公开透明招标投标环境的关键制度设计。该工程单标段规模大、竞争强，投标人多为国内有影响力的单位，维权意识强，对招标投标政策法规研究深入，一旦招标过程出现瑕疵，就会引发异议和投诉事项。招标投标流程有瑕疵，评标过程有缺陷，均会引发投标人异议，招标人和招标代理机构若对投标人异议处理不当，不仅会引发投标人提出投诉，还会影响工程进度和正常工作开展，因此招标人须具备有效处理招标投标异议和投诉事项的意识和措施。截至目前，该工程招标投标涉及异议项目21个，提出异议数量32次，成立的7次；进入投诉环节共计8次，共涉及7个项目，其中投诉未成立6次，1次投诉撤回，1次投诉部分成立；行政复议共发生2次，申请人均撤回。

4. 稽查审计风险

稽查和审计是国家行业主管部门依据有关规定，对政府投资建设项目组织实施情况进行监督检查的活动，有利于及时发现和查处违法违规行为，促进项目法人依法合规开展建设管理。该工程资金规模大、影响面广、社会关注度高，为安徽省重点监督检查对象。截至目前，该工程已接受安徽省审计厅3个年度的三次审计和水利部稽查组的1次稽查监督检查，未来还会有多次稽查和审计。稽查和审计监督活动虽然能帮助项目法人及时发现招标投标管理不足，但项目法人若对稽查和审计查处问题处置不当或落实不力也会引发很多后续问题，甚至影响工程进度和队伍建设，给企业和社会带来较大负面效应。

（二）制度和管理能力风险

1. 规章制度执行风险

为规范招标采购管理，招标人已制定发布实施一系列规章制度，规章制度体系已经相对完善，但实践中仍有诸多问题发生，如澄清修改通知频率较高，招标失败也时有发生等。项目法人面临同时管理一期和二期工程的交叉及重叠，招标采购管理的任务繁重，规章制度执行层面还需得到进一步加强。

2. 招标采购管理能力风险

一直以来，招标人注重对内部招标采购人员的能力提升，加强招标代理机构库成员单位的管理。若招标代理机构工作人员和项目法人工作人员对招标采购项目管理懈于学习，不能与时俱进，将会给采购项目的实施质量带来负面影响。

（三）采购操作和市场实践风险

1. 招标文件质量风险

为提高招标文件编制质量，招标文件的审核是招标人和招标代理机构成果文件审核制度的一部分，招标代理机构虽承诺加强成果文件的三级审核制度，但限于内部审核制度落实不到位，易造成质量低下；此外，如招标人审核修改意见不合理而代理机构又未能坚持并说服招标人时，也易造成招标文件质量缺陷。

2. 工程量清单和最高投标限价质量风险

目前该工程工程量清单和最高投标限价由设计单位编制，内造价咨询单位审核。由于该工程复杂性、涉及行业较多、招标时间紧等，最高投标限价编制单位和审核单位由于对工程现场情况把握不准确或采用的市场价信息失真，导致价格不合理的情形发生，进而影响招标采购效果。

3. 评标质量风险

评标委员会评标机制失灵进而无法客观评审出最优投标方案时有发生，同时还伴随有招标投标交易过程中围标串标及弄虚作假等突出问题。该工程大多数项目评标委员会能按照国家有关规定、招标文件进行评审，但存在部分项目的评标专家不客观、不专业、不认真履职等行为，给招标人带来风险。在该工程审计通报问题中评标错误问题占比最高，尤其"应废未废"的评标错误多次出现。

4. 合同风险

按照该工程的招标投标规则，招标文件由招标人编制，合同条款的主动权在招标人一方，招标人为规避风险，减少管理责任，有可能将合同条款设定得过于理想，风险分担可能不合理，将合同履约过程中不易处理的问题和风险转嫁给承包人，给合同执行留下隐患。一般情况下，投标人为了投标、中标，只能响应招标文件的要求，对不合理的规定只能无条件地接受，造成了双方权利和义务的不对等。投标人往往为了中标，投标报价中将风险因素不考虑或者考虑不充分，一旦费用达到承包人不可承受的程度时，势必会造成工作主动性差，进而采取降低成本、增加索赔等方式以弥补费用，在一定程度上将影响工程的顺利实施，从而演变为招标人的风险。

5. 交易中心管理措施带来的风险

该工程评标办法相对复杂，评标错误的情形也有发生，安徽合肥公共资源交易中心该工程后期招标通常只允许一名招标代理机构工作人员进入评标区辅助评标，将来甚至要取消代理机构工作人员进入，制约了代理机构辅助评标并对评标报告进行形式复核等作用的发挥。

6. 部分问题频繁出现风险

监理类项目流标较多；设备类项目异议投诉比较集中；施工类项目因工程量清单较多，评标过程中清单核对工作量较大，出现评审疏漏、错误的情况已在该工程招标投标活动中出现，形成明显的风险。

（四）公正性和透明性风险

1. 竞争性不足风险

为选择到优质承包人，该工程招标人（招标代理机构）在设定投标人资格条件和评标办法时难免会设置一些择优条款，这些择优条款需要考虑在一个合理的范围内：设置要求过低，不利于竞争择优；设置要求过高，容易导致竞争性不足，甚至引发异议投诉。这是该工程招标采购项目不可回避的风险。

2. 串通投标风险

串通投标行为干扰了招标投标活动的正常秩序，侵害其他投标人和招标人的合法权益，且查处困难，已形成行业"痼疾"。据统计，自 2016 年到 2019 年，我国查实串通投标的案件数量逐年增加，2019 年高达 1152 件，预计实际发生的串通投标案件远超这个数据。串通投标行为隐蔽强，取证困难，严重影响项目招标，甚至影响工程进度，引发不良社会影响。

3. 弄虚作假投标风险

弄虚作假投标行为性质恶劣，虽然近年来相关部门加大了查处力度和信用体系的建设，但依然有投标人铤而走险，虚假投标。该工程招标投标阶段也发现数起类似行为，已给招标人的正常工作带来较大干扰，严重影响公平竞争。

四、招标采购体系风险评估得分

本章评估该工程招标采购体系法律法规框架、制度体系框架和管理能力、采购操作和市场实践、采购体系的公正性和透明性 4 个核心内容（指标）的优势和风险（缺陷），组建了风险评估小组，采用主观评分法对风险指标做出了相应的分析和评分，取风险评估小组所有成员评分的算术平均值作为评审指标的评分值，再取评审风险指标的算术平均值作为被评估核心内容的评估得分。

核心内容（指标）的评估分数范围从 0 到 3，各种风险分值对应的评估指标状况和风险级别见表 8-2-1。招标采购体系风险评估得分见表 8-2-2，法律法规框架风险评估得分 2.80，制度和管理能力风险评估得分 2.60 分，采购操作和市场实践风险评估得分 2.60 分，公正性和透明性风险评估得分 2.70 分，均处于优势明显、略有缺陷的"低风险"水平。

表 8-2-1   风险分值对应的评估指标状况和风险级别

序号	评估指标状况	分值范围	风险级别
1	指标完全达到标准，没有缺陷	3	没有风险
2	指标优势明显，略有缺陷，需要继续保持或进一步提升	[2.4～3)	低风险
3	指标有优势，有部分缺陷，需要改善	[2.1～2.4)	一般风险
4	指标优势不足，缺陷明显，需要大力改进	[1.8～2.1)	中等风险
5	指标缺失或没有优势，缺陷明显，需要重新建立	[0～1.8)	重大风险

表 8-2-2   招标采购体系风险评估得分

序号	评 估 指 标	得分
一	法律法规框架	2.80
1.1	具有坚实的法律法规框架基础，招标采购法规体系复杂且常发生政策变动	2.90

序号	评 估 指 标	得分
1.2	具有公共采购的理念；随时准备接受稽查和审计监督	2.70
1.3	持续优化企业营商环境，畅通异议和投诉，随时接受社会监督	2.80
二	制度和管理能力	2.60
2.1	具有相对完善的招标采购管理制度；实践中仍有诸多问题发生，规章制度执行、落实还需得到进一步加强	2.60
2.2	发布招标（采购）预告，提高采购透明度	2.70
2.3	加强业务培训，借助专业招标代理机构的力量，逐步提升招标采购能力，考核招标代理机构；随着新问题的出现，新政策的发布，需要业务人员持续提升	2.50
三	采购操作和市场实践	2.60
3.1	公开招标项目全部进入公共资源交易中心，开标、评标、公示、公告规范，评标专家从政府组建的专家库随机抽取；需要遵从交易中心的特殊管理规定	2.80
3.2	组建招标领导小组领导招标采购工作，审议招标文件、工程量清单、最高限价、技术文件，提高招标采购工作质量，编制质量仍需提高且需常抓不懈	2.50
3.3	组织清标及合同谈判工作，不放过投标文件瑕疵；评标错误时有发生，监理标流标和设备标异议频繁出现	2.50
3.4	外聘法律顾问审查招标文件，严把合同风险关；需合理设置合同双方风险条款，防范中标单位消极应对的系统性风险	2.60
四	公正性和透明性	2.70
4.1	具有严格的监督和监管体系；串通投标、弄虚作假投标偶有发生，严重影响公平竞争，给招标人的正常工作带来较大干扰	2.80
4.2	建立门户网站，公开招标采购信息，在法定媒介发布项目信息	2.60
4.3	具有明确的异议投诉渠道，处理异议规范	2.70
4.4	竞争性和择优性相结合，不排斥和限制潜在投标人；实践中尚需防范竞争性不足风险	2.70

第三节　风险评估结果及风险控制建议

一、风险评估结论

通过综合分析，总结出该工程 13 项招标采购体系优势，识别出 15 项招标采购体系风险因素，招标采购风险评估结果见表 8-3-1。通过评估，该工程招标采购体系处于优势比较明显、略有不足的"低风险"水平。

项目法人已经建立了一套有效的招标采购体系，外部环境具有坚实的法律框架基础，保障招标采购活动合法、合规的内控制度和机制已经形成，采购操作实践规范有效，能够保证采购环境的公正性和透明性，投标人、供应商参与度较高，招标代理机构能够提供专业化的招标采购服务，异议和投诉发生率低，监管部门对其招标采购工作评价较高。

表 8-3-1 招标采购风险评估结果

核心内容	优 势 因 素	风 险 因 素	风险等级 （风险应对）
法律法规框架	（1）具有坚实的法律法规框架基础； （2）具有公共采购的理念； （3）持续优化营商环境	（1）招标采购体系复杂风险； （2）政策变动风险； （3）异议投诉风险； （4）稽查审计风险	低风险 （接受风险）
制度和管理能力	（1）具有相对完善的招标采购管理制度； （2）发布招标（采购）预告，提高采购透明度； （3）加强业务培训，借助专业招标代理机构的力量，逐步提升招标采购能力	（1）规章制度执行风险； （2）招标采购管理能力风险	低风险 （规避风险）
采购操作和市场实践	（1）公开招标项目全部进入公共资源交易中心； （2）组建招标（采购）领导小组领导招标采购工作； （3）组织清标及合同谈判工作； （4）外聘法律顾问审查招标（采购）文件	（1）招标文件质量风险； （2）工程量清单和最高投标限价质量风险； （3）评标质量不高的风险； （4）合同风险； （5）交易中心管理风险； （6）部分问题频繁出现风险	低风险 （规避风险、转移风险）
公正性和透明性	（1）工程稽查与审计； （2）建立门户网站，公开招标采购信息； （3）具有明确的异议投诉渠道	（1）竞争性不足的风险； （2）串通投标风险； （3）弄虚作假投标风险	低风险 （规避风险）

二、风险控制建议

为了规避招标采购风险，提高该工程招标采购的可持续性，针对该工程招标采购风险评估结果，研究提出招标采购体系风险防控建议，并形成招标采购风险防控措施见表 8-3-2。

表 8-3-2 招标采购风险防控措施表

序号	风险点	防 控 措 施	责任主体
一	法律法规框架风险		
1	招标采购体系复杂风险	（1）梳理水利、公路、水运、市政等不同行业工程建设项目招标投标管理制度的不同管理要求，识别其共性及差异，实施招标活动时对照检查； （2）使用行业标准招标文件或行业主管部门发布的招标文件示范文本	招标人、招标代理机构
2	政策变动风险	（1）跟踪法律法规政策变化动态，及时宣贯，及时做出招标活动调整； （2）学习和研究《招标投标法（修订草案送审稿）》和《政府采购法（修订草案征求意见稿）》，了解国家有关部门的管理思路，提前做好应对准备	招标人、招标代理机构

序号	风险点	防 控 措 施	责任主体
3	异议投诉风险	（1）规范操作，公正对待每一个供应商，不激化矛盾，耐心做好解释工作，不回避错误； （2）利用大数据手段，统计分析招标采购领域异议、投诉高发问题，引以为鉴，做好招标采购过程争议控制	招标人、招标代理机构
4	稽查审计风险	（1）规范操作，落实岗位职责，留存招标采购过程记录，做好档案管理工作； （2）研究、学习稽查、审计常见问题清单，增强过程控制能力； （3）积极配合稽查审计监督，对于通报问题及时落实整改，并制定相应预控措施	招标人、招标代理机构
二	制度和管理能力风险		
1	规章制度执行风险	（1）强化责任担当，落实岗位考核，虚心学习，重视制度落实； （2）不轻易否定招标代理机构、供应商不同意见，重视质量控制； （3）针对新政策和发现的新问题，及时对现有招标采购内控规章制度做出调整	招标人
2	招标采购管理能力风险	（1）加强理论学习，及时跟进前沿政策； （2）加快电子化采购步伐，建设智能化招标采购档案管理系统； （3）根据业务体量，配备充足的相应岗位技术人员； （4）加强廉洁自律，禁止一切形式的暗箱操作，不违规接触潜在投标人、供应商	招标人
三	采购操作和市场实践风险		
1	招标文件质量风险	（1）建立并动态管理项目法人招标文件范本、合同范本、评标办法范本体系库； （2）强化落实三级质量审核制度，加强对代理机构考核结果的运用； （3）开展市场调研和招标策略初验，充分了解市场前沿情况，统筹考虑竞争性和择优性	招标人、招标代理机构
2	工程量清单和最高投标限价质量风险	（1）进一步提高控制价编制水平，建议一编一核，根据工作量科学设定编制时间和审核时间； （2）强化落实三级质量审核制度，加强对编审单位考核； （3）重视现场踏勘，充分了解市场价格信息，避免因控制价水平过低引起的竞争不充分甚至流标	招标人、编制单位
3	评标质量不高风险	（1）考虑评标困难，简化评审因素和标准，明确评审标准； （2）开好评标预备会，做好评委评审前的培训工作； （3）强化业主评委评审责任，做好评标质量把关工作； （4）考核招标代理机构现场负责人能力，淘汰不合格人员； （5）合理选择评标专家专业，科学设定评标时间； （6）对照常见评标质量缺陷，审核评标报告	评标委员会、招标人、招标代理机构
4	合同风险	（1）科学制定合同条款，以利于工程建设质量、进度、费用等管理为目标； （2）合理设置双方权利、义务和风险分担，处罚和奖励相结合，激发参建单位的积极性和创造力	招标人、招标代理机构

241

序号	风险点	防控措施	责任主体
5	交易中心管理风险	（1）协助招标代理机构说服交易中心不合理规定，防患于评标风险； （2）简化评标程序和评标标准，降低评标错误发生的概率	招标人、招标代理机构
6	部分问题频繁出现风险	（1）科学论证易流标项目的标段划分是否合理，技术参数是否科学，最高投标限价编制是否准确；加强调研，统筹考虑招标采购项目竞争性和择优性； （2）对于频繁出现的问题，做出专题分析，提前做好预案，科学采取措施； （3）充分了解市场情况，科学设定商务和技术条件，投标相关证明材料应易于收集和查证；推进采用保函代替各类保证金	招标人、招标代理机构
四	公正性和透明性风险		
1	竞争性不足风险	（1）充分了解市场情况，科学设定商务和技术条件，信息公开透明，主动邀请竞争性不足的潜在投标人和供应商； （2）加快电子化采购，让投标人零跑路，降低投标成本； （3）持续优化营商环境，采用保函代替保证金，不排斥和限制中小企业投标	招标人、招标代理机构
2	串通投标风险	（1）招标采购文件明确串通投标的责任和认定情形，加强监督和处罚； （2）不放过串通投标的各类线索，打击非法投标行为； （3）廉洁自律，不违规接触潜在投标人、供应商，不介绍与自己有利益相关的人投标，不暗示投标人串通投标； （4）信息公开透明，异议投诉渠道畅通	招标人、招标代理机构、监督机构
3	弄虚作假投标风险	（1）招标采购文件明确弄虚作假投标的责任和认定情形，加强监督、检查和处罚。 （2）不放过弄虚作假投标的各类线索，打击非法投标行为。 （3）廉洁自律，不违规接触潜在投标人、供应商；不介绍与自己有利益相关的人投标；不暗示投标人串通投标；评审办法合理，证明材料易于收集、查证。 （4）信息公开透明，异议投诉渠道畅通	招标人、招标代理机构、监督机构

（一）法律法规框架

（1）梳理该工程涉及的水利、公路、水运、市政等不同行业招标投标管理制度的不同管理要求，识别其共性及差异，实施招标活动时对照检查，使用各行业标准招标文件或行业主管部门发布的招标文件示范文本和合同示范文本。

（2）跟踪法律法规政策变化动态，提前做好招标采购规则变化后的处理措施。

（3）依法规范操作，公正对待每一个投标人和供应商，不回避已发生的招标采购错误；利用大数据和电子技术手段，统计分析招标采购领域异议、投诉成因，引以为鉴，做好招标采购过程争议控制。

（4）严格落实招标采购内控制度岗位职责，留存招标采购过程记录资料，做好档案管理工作；研究和学习稽查审计常见问题清单和典型案例，做好预案，增强过程控制能力；积极配合稽查审计监督，对于通报问题及时落实整改，并制定相应预控措施。

（二）制度和管理能力

（1）强化责任担当，落实岗位考核，重视制度落实；积极听取招标代理机构、供应商、行业专家等相关主体的合理意见和建议，重视质量控制；与时俱进，针对新政策和发现的新问题，及时对现有招标采购内控规章制度做出调整。

（2）加强招标采购人员的采购理论知识学习，及时跟进前沿政策；加快电子化采购步伐，建设智能化招标采购档案管理系统；根据工作量，配备充足的相应岗位技术人员。

（3）加强廉洁自律，禁止一切形式的暗箱操作，不违规接触潜在投标人、供应商。

（三）采购操作和市场实践

（1）建立并动态管理项目法人招标文件范本、非招标采购文件范本、合同范本、评标办法范本体系库；强化落实招标文件三级质量审核制度，加强对代理机构考核结果的运用；规范和细化市场调研程序、内容；统筹考虑招标采购项目的竞争性和择优性。

（2）进一步提高控制价编制水平，根据工作量科学设定编制时间和审核时间；重视现场踏勘，充分了解市场价格信息，避免因控制价水平过低引起的竞争不充分甚至流标。

（3）科学制定合同条款，以利于工程建设质量、进度、费用等管理为目标，合理设置双方权利、义务和风险分担，处罚和奖励相结合，激发参建单位的积极性和创造力。

（4）充分了解市场情况，科学设定商务和技术条件，投标相关证明材料应易于收集和查证；推进采用保函代替各类保证金。

（四）公正性和透明性

（1）进一步增加信息公开的透明度，加快电子化采购步伐。

（2）协助监管部门打击非法投标行为，营造公平竞争的招标投标环境。

第九章　招标采购效果后评估

第一节　技 术 水 平 评 估

一、建立指标体系

根据招标投标相关法规标准，结合该工程招标采购实际情况，通过多年来招标采购的实践经验，该次评估选择招标竞争性、澄清修改内容、评标办法、"四新"应用、流标率、异议投诉成立比例、稽查审计问题性质等7项指标建立指标体系进行技术水平评估，见表9-1-1。

表 9-1-1　　　　　　　　　　　　　　指 标 体 系 一 览 表

序号	指标体系名称	说　明	备注
1	招标竞争性	投标人数量是招标竞争程度的直观表现，从宏观上看与招标投标的成熟度和行业供需有关，从微观上看与工程项目自身实际也密切相关，招标文件资格条件设置、评标办法、合同等主要条款直接影响项目的竞争性强弱	
2	澄清修改内容	澄清修改是招标文件的补救措施之一，通过澄清修改内容可以衡量招标准备及招标文件编制的质量和水平	
3	评标办法	评标办法、评标标准直接决定了招标效果。在符合国家和行业规定的前提下，应根据具体项目科学制定，使之具有较强的针对性，才能满足不同种类项目的需要和体现项目之间的差异性	
4	"四新"（施工工法、BIM等）应用	招标阶段是否对"四新"提出相关要求，对"四新"能否应用于项目有重要影响	
5	流标率	流标（招标失败）是招标竞争性不充分的极端表现，主要可分为开标阶段流标和评标阶段流标	
6	异议投诉成立比例	异议、投诉的数量特别是成立与否及其成因，反映了招标人在解决和避免争议方面的技术能力，更体现了招标技术水平	
7	稽查审计问题性质	稽查、审计是独立于行政监督之外的监督，作为事后监督，所提出的问题反映了招标活动的合规程度	

（一）招标竞争性

1. 施工类

（1）该工程施工标类项目总概算为4059065.18万元，每标段投标人平均数量15家。

（2）划分类别为水利工程、水利和公路工程、水利和水运工程、水运工程、市政工程、公路工程，整体分析，金额范围10亿～15亿元每标段投标人平均数量最高为37家。

244

（3）按类别每标段投标人平均数量为：水利工程 17 家、水利和公路工程 15 家、水利和水运工程 8 家、水运工程 11 家、市政工程 11 家、公路工程 14 家。

（4）按类别每标段投标人平均数量中同比最高的金额范围为：水利工程在 10 亿～15 亿元范围内的每标段平均数量 40 家；水利和公路工程在 20 亿元以上的每标段平均数量 24 家；水利和水运工程仅有在 15 亿～20 亿元范围内的项目，每标段平均数量 8 家；水运工程在 5 亿～10 亿元范围内的每标段平均数量 17 家；市政工程在 15 亿～20 亿元范围内的每标段平均数量 18 家；公路工程在 1 亿～5 亿元范围内的每标段平均数量 16 家。

施工类项目投标人数量统计见表 9-1-2，各金额范围每标段投标人平均数量分布见图 9-1-1，各类型项目每标段投标人平均数量见图 9-1-2，各类型项目不同金额范围每标段投标人平均数量见图 9-1-3。

表 9-1-2 施工类项目投标人数量统计表

类型	指标	金额范围						合计
		1 亿元以下	1 亿～5 亿元	5 亿～10 亿元	10 亿～15 亿元	15 亿～20 亿元	20 亿元以上	
水利	概算/万元	28104.12	461988.55	321725.00	1089247.64	156000.00	0.00	2057065.31
	标段数/个	10	17	4	9	1	0	41
	投标人数量/家	66	138	121	357	22	0	713.00
	每标段投标人平均数量/家	7	8	30	40	22	/	17
水利+公路	概算/万元	0.00	15678.80	88035.00	112617.00	170441.00	252112.00	638883.80
	标段数/个	0	1	1	1	1	1	5
	投标人数量/家	0	11	15	11	13	24	74.00
	每标段投标人平均数量/家	/	11	15	11	13	24	15
水利+水运	概算/万元	0.00	0.00	0.00	0.00	341379.00	0.00	341379.00
	标段数/个	0	0	0	0	2	0	2
	投标人数量/家	0	0	0	0	16	0	16.00
	每标段投标人平均数量/家	/	/	/	/	8	/	8
水运	概算/万元	10278.15	217788.48	112155.72	0.00	0.00	0.00	340222.35
	标段数/个	2	6	2	0	0	0	10
	投标人数量/家	9	64	34	0	0	0	107.00
	每标段投标人平均数量/家	5	11	17	/	/	/	11
市政	概算/万元	0.00	40671.00	212942.82	0.00	162388.00	0.00	416001.82
	标段数/个	0	1	3	0	1	0	5
	投标人数量/家	0	4	34	0	18	0	56.00
	每标段投标人平均数量/家	/	4	11		18		11

类型	指　标	金　额　范　围						合计
		1亿元以下	1亿～5亿元	5亿～10亿元	10亿～15亿元	15亿～20亿元	20亿元以上	
公路	概算/万元	4956.00	125813.10	134743.80	0.00	0.00	0.00	265512.90
	标段数/个	1	6	2	0	0	0	9
	投标人数量/家	4	94	29	0	0	0	127.00
	每标段投标人平均数量/家	4	16	15	/	/	/	14
合计	概算/万元	43338.27	861939.93	869602.34	1201864.64	830208.00	252112.00	4059065.18
	标段数/个	13	31	12	10	5	1	72
	投标人数量/家	79	311	233	368	69	24	1093.00
	每标段投标人平均数量/家	6	10	19	37	14	24	15

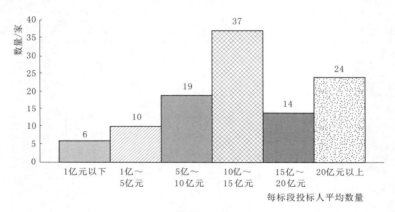

图 9-1-1　各金额范围每标段投标人平均数量分布图

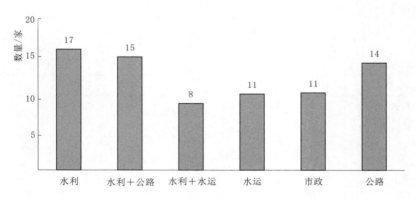

图 9-1-2　各类型项目每标段投标人平均数量图

2. 货物类

（1）该工程货物类项目总概算为 150516.26 万元，每标段投标人平均数量 8 家。

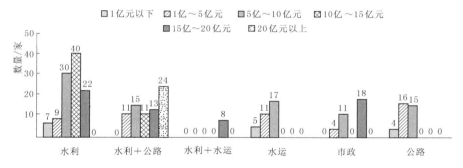

图 9-1-3　各类型项目不同金额范围每标段投标人平均数量图

（2）按类别每标段投标人平均数量为：金属结构类 6 家、机电设备类 10 家、自动化类 7 家、其他工程相关货物类 12 家、其他货物 7 家。

货物类项目投标人数量统计见表 9-1-3，各类型项目每标段投标人平均数量见图 9-1-4。

表 9-1-3　　　　　　　　　货物类项目投标人数量统计表

货物类型	概算 /万元	标段数 /个	投标人数量 /家	每标段投标人平均数量 /家
金属结构类	79225.59	25	138	6
机电设备类	61156.96	20	202	10
自动化类	3657.00	3	20	7
其他工程相关货物	5824.22	6	69	12
其他货物	652.49	4	28	7
合计	150516.26	58	457	8

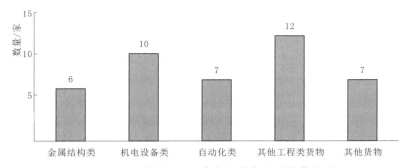

图 9-1-4　各类型项目每标段投标人平均数量图

3. 监理类

（1）该工程监理类项目总概算为 67767.92 万元，每标段投标人平均数量 7 家。

（2）划分类别为水利工程监理、水利和公路工程监理、水利和水运工程监理、水运工程监理、市政工程监理、公路工程监理，金额范围 3500 万元以上每标段投标人平均数量最高为 11 家，金额范围 500 万元以下每标段投标人平均数量最少为 4 家。

（3）按类别每标段平均数量为：水利工程监理 8 家、水利和公路工程监理 7 家、水利和水运工程监理 4 家、水运工程监理 7 家、市政工程监理 4 家、公路工程监理 6 家。

（4）按类别每标段投标人平均数量中同比最高的金额范围为：水利工程监理在 2500 万～3000 万元范围内的每标段平均数量 12 家，水利和公路工程监理在 2500 万～3000 万元范围内的每标段平均数量 12 家，水利和水运工程监理在 2500 万～3500 万元范围内的每标段平均数量 4 家，水运工程监理在 1500 万～2000 万元范围内的每标段平均数量 9 家，市政工程监理在 1500 万～2000 万元和 2500 万～3000 万元范围内的每标段平均数量均为 5 家，公路工程监理在 1500 万～2500 万元范围内的每标段平均数量均为 7 家。

（5）按类别每标段投标人平均数量中同比最少的概算金额范围为：水利工程监理在 500 万以下范围内的每标段平均数量 4 家，水利和公路工程监理在 1000 万～2000 万元范围内的每标段平均数量 3 家，水利和水运工程监理在 2500 万～3500 万元范围内的每标段平均数量 4 家，水运工程监理在 2000 万～2500 万元范围内的每标段平均数量 5 家，市政工程在 500 万～1000 万范围内的每标段平均数量为 4 家，公路工程监理在 500 万元以下范围内的每标段平均数量为 3 家。监理类项目投标人数量统计见表 9-1-4，各金额范围每标段投标人平均数量分布见图 9-1-5，各类型项目每标段投标人平均数量见图 9-1-6，各类型项目不同金额范围每标段投标人平均数量见图 9-1-7。

表 9-1-4　　　　　　　　　　监理类项目投标人数量统计表

类别	指标	金额范围								合计
		500 万元以下	500 万～1000 万元	1000 万～1500 万元	1500 万～2000 万元	2000 万～2500 万元	2500 万～3000 万元	3000 万～3500 万元	3500 万元以上	
水利	概算/万元	468.92	4637.45	6153.87	0.00	4649.00	5522.00	3216.00	3600.00	28247.24
	标段数/个	3	6	5	0	2	2	1	1	20
	投标人数量/家	12	52	42	0	13	24	11	10	164
	每标段投标人平均数量/家	4	9	8	/	7	12	11	10	8
水利＋公路	概算/万元	0.00	0.00	1485.00	1986.00	0.00	2512.00	3290.00	3990.00	13263.00
	标段数/个	0	0	1	1	0	1	1	1	5
	投标人数量/家	0	0	3	3	0	12	7	11	36
	每标段投标人平均数量/家	/	/	3	3	/	12	7	11	7
水利＋水运	概算/万元	0.00	0.00	0.00	0.00	0.00	2980.00	3200.00	0.00	6180.00
	标段数/个	0	0	0	0	0	1	1	0	2
	投标人数量/家	0	0	0	0	0	4	4	0	8
	每标段投标人平均数量/家	/	/	/	/	/	4	4	/	4
水运	概算/万元	0.00	1213.68	0.00	3552.00	2308.00	0.00	0.00	0.00	7073.68
	标段数/个	0	2	0	2	1	0	0	0	5
	投标人数量/家	0	11	0	17	5	0	0	0	33
	每标段投标人平均数量/家	/	6	/	9	5	/	/	/	7

类别	指 标	金 额 范 围								合计
		500万元以下	500万~1000万元	1000万~1500万元	1500万~2000万元	2000万~2500万元	2500万~3000万元	3000万~3500万元	3500万元以上	
市政	概算/万元	0	0.00	2206.00	1922.00	0.00	2685.00	0.00	0.00	6813.00
	标段数/个	0	0	2	1	0	1	0	0	4
	投标人数量/家	/	0	7	5	0	5	0	0	17
	每标段投标人平均数量/家	0	/	4	5	/	5	/	/	4
公路	概算/万元	342.00	1717.00	0.00	1860.00	2272.00	0.00	0.00	0.00	6191.00
	标段数/个	1	2	0	1	1	0	0	0	5
	投标人数量/家	3	12	0	7	7	0	0	0	29
	每标段投标人平均数量/家	3	6	/	7	7	/	/	/	6
合计	概算/万元	810.92	7568.13	9844.87	9320.00	9229.00	/	9706.00	7590.00	67767.92
	标段数/个	4	10	8	5	4	5	3	2	41
	投标人数量/家	15	75	52	32	25	45	22	21	287
	每标段投标人平均数量/家	4	8	7	6	6	9	7	11	7

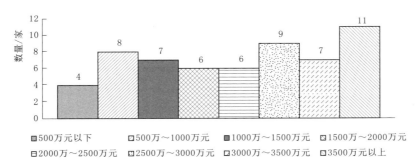

图 9-1-5 各金额范围每标段投标人平均数量分布图

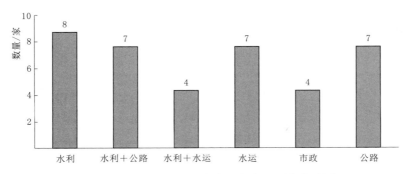

图 9-1-6 各类型项目每标段投标人平均数量图

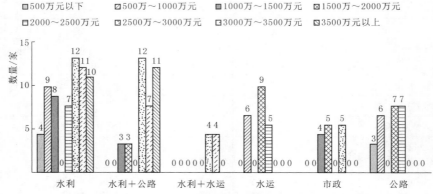

图 9-1-7 各类型项目不同金额范围每标段投标人平均数量图

4. 检测类

（1）该工程检测类项目总概算为 13355.00 万元，每标段投标人平均数量 8 家。

（2）各项目类别每标段平均数量为：水利 10 家、水运 5 家、公路 14 家、市政 4 家、交通 3 家。检测类项目投标人数量统计见表 9-1-5。

表 9-1-5 检测类项目投标人数量统计表

类别	概算/万元	标段数/个	投标人数量/家	每标段投标人平均数量/家
水利	7121.00	4	39	10
水运	1270.00	1	5	5
公路	2490.00	2	28	14
市政	2124.00	3	11	4
交通	350.00	1	3	3
合计	13355.00	11	86	8

（二）澄清修改内容

1. 澄清修改通知类型及发生率

（1）该工程招标发布澄清修改通知总计 239 次，平均发布次数 0.93 次/标段。

（2）澄清修改通知类型主要包括最高投标限价、资格条件、投标人须知、评标办法、合同条款、工程（货物）量清单及格式、技术标准和要求（技术规则）、图纸、投标文件格式等，其中发布次数最多的为最高投标限价，合计 138 次，发生率 53.49%。

（3）在各项目类别的澄清修改通知类型发布次数最多的均为最高投标限价，施工类项目发布 62 次，发生率 84.93%；货物类项目发布 37 次，发生率 63.79%；服务类项目发布 39 次，发生率 30.71%。

（4）发布次数最少的为工程（货物）量清单格式，合计 4 次，发生率 1.55%。

2. 招标类型澄清修改通知发生率

施工类项目发布澄清修改次数及平均发布次数均为最高，发布总次数为 93 次，平均发布次数为 1.29 次/标段，货物类项目发布总次数为 58 次，平均发布次数为 1 次/标段，服务类项目发布总次数为 88 次，平均发布次数为 0.69 次/标段。澄清修改通知基本情况统计见表 9-1-6，澄清修改通知频次见图 9-1-8。

表 9-1-6 　　　　　　　　　　　　　**澄清修改通知基本情况统计表**

招标项目类别			施工	货物	服务	合计
招标标段数量/个			73	58	127	258
发布澄清修改次数	总次数/次		93	58	88	239
	平均发布次数/次		1.27	1.00	0.69	0.93
澄清修改 通知类型	最高投标限价	发生次数/次	62	37	39	138
		发生率/%	84.93	63.79	30.71	53.49
	资格条件	发生次数/次	0	5	8	13
		发生率/%	0.00	8.62	6.30	5.04
	投标人须知	发生次数/次	15	0	11	26
		发生率/%	20.55	0.00	8.66	10.08
	评标办法	发生次数/次	22	2	7	31
		发生率/%	30.14	3.45	5.51	12.02
	合同条款	发生次数/次	25	4	6	35
		发生率/%	34.25	6.90	4.72	13.57
	工程（货物） 量清单	发生次数/次	34	15	5	54
		发生率/%	46.58	25.86	3.94	20.93
	工程（货物）量 清单格式	发生次数/次	3	1	0	4
		发生率/%	4.11	1.72	0.00	1.55
	技术标准和要求 （技术规则）	发生次数/次	22	13	2	37
		发生率/%	30.14	22.41	1.57	14.23
	图纸	发生次数/次	17	2	1	20
		发生率/%	23.29	3.45	0.79	7.75
	投标文件格式	发生次数/次	8	2	10	20
		发生率/%	10.96	3.45	7.87	7.75
	其他	发生次数/次	10	7	11	28
		发生率/%	13.70	12.07	8.66	11.24

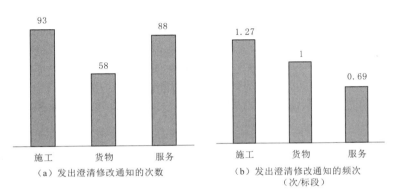

（a）发出澄清修改通知的次数　　　　（b）发出澄清修改通知的频次
　　　　　　　　　　　　　　　　　　　　　　　（次/标段）

图 9-1-8　澄清修改通知频次

（三）评标办法

该工程施工类评标办法包括中位值法、综合评估法；货物类评标办法包括综合评估法、中位值法；监理类评标办法采用综合评估法。各类评标办法中对于报价的评审标准，根据行业要求和工程实际进行了相应的设置。施工类项目主要评标办法统计见表 9－1－7，货物类项目主要评标办法统计见表 9－1－8，监理类项目主要评标办法统计见表 9－1－9。

表 9－1－7 　　　　　　　　　　　　**施工类项目主要评标办法统计表**

项目类别	评标办法	报价分值	评　分　标　准
水利、公路、市政	中位值法	／	有效最低价总价中位值法按以下方法进行计算： （1）计算投标人投标总价平均值 A。投标人投标总价平均值等于通过商务标初步评审合格的前 N 家投标人的投标总报价去掉 n 个最高和 n 个最低投标人投标报价后的算术平均值。 当 $N \leqslant 5$ 时，$n=0$；当 $N>5$ 时，$n=1$。 （2）计算基准价 B。该阶段通过商务标评审合格的前 N 家投标人中，将投标总报价大于 $1.10A$ 和小于 $0.90A$ 的所有投标人投标总报价的算术平均值各视为一个报价，然后和进入该阶段评审的有效投标人投标总报价在 $0.90A$（含）～$1.10A$（含）的其他有效投标人报价组成一组数，按数值大小由低到高进行排序，经过排序的该组数中最中间位置的数值为中位数（若该组数为偶数，则取中间两个数值的平均值作为中位数）。 中位数数值即为基准价 B。 （3）计算评标有效值。将基准价 B 与开标时抽取的 C 值相乘，得出评标有效值。 C 值为下浮系数，开标时由投标人代表在（0.980、0.985、0.990、0.995、1.000）、（0.96、0.97、0.98、0.99、1.00）五个数中抽取。 （4）排序。对商务标评审合格的投标人投标报价高于或等于评标有效值的，按由低到高排序，依次推荐中标候选人。若投标报价相同，则技术标得分高者优先，技术标得分也相同，由评标委员会抽签确定排序。 以上投标报价、基准价和评标有效值均不含暂列金和暂估价，计算结果保留小数点后两位，小数点后第三位四舍五入
水利	综合评估法	30	报价不能超过最高投标限价。投标报价等于评标基准价（A）时得满分 30 分，在此基础上每低于 1 个百分点扣 0.2 分，每高于 1 个百分点扣 0.4 分（得分内插，保留一位小数，小数点后第二位四舍五入）。 评标基准价（A）的计算： 评标基准价（A）等于所有有效投标报价去掉 n 个最高值和 n 个最低值后且在控制价的 $A_1 \sim A_2$ 的算术平均值，$M \leqslant 5$，$n=0$；$5<M \leqslant 10$，$n=1$；$10<M \leqslant 20$，$n=2$；$M>20$，$n=3$（M 为有效报价的数量）。有效投标报价指通过初步评审的投标报价。 若所有投标人有效投标报价均不在招标人编制的最高投标限价的 $A_1 \sim A_2$ 范围内，则该次招标失败。若仅一家投标人有效投标报价在 $A_1 \sim A_2$ 范围内，则对该投标人进行合格性评审，响应招标文件实质性要求，该投标人为中标候选人。 $A_1=0.98$，$A_2=0.94$。 注意：以上投标报价、最高投标限价、评标基准价在计算投标报价得分时均不含暂列金，计算结果保留小数点后一位，小数点后第二位四舍五入。
公路	综合评估法	50	（1）如果投标人的评标价大于评标基准价，则评标价得分＝F－偏差率×$100 \times E_1$； （2）如果投标人的评标价不大于评标基准价，则评标价得分＝F＋偏差率×$100 \times E_2$。 其中：F 为评标价所占的权重分值，$E_1=1$，$E_2=0.5$
水运	综合评估法	25～35	（1）若投标报价大于评标基准价，则报价得分＝P－偏差率×$100 \times E_1$； （2）若投标报价不大于评标基准价，则报价得分＝P＋偏差率×$100 \times E_2$。 $P=35$，$E_1=1$，$E_2=0.5$

表 9 - 1 - 8　　　　　　　　　　货物类项目主要评标办法统计表

项目类别		评标办法	报价分值	评 分 标 准
电气(开关柜)等		中位值法	/	商务标详细评审按以下方法进行计算： （1）计算投标人投标总价平均值 投标人投标总价平均值（B）等于通过商务标初步评审合格的前 N 个投标人的投标总报价去掉 n 个最高和 n 个最低投标人投标报价后的算术平均值。 当 $N<5$ 时，$n=0$；当 $N=5$ 时，$n=1$。 N 为按评标办法第 3 条评标程序确定的进入第三阶段商务标详细评审的投标人数量。 （2）计算评标基准价 C 评标基准价（C）＝投标人投标总价平均值（B）×K K 值在开标时由监标人在备选范围（0.96、0.97、0.98、0.99、1.00）中随机抽取。 （3）排序。对商务标评审合格的前 N 个投标人的投标报价与评标基准价 C 差值的绝对值按由低到高排序，依次推荐中标候选人。（投标报价与评标基准价 C 差值的绝对值相等的，若投标报价不相同，则按投标报价低者优先；若投标报价相同，则按技术标得分高者优先，技术标得分也相同的，由评标委员会抽签确定排序。） 以上投标报价、评标基准价均不含暂列金和暂估价，计算结果保留小数点后两位，小数点后第三位四舍五入
金属结构	水运闸门	综合评估法	35	（1）若投标报价大于评标基准价，则报价得分＝P－偏差率×100×E_1； （2）若投标报价不大于评标基准价，则报价得分＝P＋偏差率×100×E_2。 $P=35$、$E_1=1$、$E_2=0.5$
	启闭机、水利闸门等	综合评估法	60	（1）对初步评审合格投标单位的投标报价进行评审与报价得分计算。（以下所说投标人为初步评审合格的投标单位） （2）报价偏差率＝[（投标报价－评标基准价）/评标基准价]×100%，计算结果保留小数点后两位，小数点后第三位四舍五入，即为 *.**%。 （3）评标基准价＝招标人编制的最高限价×K＋现场随机抽取的投标人投标报价算术平均值×（1－K）。 K 值的备选值为（0.2、0.3、0.4），开标时从备选范围中随机抽取。 现场随机抽取的投标人投标报价算术平均值：招标人编制的最高投标限价的 A_1～A_2 范围内的投标报价，去掉 n 个最高和 n 个最低投标人投标报价后，现场随机抽取一定数量的其他投标人报价进行算术平均。 $A_1=0.98$，$A_2=0.85$。 随机抽取投标人办法：在招标人编制的最高投标限价的 A_1～A_2 范围内的投标人数量 $M\leq5$，$n=0$，现场随机抽取 2 家投标人报价进行算术平均；$5<M\leq10$、$n=1$，现场随机抽取 3 家投标人报价进行算术平均；$10<M\leq20$，$n=2$，现场随机抽取 4 家投标人报价进行算术平均；$20<M\leq30$、$n=3$，$30<M\leq40$、$n=4$，$40<M\leq50$、$n=5$，以此类推，凡 $M>20$，现场随机均抽取 6 家投标人报价进行算术平均。若招标人编制的最高投标限价的 A_1～A_2 范围内的投标人去掉 n 个最高和 n 个最低投标人投标报价后其他投标人数量少于或等于需抽取家数时，不需抽取，其他投标人报价均纳入评标基准价复合计算。

续表

项目类别	评标办法	报价分值	评 分 标 准
金属结构	启闭机、水利闸门等 综合评估法	60	注意：若所有投标人报价均不在招标人编制的最高投标限价的 $A_1 \sim A_2$ 范围内，则该次招标失败。若仅一家在 $A_1 \sim A_2$ 范围内，响应招标文件实质性要求的，经评标委员会评审，可推荐该投标人为中标候选人。 （4）投标总报价得分：报价偏差率为 $C\%$ 时投标总报价得满分；报价偏差率为 $C\%$ 以上的，每上升一个百分点扣 1 分，扣完为止（不得负分）；报价偏差率为 $C\%$ 以下的，每下降一个百分点扣 0.5 分，扣完为止（不得负分）。 $C = -1$ 得分采取内插法，保留小数点后二位数字，小数点后第三位四舍五入。 （5）以上用来计算评标基准价的随机抽取的投标人投标报价、招标人编制的最高投标限价、评标基准价均不含暂列金和暂估价，均指算术修正前值。如投标人投标报价有修正，则对该投标人按照不利原则进行投标总报价得分计算。随机抽取投标人报价后，按本方法确定评标基准价，评标基准价不因任何情况而改变
水泵、电机、自动化等	综合评估法	40（45）	除投标总报价得分外，其余计算与"液压启闭机、水利闸门"一致

表 9 - 1 - 9　　　　　　　　　　监理类项目主要评标办法统计表

项目类别	评标办法	报价分值	评 分 标 准
水利	综合评估法	20	投标费率不能超过最高投标费率（超过最高投标费率其投标文件将被否决）。 投标报价等于评标基准价（A）时得满分 20 分，在此基础上每低于 1 个百分点扣 0.2 分，每高于 1 个百分点扣 0.5 分，扣完为止，不得负分。 （1）投标报价小于评标基准价时： 投标报价得分＝20＋[（投标报价－评标基准价）/评标基准价]×100×0.2，且最低为 0 分。 （2）投标报价大于评标基准价时： 投标报价得分＝20－[（投标报价－评标基准价）/评标基准价]×100×0.5，且最低为 0 分。 评标基准价（A）＝有效投标报价平均值（B）×0.97 有效报价平均值（B）的计算： 所有有效投标报价去掉 n 个最高值和 n 个最低值后的算术平均值即为有效报价平均值 B。$M \leq 5$，$n=0$；$5 < M \leq 10$，$n=1$；$10 < M \leq 20$，$n=2$；$M > 20$，$n=3$（M 为有效报价的数量）。有效投标报价指通过初步评审和详细评审的投标报价。 注意：①以上投标报价按照监理服务费用报价表中投标监理服务费进行计算；②计算结果保留小数点后两位，小数点后第三位四舍五入
水运	综合评估法	10	（1）若投标报价大于评标基准价，则报价得分＝P－偏差率×100×E_1； （2）若投标报价不大于评标基准价，则报价得分＝P＋偏差率×100×E_2。 $P = 10$、$E_1 = 0.5$、$E_2 = 0.2$ 本项最低得 0 分
公路	综合评估法	10	（1）如果投标人的评标价大于评标基准价，则评标价得分＝10－偏差率×100×E_1； （2）如果投标人的评标价不大于评标基准价，则评标价得分＝10＋偏差率×100×E_2。 其中：$E_1 = 0.5$，$E_2 = 0.2$，扣完为止。 注意：计算结果保留小数点后两位，小数点后第三位四舍五入

续表

项目类别	评标办法	报价分值	评 分 标 准
市政	综合评估法	20	（1）若投标报价大于评标基准价，则报价得分＝P－偏差率×100×E_1； （2）若投标报价不大于评标基准价，则报价得分＝P＋偏差率×100×E_2。 $P＝20$、$E_1＝0.5$、$E_2＝0.2$ 本项最低得0分，计算结果保留小数点后两位，小数点后第三位四舍五入
水利＋公路或水利＋水运	综合评估法	15	投标报价不能超过最高投标限价（超过最高投标限价其投标文件将被否决）。 投标报价等于评标基准价（A）时得满分15分，在此基础上每低于1个百分点扣0.2分，每高于1个百分点扣0.5分，扣完为止。 评标基准价（A）＝有效投标报价平均值（B）×0.97 有效报价平均值（B）的计算： 所有有效投标报价去掉n个最高值和n个最低值后的算术平均值即为有效报价平均值B。$M≤5$，$n＝0$；$5<M≤10$，$n＝1$；$10<M≤20$，$n＝2$；$M>20$，$n＝3$（M为有效报价的数量）。有效投标报价指通过初步评审和详细评审的投标报价。 注意：以上投标报价、评标基准价在计算投标报价得分时均不含暂列金，计算结果保留小数点后两位，小数点后第三位四舍五入

（四）"四新"（施工工法、BIM等）应用

在30余项施工招标文件合同专用条款中约定：①鼓励承包人进行科技创新，推进科研成果转化应用，鼓励承包人积极申报发明专利、实用新型专利等，并按相关规定给予一定的奖励；②要求承包人在工程项目管理中应用BIM管理系统；③提出至少成功申报一项省（部）级及以上施工工法。

截至目前，根据问卷调查的反馈，该工程参建施工企业中14家在项目中运用了新技术、新工艺、新材料、新设备，2家采用了新的施工工法，BIM技术在15家施工企业项目中得到应用。"四新"（施工工法、BIM等）应用统计见表9-1-10。

表9-1-10 　　　　　　　　"四新"（施工工法、BIM等）应用统计表

序号	参建单位名称	应 用 简 述
一		新技术、新工艺、新材料、新设备
1	安徽省交通航务工程有限公司	拦沙导堤填筑砌块材料
2	安徽省路港工程有限责任公司	用于调节钢筋笼纵向间距的定位装置
3	浙江省围海建设集团股份有限公司	箱式滑模
4	中国电建市政建设集团有限公司	对水泥改性土换填的碎土设备进行改良，改良后的水泥改性土土料破碎筛分机已获得了实用新型专利。箱梁预制智能张拉、深基坑截渗墙配合灌注桩支护、肘形倒虹吸流道及定型整体钢模、新型降水成井技术
5	中国水利水电第七工程局有限公司	环形止水带
6	中国水利水电第十工程局有限公司	第四级边坡护坡采用的柔性生态毯为新材料
7	中国水利水电第五工程局有限公司	蜀山泵站高支模、大体积混凝土温控、异性流道模板制作
8	中国铁建大桥工程局集团有限公司	采用新型基坑开挖、支架法履带吊槽内安装方案，顺利完成世界第一跨度钢渡槽的安装任务
9	中建筑港集团有限公司	采用双向水泥土搅拌桩

续表

序号	参建单位名称	应 用 简 述
10	中交第四航务工程局有限公司	大体积混凝土温度无线监控技术、无穿墙拉杆大型钢模板、混凝土布料机、淤泥生态固化
11	中交第一航务工程局有限公司	地基处理水泥搅拌桩监控系统
12	中铁十局集团有限公司	铣刨头，用于边坡刷坡，提高施工效率和边坡坡度；液压模板台车，用于渡槽槽体结构施工，提高施工效率和槽体施工质量
13	中铁四局集团有限公司	承台回填采用机械振动锤，现浇梁模板采用超薄可弯曲模板
14	中铁五局集团有限公司	高耐久性混凝土技术、自密实混凝土技术、混凝土裂缝控制技术、高强钢筋应用技术、高强度钢筋直螺纹连接技术、销键型脚手架及支撑架技术、清水混凝土模板技术
二		施 工 工 法
1	安徽水安建设集团股份有限公司	软土地层水泥土搅拌桩预加固地下连续墙成槽施工工法、双轮铣削截渗墙施工工法
2	上海市水利工程集团有限公司	粉土（沙）层高压水冲法管井成孔施工工法
三		BIM 技 术
1	中国水利水电第五工程局有限公司	BIM 技术的工程进度预测模型
2	中国水利水电第十一工程局有限公司	模型创建与应用及数据集成、培训等
3	安徽水安建设集团股份有限公司	派河口泵站、枞阳引江枢纽节制闸采用 BIM 技术模拟整个施工生产过程与图纸建模
4	中国电建市政建设集团有限公司	在项目驻地生活区、生产区设计及施工过程中，龙德站清污机桥、泵站、闸室等施工采用 BIM 技术建模
5	中铁五局集团有限公司	G312 合六叶公路桥采用 BIM 技术，信息化方案，开发配套的信息化系统，以完善复杂工程项目管理过程中的不足，为成本资控、进度可控、创建优质工程提供信息化保障
6	浙江省围海建设集团股份有限公司	组织技术人员组建 BIM 团队，为项目各参与方的决策提供技术支持
7	中铁十局集团有限公司	结构的碰撞检查、标高复核、工程量计算
8	中建筑港集团有限公司	在施工过程中应用 BIM 技术建立模型，演示施工工艺
9	中国铁建大桥工程局集团有限公司	聂家弄跌井模型、光荣坝渠下涵模型、王小圩放水涵模型等
10	中国水利水电第十工程局有限公司	配合建设单位采用 BIM 系统对工程进行动态管理
11	中交第一航务工程局有限公司	自建 BIM 室并应用于工程项目
12	安徽省路港工程有限责任公司	BIM 模型创建
13	中铁四局集团有限公司	青龙桥采用 BIM 技术，塔梁结合段钢筋、预应力、预埋钢塔 0 号段互相交叉，通过 BIM 技术对此进行碰撞检查，细化设计图纸
14	中交一公局集团有限公司	利用 BIM 技术规划项目进度
15	安徽省交通航务工程有限公司	应用于服务区施工及拦沙导堤施工

注　此表内容依据对参建单位问卷调查的反馈。

（五）流标率

该工程总计流标 29 个，其中一次流标 28 个，二次流标 1 个，无三次流标情况发生。流标分别发生在开标和评标两个环节，开标流标率 5.04%（开标流标数量占招标标段数量比率，以下类推），评标流标率 6.20%，流标率 11.24%；施工类流标率 4.11%，货物类流标率为 15.52%，服务类流标率为 13.39%。流标情况统计见表 9-1-11，流标率情况见图 9-1-9。

表 9-1-11 流 标 情 况 统 计 表

类别	招标标段数量/个	开标流标		评标流标		流标标段数量/个			流标率/%	备注
		次数/次	流标率/%	次数/次	流标率/%	一次流标	二次流标	合计		
施工	73	1	1.37	2	2.74	3	0	4	4.11	无三次及以上流标标段
货物	58	3	5.17	6	10.34	8	1	9	15.52	
服务	127	9	7.09	8	6.30	17	0	17	13.39	
合计	258	13	5.04	16	6.20	28	1	29	11.24	

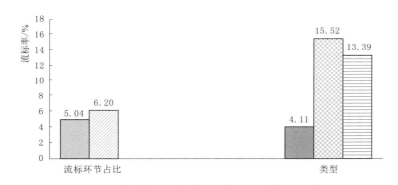

图 9-1-9 流标率情况

（六）异议投诉成立比例

该工程招标投标涉及异议项目 21 个，发生率为 8.14%；提出异议数量 32 次，成立的 7 次，成立比例为 21.88%；进入投诉环节共计 8 次，共涉及 7 个项目，占招标标段数量的 2.71%；投诉成立 1 次（为部分成立），占投诉总数的 12.50%；进入行政复议环节共计 2 次，涉及 1 个项目，占招标标段数量的 0.39%，最终申请人均撤回行政复议申请。异议投诉成立统计见表 9-1-12，异议投诉发生率见图 9-1-10。

表 9-1-12 异议投诉成立统计表

解决争议方式	涉及项目数量/个	发生率/%	提出数量/次	成立统计		备 注
				数量/次	比例/%	
异议	21	8.14	32	7	21.88	异议成立中有 4 次是涉及 1 个项目
投诉	7	2.71	8	1	12.50	部分成立
行政复议	1	0.39	2	0	/	两次均撤回

注 发生率为争议涉及项目数量占招标标段数量（258 个）的比例。

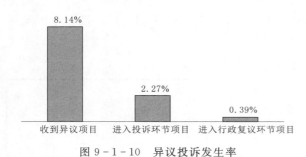

图 9-1-10　异议投诉发生率

（七）稽查审计问题性质

稽查审计在该工程招标投标中发现问题共计 29 项（不包括对弄虚作假行为未依法进行相应处罚的 3 项），按照阶段分为招标准备阶段 5 项，招标阶段 5 项，投标阶段 2 项，开标、评标、中标环节 17 项（其中评标委员会应当否决其投标未否决的 13 项）；按照问题严重性分为较严重问题 4 项，严重问题 25

项。稽查审计问题统计见表 9-1-13。

表 9-1-13　　　　　　　　　　　　　稽查审计问题统计表

| 序号 | 问 题 描 述 | 数量 | 问 题 分 类 | | | 责任主体 | 备注 |
			一般	较重	严重		
2	招标投标制	29					
2.1	招标准备	5					
2.1.5	应招标未招标	2			√	项目法人	
2.1.8	招标人利用划分标段限制、排斥潜在投标人或规避招标	1			√	项目法人	
2.1.9	以不合理的条件限制、排斥潜在投标人或者投标人	2			√	项目法人	
2.2	招标	5					
2.2.17	对资格预审文件或者招标文件进行澄清、修改的，应顺延提交文件的而未顺延	1		√		项目法人	
2.2.22	投标保证金收取不合规，投标保证金有效期未与投标有效期一致	1		√		项目法人	
2.2.24	招标文件规定最低投标限价	1		√		项目法人	
2.2.25	总承包项目暂估价达到国家规定规模标准的，未依法进行招标	2			√	总承包单位	
2.3	投标	2					
2.3.8	视为投标人相互串通投标	1			√	项目法人、投标人	
2.3.10	投标人弄虚作假	1			√	投标人	
2.4	开标、评标、中标	17					
2.4.5	招标人未按规定拒绝或按无效标处理有关投标文件或评标委员会应当否决其投标未否决	13			√	项目法人	

序号	问 题 描 述	数量	问 题 分 类			责任主体	备注
			一般	较重	严重		
2.4.6	评标委员会组成不符合有关规定	1			√	项目法人	
2.4.8	评标委员会未按规定否决不符合招标文件要求的所有投标	1			√	项目法人、招标代理机构	
2.4.13	公示中标候选人时间不符合规定	1		√		项目法人	
2.4.15	招标人在公示期间收到投标人或其他利害关系人对评标结果有异议，招标人在做出答复前，未暂停招标投标活动	1			√	项目法人	

二、招标采购技术水平评估

本次评估采用德尔菲法进行技术水平评估。

(一)德尔菲法的概念

德尔菲法是在专家个人判断法和专家会议法的基础上发展起来的一种专家调查法，广泛应用在规划咨询、市场预测、技术预测、方案比选、社会评价、技术评价等众多领域。该方法主要是由调查者拟定调查表，基于专家的知识、经验等，按照既定程序，通过多种形式向专家进行调查，将多位专家的经验集中起来，形成集体的判断结果。

(二)德尔菲法评估应用

通过德尔菲法的运用，依据综合得分（权重×分值）评估该工程招标采购整体技术水平，分为很高、较高、中等、较低、很低5个等级。按照行业惯例，对应分值区间分别为100～90（含）、90～80（含）、80～70（含）、70～60（含）、60～0。

1. 建立评估工作组

结合德尔菲法的相关要求，后评估单位科学建立了评估工作组，成员共4人。工作组组长由后评估项目负责人担任，资料组组长负责相关基础数据、资料的整理和提供，同时从编写组抽调两名成员，其中一人熟悉德尔菲法的相关原理，协助组长具体实施调查，另一人负责数据统计等辅助工作。

2. 选择专家

结合该工程实际情况，选择了7名专家实施调查，各专家具有20年以上工作经验且同时具备高级及以上技术职称，专业涵盖招标投标、建设管理、工程咨询等。

3. 设计调查表

工作组共设计了3张调查表，按照顺序进行3轮调查，其中第一轮调查作为前置条件，在满足要求的情况下再进行第二轮和第三轮调查，调查表格式见表9-1-14～表9-2-16。

4. 组织实施第一轮调查和汇总处理调查结果

(1) 工作组采用电子邮件的方式向7位专家发送了关于该工程招标采购的相关基础材料（公开发布）、待评价的7项指标和权威度系数调查表，专家按照要求进行了自我评价，工作组对调查结果进行了汇总。

表 9－1－14　　　　　　　　权 威 度 系 数 调 查 表

姓名：			
填表说明：在"判断依据及影响程度"栏目中，请先自评各项判断依据对您作出判定的影响程度，然后在相应栏打"√"，每项依据的影响程度只能打一个"√"，请务必填写完整，不要有遗漏			
您对以上指标的判断依据及影响程度			
判断依据	大	中	小
理论分析			
实践经验			
国内外资料			
个人直觉			

您对调查内容的熟悉程度				
熟悉程度	很熟悉	熟悉	一般熟悉	不太熟悉	不熟悉
专家自选（打"√"）				

表 9－1－15　　　　　　　　权 重 系 数 调 查 表

权重/%　指标　专家姓名	招标竞争性	澄清修改内容	评标办法	"四新"应用	流标率	异议投诉成立比例	稽查审计问题性质
填表说明：以该工程招标采购的基本情况为对象，根据指标对项目招标采购技术水平的影响程度进行权重量化，7项指标权重之和为100％							

表 9－1－16　　　　　　　　赋 分 调 查 表

分值　指标　专家姓名	招标竞争性	澄清修改内容	评标办法	"四新"应用	流标率	异议投诉成立比例	稽查审计问题性质
填表说明：以该工程招标采购的具体情况为对象，评价7项指标的相应技术水平优劣，各项目指标赋分不得超出100分							

（2）第一轮调查结果处理。

1）依据德尔菲法专家权威系数等级划分，专家对指标的熟悉程度一般会分为5个等级：很熟悉、熟悉、一般熟悉、不太熟悉、不熟悉，设熟悉程度为 C_s，C_s 赋值依次为 $[0.9, 0.7, 0.5, 0.3, 0.1]$，$C_s$ 值越大说明熟悉程度越高。

2）设判断影响程度为 C_a，按大中小三个程度划分（见表9－1－17）。

3）设权威系数为 C_r，依据德尔菲法的规定：$C_r = (C_a + C_s)/2$，一般认为当权威系数大于等于0.7时即可保证专家的权威性。

表 9-1-17   判断影响程度划分表

判断依据	判断影响程度（C_a）		
	大	中	小
理论分析	0.3	0.2	0.1
实践经验	0.5	0.4	0.3
国内外资料	0.1	0.1	0.1
个人直觉	0.1	0.1	0.1

工作组依据上述计算原则，汇总结果见表 9-1-18。

表 9-1-18   权威系数调查表汇总

专家	判断影响程度（C_a）	熟悉程度（C_s）	权威系数（C_r）
1	0.9	0.7	0.80
2	1	0.9	0.95
3	1	0.9	0.95
4	1	0.9	0.95
5	1	0.9	0.95
6	1	0.7	0.85
7	1	0.9	0.95
综合权威系数			0.91

结论：综合权威系数为 0.91＞0.7，满足德尔菲法关于专家权威性的要求，可进行后续轮次调查。

5. 组织实施第二轮调查和汇总处理调查结果

工作组采用当面咨询的方式，向各专家提供了该工程招标采购的基本情况，专家评审后，工作组汇总处理结果权重见表 9-1-19。

表 9-1-19   权 重 调 查 汇 总 表

专家编号	权　重/%						
	招标竞争性	澄清修改内容	评标办法	"四新"应用	流标率	异议投诉成立比例	稽查审计问题性质
1	18	10	30	5	10	16	11
2	20	10	35	10	5	15	5
3	20	5	30	5	5	20	15
4	15	10	30	8	12	15	10
5	20	10	35	5	10	10	10
6	20	13	30	2	10	20	5
7	13	7	30	8	10	20	12

分别计算专家评审值的平均权重，$P_i = \dfrac{1}{n}\sum\limits_{j=1}^{n}P_{ij}$，其中 n 为专家人数，$n=7$。招标竞争性的平均权重为 18%，同理可得其他指标的平均权重，结果见表 9-1-20。

表 9 - 1 - 20   指 标 的 权 重 分 布

指标	招标竞争性	澄清修改内容	评标办法	"四新"应用	流标率	异议投诉成立比例	稽查审计问题性质
平均权重/%	18	9	31	6	9	17	10

6. 组织实施第三轮调查和汇总处理调查结果

工作组采用当面咨询的方式，向各专家提供了 7 项指标的对应资料及相关详细背景材料，专家评审后，工作组汇总处理了结果，结果见表 9 - 1 - 21。

表 9 - 1 - 21   赋 分 调 查 汇 总 表

专家编号	分 值						
	招标竞争性	澄清修改内容	评标办法	"四新"应用	流标率	异议投诉成立比例	稽查审计问题性质
1	95	88	100	95	90	93	93
2	95	90	100	90	93	95	88
3	93	90	98	95	92	95	89
4	93	90	96	90	90	96	88
5	93	90	98	94	92	95	92
6	95	90	96	91	92	96	92
7	95	90	95	95	95	95	95

分别计算专家评审值的平均权重，$Q_i = \dfrac{1}{n}\sum_{j=1}^{n} Q_{ij}$，其中 n 为专家人数，$n = 7$。招标竞争性的平均分值为 94.14，同理可得其他指标的平均分值，结果见表 9 - 1 - 22。

表 9 - 1 - 22   指 标 的 分 值 汇 总

指标	招标竞争性	澄清修改内容	评标办法	"四新"应用	流标率	异议投诉成立比例	稽查审计问题性质
平均分值	94.14	89.71	97.57	92.86	92.00	95.00	91.00

7. 最终调查结果处理

（1）专家协调程度检验。通过对专家协调系数（W）的研究可以了解专家对全部指标的协调程度。W 及其显著性检验计算公式如下：

$$W = \frac{12}{m^2(n^3 - n) - m\sum_{i=1}^{m} S_i}\sum_{j=1}^{n} d_j^2$$

$$X^2 = \frac{1}{mn(n+1) - \dfrac{1}{n-1}\sum_{i=1}^{m} S_i}\sum_{j=1}^{n} d_j^2$$

其中 $S_i = \sum_{i=1}^{L}(t_i^3 - t_i)$

式中：m 为评价专家总人数；n 为指标总个数；d 为每个指标得分之和与总共的 n 个指标

得分和均值的差值；L 为第 i 个专家在评价中得分相同的组数；t_i 为 L 组中的相同等级数。

W 取值为 $0\sim1$，其值越大，表示全部专家的协调程度越好，如果卡方检验差异有统计学意义，则说明专家评估或预测的可信度越好，结果可取。在 95% 的置信度下，如果 $P>0.05$，则认为专家意见在非偶然协调方面将是不足置信的协调，评估结论的可信度差，评价结果不可取。

把 7 位专家的赋分结果代入计算，结果见表 9-1-23。

表 9-1-23　　　　　　　　专 家 协 调 系 数

指标数	W	X^2	P
7	0.714	30	0.000039

由表 10 可知，W 值为 0.714，P 值为 0.000039＜0.05，故专家意见协调程度高，满足要求。

（2）综合得分计算。

$$综合得分 = \sum_{i=1}^{n} P_i Q_i = 94.38$$

（3）结论。由计算结果可以看出，7 项指标的综合得分为 94.38，结合总体评审规则，该工程招标采购的综合技术水平处于很高等级。

三、结论和建议

（一）评估结论

通过专家评审，该工程招标采购整体技术水平"很高"，主要表现为评标办法科学合理；招标阶段对"四新"应用提出的要求符合实际，且达到了预期效果；异议处理合法合规，较为有效解决了争议；招标竞争性与行业及项目类型相适应；流标率控制较好，二次流标仅一次；稽查审计问题主要集中在评标环节，评标质量有待进一步改进；澄清修改通知数量较高，招标准备工作有待加强。

（二）评估建议

为进一步做好后期招标采购工作，巩固已取得的成果，需不断总结经验，持续提高技术能力水平，使评标办法设置更加科学合理，兼顾通用性和针对性；进一步提高解决争议、化解矛盾的能力，增强与相关当事人有效的沟通；精心谋划、提前准备、深入调研，以提高招标成功率；根据稽查审计问题，举一反三，动态管理负面清单，切实开好评标预备会，进一步提高评标工作质量；充分做好招标前的各项准备工作，尤其需要提高清单编制的准确度和最高投标限价的发布时间，减少澄清修改通知的发生率。

第二节　经 济 效 益 评 估

招标采购经济效益评估的内涵主要是招标投标阶段投资控制，建设工程投资控制贯穿于项目建设的全过程，包括投资决策阶段、设计阶段、招标投标阶段和建设实施阶段。招标投标阶段投资控制上承设计阶段、下启建设实施阶段，通过最高投标限价实现对设计阶段概算控制的目的；通过招标竞争形成签约合同价，通过在招标阶段制定合同条款，尤其是变更、价格调整等规定，是工程建设实施阶段投资控制的依据，是建设项目确定合理的预期价格的关键阶段。

招标采购经济效益评估通过招标投资控制直接指标〔降幅率（签约合同价/概算）、控制价下浮率（控制价/概算）和中标价（成交价）下浮率（签约合同价/控制价）〕和间接指标（变更金额和调差金额），同时引入招标成本和投标成本等辅助指标进行评估。

一、招标投资控制

（一）投资控制统计分析

1. 投资总控制情况

截至目前，该工程已完成项目降幅率 19.34%。招标方式降幅率 19.37%，其中控制价下浮率为 8.01%，中标价下浮率为 12.35%；非招标方式降幅率 1.96%，其中控制价下浮率 0.73%，中标价下浮率为 1.25%。投资控制统计见表 9-2-1，招标项目与非招标项目降幅率对比见图 9-2-1。

表 9-2-1　　　　　　　　　　投 资 控 制 统 计 表

类　　别		标段数/个	概算/万元	控制价/万元	控制价下浮率/%	签约合同价/万元	中标价（成交价）下浮率/%	降幅率/%
招标	施工	73	4059161.18	3707838.43	8.66	3268403.24	11.85	19.48
	货物	58	150186.26	140885.36	6.19	131662.72	6.55	12.33
	服务	127	492016.21	476116.90	3.23	390630.14	17.95	20.61
	小计	258	4701363.65	4324840.69	8.01	3790696.11	12.35	19.37
非招标	施工	0	0.00	0.00	/	0.00	0.00	/
	货物	302	690.08	690.08	0.00	690.08	0.00	0.00
	服务	131	8060.04	7996.44	0.79	7888.18	1.35	2.13
	小计	433	8750.12	8686.52	0.73	8578.26	1.25	1.96
合　计		691	4710113.77	4333527.22	8.00	3799274.37	12.33	19.34

该工程已完成项目降幅金额 910839.41 万元，其中采用招标方式的项目降幅金额为 910667.54 万元，采用非招标方式的项目降幅金额为 171.87 万元。招标项目与非招标项目降幅金额对比见图 9-2-2。

2. 招标投资控制情况

在采用招标方式的项目中，施工类项目降幅金额最高，降幅金额 790757.94 万元，占招标方式降幅金额的 87%；其次为服务项目，降幅金额 101386.06 万元，占比 11%；货物类项目降幅金额最少，

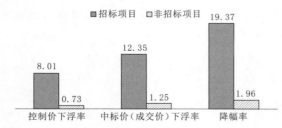

图 9-2-1　招标项目与非招标项目降幅率对比图（%）

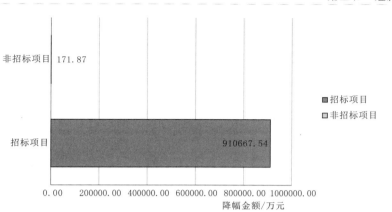

图 9 - 2 - 2 招标项目与非招标项目降幅金额对比图

为 18523.54 万元，占比 2%。招标项目各类别降幅对比见图 9 - 2 - 3。

（1）在降幅率方面，施工类项目和服务类项目降幅率基本持平，分别为 19.48% 和 20.61%，货物类项目降幅率最低，为 12.33%。

（2）在控制价下浮率方面，施工项目控制价下浮率最高，为 8.66%；服务类项目控制价下浮率最低，为 3.23%。

（3）在中标价下浮率方面，服务类项目中标价下浮率最高，为 17.95%，货物类项目中标价下浮率最低，为 6.55%。招标项目各类别降幅率对比见图 9 - 2 - 4。

3. 非招标投资控制情况

为保持统一的统计口径，非招标方式中货物、服务类项目如无概算的，以控制价作为概算，无控制价的以签约合同价作为概算和控制价。在采用非招标方式的项目中，货物类项目降幅率为 0.00%，服务类项

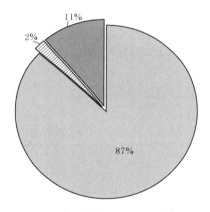

图 9 - 2 - 3 招标项目各类别降幅对比图

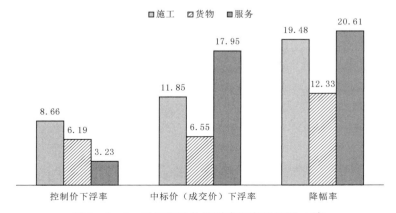

图 9 - 2 - 4 招标项目各类别降幅率对比图（%）

目降幅率为2.13％，降幅金额171.87万元，无施工类项目采用非招标方式。

（二）各类型招标投资控制统计分析

1. 施工类项目

在施工类招标项目中，类别包括水利工程、水利＋公路工程、水利＋水运工程、水运工程、市政工程、公路工程。

（1）水利＋公路工程项目降幅率最高，为26.01％，其次是水利工程为22.20％，其余类别均在12.72以下。

（2）水利＋公路工程控制价下浮率最高为14.56％，水运工程控制价下浮率最低为2.00％。

（3）水利＋公路工程、水利工程的中标价下浮率较高，分别为13.40％和13.39％。在其余类别中标价下浮率基本持平，水运工程较高为10.27％，公路工程最低为8.38％。

招标方式投资控制统计（施工类）见表9-2-2，施工类项目各行业降幅率对比见图9-2-5。

表9-2-2　　　　　　招标方式投资控制统计表（施工类）

类　别	标段数量/个	概算/万元	控制价金额/万元	控制价下浮率/％	签约合同价/万元	中标价下浮率/％	降幅率/％
水利	42	2057817.31	1848344.71	10.18	1600921.69	13.39	22.20
水利＋公路	5	638883.80	545883.77	14.56	472713.99	13.40	26.01
水利＋水运	2	341379.00	327120.00	4.18	297949.80	8.92	12.72
水运	10	340222.35	333411.58	2.00	299154.67	10.27	12.07
市政	5	416001.82	396837.07	4.61	362961.17	8.54	12.75
公路	9	265512.90	257786.81	2.91	236195.71	8.38	11.04
合计	72	4059065.18	3707750.78	8.66	3268330.06	11.85	19.48

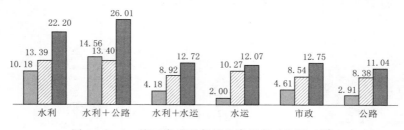

图9-2-5　施工类项目各行业降幅率对比图（％）

2. 监理类项目

在监理类招标项目中，类别包括水利工程、水利＋公路工程、水利＋水运工程、水运工程、市政工程、公路工程的监理。

（1）市政工程监理项目降幅率最高，为32.07％；其次为水利工程、水利＋公路工程监理，分别为 26.59% 和 25.86%；其余三个行业类别较低在 20% 左右。

（2）市政工程监理控制价下浮率最高为 24.43%，公路工程控制价下浮率最低为 9.18%。

（3）水利＋公路工程监理的中标价下浮率最高，为 15.09%；其余行业类别中标价下浮率基本持平，为 10.11%～12.28%。

招标方式投资控制统计（监理类）见表 9-2-3，监理类项目各行业降幅率对比见图 9-2-6。

表 9-2-3　　　　　　　招标方式投资控制统计表（监理类）

类　别	标段数量 /个	概算 /万元	控制价金额 /万元	控制价下浮率 /%	签约合同价 /万元	中标价下浮率 /%	降幅率 /%
水利	20	28247.24	23626.20	16.36	20737.40	12.23	26.59
水利＋公路	5	13263.00	11581.00	12.68	9833.67	15.09	25.86
水利＋水运	2	6180.00	5460.00	11.65	4871.32	10.78	21.18
水运	5	7073.68	6350.00	10.23	5569.98	12.28	21.26
市政	5	7155.00	5407.00	24.43	4860.16	10.11	32.07
公路	4	5849.00	5312.00	9.18	4686.87	11.77	19.87
合计	41	67767.92	57736.20	14.80	50559.40	12.43	25.39

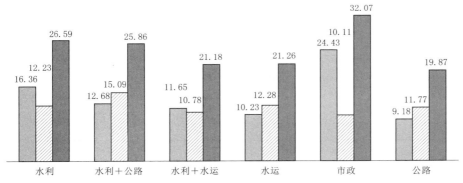

图 9-2-6　监理类项目各行业降幅率对比图（%）

3. 货物类项目

在货物类招标项目中，类别包括金属结构类、机电设备类、自动化类、其他工程相关货物、其他货物。

（1）自动化类项目降幅率最高，为 20.29%；其他工程相关货物项目降幅率最低，为 7.24%。

（2）自动化类控制价下浮率最高，为 15.37%；其他工程相关货物控制价下浮率最低，为 1.88%。

（3）金属结构类的中标价下浮率最高，为 7.20%；其余类别中标价下浮率基本持平，为 5.47%～5.83%。

招标方式投资控制统计（货物类）见表9-2-4，货物各类别降幅率对比见图9-2-7。

表9-2-4 招标方式投资控制统计表（货物类）

类 别	标段数量/个	概算/万元	控制价金额/万元	控制价下浮率/%	签约合同价/万元	中标价下浮率/%	降幅率/%
金属结构类	25	79225.59	75137.00	5.16	69725.14	7.20	11.99
机电设备类	20	61156.96	56625.87	7.41	53324.86	5.83	12.81
自动化类	3	3657.00	3095.00	15.37	2914.98	5.82	20.29
其他工程相关货物	6	5824.22	5715.00	1.88	5402.52	5.47	7.24
其他货物	4	322.49	312.49	3.10	295.23	5.52	8.45
合计	58	150186.26	140885.36	6.19	131662.72	6.55	12.33

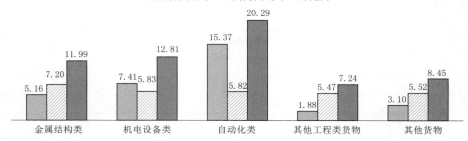

图9-2-7 货物各类别降幅率对比图（%）

（三）非招标方式投资控制统计分析（货物类、服务类）

施工类项目未采用非招标方式。非招标方式服务类项目降幅率均高于货物类项目，非招标方式投资控制统计（施工类、货物类、服务类）见表9-2-5，非招标项目各类别降幅率对比见图9-2-8。

表9-2-5 非招标方式投资控制统计表（施工类、货物类、服务类）

类 别	标段数量/个	概算/万元	控制价/万元	控制价下浮率/%	签约合同价/万元	成交价下浮率/%	降幅率/%
施工	0.00	0.00	0.00	/	0.00	/	/
货物	302.00	690.08	690.08	0.00	690.08	0.00	/
服务	131.00	8060.04	7996.44	0.79	7888.18	1.35	2.13
合计	433.00	8750.12	8686.52	0.73	8578.26	1.25	1.96

二、变更金额

截至目前，正在实施的施工合同项目84个，签约合同总额为3663201万元，扣除暂列金、暂估价后的合同总额（以下简称为有效合同总额）为3477675万元，约占签约合同总额的94.94%。

根据《引江济淮工程（安徽段）设计变更台账》，截至目前，共批复设计变更132项，其中单项变更增加金额超过50万元的26项，单项变更减少金额超过50万元的14

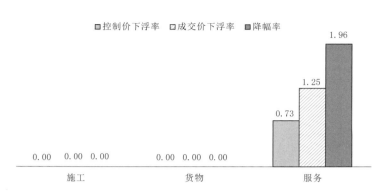

图 9 - 2 - 8　非招标项目各类别降幅率对比图（％）

项。承包人申报变更金额约 7564 万元，经全过程造价咨询单位审核确定的变更金额约 3560 万元，建设单位实际支付的变更金额约 3576 万元，核减金额约 3988 万元，实际变更金额占有效合同总额的 0.103％。根据目前整体工程完成进度，预计变更金额占比较小。

三、调差金额

按合同约定，材料调差种类包括柴油、钢筋、钢绞线、水泥、碎石、砂、商品混凝土等 7 种主要材料，其中商品混凝土用于市政项目。根据《引江济淮工程（工程类）合同款审核执行台账》统计，约定进行材料调差的项目共计 46 个（其中 5 个项目尚未开始调差支付），约定调差的合同项目数量占合同总数量的 41.4％；约定调差的合同金额 2870431 万元，有效合同金额为 2712548.31 万元，占合同总额的 74.2％。其余 65 个合同项目约定不进行调差，占合同总数量的 58.6％；约定不调差的合同金额 997745 万元，占合同总额的 25.8％。主材价差调整费用统计见表 9 - 2 - 6。

表 9 - 2 - 6　　　　　　　　　　主材价差调整费用统计表

序号	调整项目	有效合同金额 /万元	审核累计调差费用 /万元	占比 /％
1	柴油		−3258.50	−0.12
2	钢筋		−3738.94	−0.14
3	钢绞线		−199.35	−0.01
4	水泥	2712548.31	617.10	0.02
5	碎石		1772.62	0.07
6	砂		3324.72	0.12
7	商品混凝土		−10.91	0.00
合　计		2712548.31	−1493.26	−0.06

截至目前，实际支付的累计调差金额，钢筋、砂、柴油占比排名前三，主材价差调整总金额为 −1493.26 万元。各类材料调差金额占调差总额的比例见图 9 - 2 - 9。

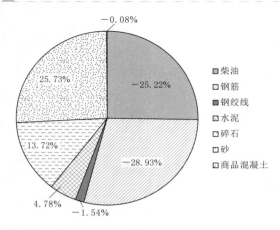

图 9-2-9　各类材料调差金额占
调差总额的比例

四、招标成本

一般认为招标成本主要包括招标代理机构收取的招标代理服务费和招标人在招标活动中的工作人员、参与人员所产出的直接费用，代理服务费是招标成本的主要构成。该工程历年代理服务费合计为2480.23万元，各年费用金额与该工程招标进度呈一致性变化，其中2018年、2019年是招标的高峰期。代理服务费占降幅金额910839.41万元的0.27%，比例极小。代理服务费统计见表9-2-7和图9-2-10。

表 9-2-7　　　　　　　　代 理 服 务 费 统 计 表

年度	2015	2016	2017	2018	2019	2020	2021 (1月)	合计	占降幅金额 的比例
金额/万元	19.57	46.05	113.88	888.35	845.11	550.68	16.59	2480.23	0.27%

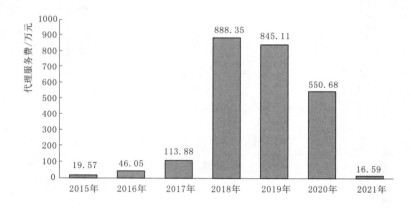

图 9-2-10　代理服务费统计图

五、投标成本

投标成本是投标人参与该工程投标所支付的成本费用，属于该工程建设投资之外的社会成本。通过对参建单位调查问卷的统计分析，按照施工、货物和服务三种类型，对投标人单次投标成本进行了计算，据此测算了投标总成本约11458.20万元，占节约资金912384.04万元的1.26%，虽然比例不大，但绝对值较高。值得一提的是，投标成本中差旅费和文印费在全面实行电子标后，成本将大大降低。投标成本测算见表9-2-8，单次投标成本统计见表9-2-9。

表 9 - 2 - 8　　　　　　　　　　　　　投 标 成 本 测 算 表

类　别	标段数 /个	投标人数量 /家次	单个投标人单次投标平均成本 /万元	合计 /万元
施工类	73	1101	7.8	8587.80
货物类	58	457	0.9	411.30
服务类	127	1171	2.1	2459.10
总计	258	2729		11458.20
占降幅金额的比例				1.26%

表 9 - 2 - 9　　　　　　　　　　　　　单 次 投 标 成 本 计 算 表

类别	金额范围	调查单位数量 /个	占比 /%	单个投标人单次投标平均成本（去3个 最高值和3个最低值后的平均值）/元
施工类	5万元以下	29	43.75	77867.00
	5万~10万元	18	27.08	
	10万~20万元	8	12.50	
	20万元以上	11	16.67	
货物类	0.5万元以下	6	17.86	9159.00
	0.5万~1万元	13	39.29	
	1万~2万元	8	25.00	
	2万元以上	6	17.86	
服务类	1万元以下	31	36.00	21188.00
	1万~2万元	14	16.00	
	2万~3万元	22	25.33	
	3万元以上	19	22.67	

注　1. 数据来源于对参建单位问卷调查的反馈。

　　2. 投标成本含人员工资、差旅费、文印费等。

六、结论和建议

（一）评估结论

通过与南水北调东中线一期主体工程、淮河干流蚌埠—浮山段行洪区调整和建设工程、安徽省交通控股集团有限公司和安徽省港航投资集团有限公司近年来招标项目以及进入安徽合肥公共资源交易中心的工程建设项目等各指标的对比分析，该工程在招标阶段同样达到了较好的招标投资控制效果。根据问卷调查结果的统计，认为施工类项目控制价合理的为83%，货物类为79%，服务类为87%，其余的反馈结果中约1/3认为较高，约2/3认为较低，从市场主体的整体反馈来看，控制价的制定科学合理；根据目前整体工程完成进度，预计后期变更总金额占有效合同总额的比例较小；目前的调差金额为负值，综合分析，对工程总投资的影响也较小；整体来看，招标成本比例极小，投标成本虽然比例不大，但绝对值较高。

（二）评估建议

建议建设单位在后期工程实施及完工阶段跟踪参建单位的成本费用、利润，以更为科学、准确地评估投资控制的合理性及参建单位的成本控制水平；建议在后期项目招标准备阶段编制项目管理预算，推行工程造价"静态控制、动态管理"，为招标投资控制提供更为科学合理的依据，同时建议全面实施电子招标投标以节约社会成本。

第十章　招标采购目标和可持续性后评估

第一节　招标采购目标后评估

一、评估内容

该工程作为政府投资的大型基建项目，招标采购项目多、资金规模大、影响面广，对于优化市场资源配置、提高资金利用效率、保证工程项目质量、遏制腐败行为、推进招标投标制度建设，促进招标投标市场的规范操作等具有引领和示范作用。该工程招标采购活动的总体目标是，在遵守"公开、公平、公正和诚实信用"的原则下，依法合规实施；在现有法律法规框架下，积极探索科学有效的招标采购管理措施；在保证市场充分竞争的基础上，保证招标采购结果的择优性。随着招标采购工作的逐渐深入，该工程项目法人安徽省引江济淮集团有限公司在狠抓合法合规操作、创新招标采购手段、健全内部管控体系、引导公平竞争方面进行了积极探索，取得显著成效。

该工程招标采购目标后评估，主要是对已实现的引江济淮工程（安徽段）建设项目招标采购目标进行分析和评估。

二、评估方法

目前国内外后评估的方法很多，大体上可分为对比分析法和综合评估法两大类。对比分析法的实质是选定合适的社会评估指标体系，对这些指标逐项进行计算分析，对比有、无项目情况，权衡利弊得失，评估项目的实施效果。综合评估法则可在对评估指标对比分析的基础上进行综合评判，从而可以从整体上评估项目的实施效果。

常规的综合评估方法有：加权算术平均法、加权几何平均法。随着应用数学的发展，新的综合方法也被应用于实际评估工作中。比如聚类分析、判别分析、模式识别、投影寻踪分析法、人工神经网络评估法、主成分分析法、因子分析法、熵权法、模糊综合评估方法、灰色关联度评估法、层次分析方法、数据包络分析法、多维标度法等。

上述的这些方法各有特点，但实际应用仍受到很多限制。比如，因子分析法计算量巨大，实际使用受到限制；人工神经网络评估法首先也需要对标准样本反复计算上千次以获得最佳权值和阈值后，才能对新样本进行评估，实际使用不方便，而且招标采购目标后评估中的众多标准还没有建立，学习样本的选取十分困难。投影寻踪分析法适用于对象是指标层次只有一层的评估问题。

考虑该工程招标采购目标后评估的特点及涉及指标的诸多模糊性，本次评估采用层次分析法-熵权法-模糊综合评估相结合的评估方法，该评估方法能够有效形成多个层次结构对招标采购目标进行全面的分析，比较全面系统的描述招标采购目标后评估研究中指标的层次结构和隶属关系，能够消除指标量化的模糊区域。由于层次分析法（Analytic Hierarchy Process，AHP）在运用专家打分时，专家主观意愿及专业知识和实践能力的局限性，使得出现的结果往往失真，而引入熵权法修正后评估体系指标权重，则可以得到更为合理的权重集合；从而发挥出各个方法的优势，使得评估结果更为准确客观。

本次招标采购目标后评估采用的评估方法具体步骤是：评估指标体系构建、评估指标权重的计算、评估指标权重的修正、模糊综合评估法综合评估。

三、招标采购目标后评估

（一）评估指标体系的构建

1. 评估指标体系的构建原则

指标，英文"indicator"，具有揭示、指明、宣布或者使公众了解等含义。它是帮助人们理解事物如何随时间发生变化的定量化信息，反映总体现象的特定概念和具体数值。指标是综合评估的基础，指标确定得是否合理，对于后续的评估工作有决定性的影响。为了使所建立的评估指标体系能够综合反映该工程招标采购目标后评估的各个方面，我们在进行评估指标体系的构建过程中就需要遵循一定的基本原则。

（1）有效性和科学性原则。招标采购目标后评估指标体系的建立应当合理科学地反映出招标采购目标基本特征和项目招标采购活动的具体内容，指标的选取应客观实际，科学有效。

（2）系统性原则。对于招标采购目标效果进行综合评估过程中，指标选取应该具有系统性原则，不能缺项漏项，更不能重复选取相同意思的指标进入指标体系。因此，评估指标体系结构要层次分明，指标内容要能基本反映出研究问题的特性。同时，在保证招标采购目标后评估进行全面综合评估的前提下，要尽量使指标精简化。

（3）定量与定性分析相结合的原则。由于该工程招标采购目标后评估分析的数据来源主要是招标采购各个阶段出现的相关文件和相关主体方面，所以，总会有一些因素（诸如环境影响、人为主观方面等）难以通过量化方法进行分析，这种情况下就可通过文字描述、对比，进行定性分析，来作为对此评估的结论。因此，在进行招标采购目标后评估时，指标体系的构建要遵循定量与定性相结合的原则，以定量分析为主，对不能够直接进行量化分析比较的指标内容就进行定性分析。这样既能进行综合评估使评估结果具有科学性，又能为采用有关评估方法奠定基础。

（4）可行性和可操作性原则。由于该工程招标采购本身就是一项操作步骤复杂的系统工程，其招标采购目标后评估工作也十分繁杂。在后评估工作过程中存在大量影响招标采购效果的因素，因此，后评估指标的选取和设计应该具有可操作性和可量化的特点，选取出的各个指标要具有有效性，以便于操作和统计分析。

2. 评估指标的阶梯层次结构

该工程招标采购目标后评估具有复杂性和多目标性，涉及因素众多，要结合这些因素对其进行评估，首先应进行层次分析，并根据工程具体情况，建立递阶层次结构评估体系。该工程供水范围涉及 13 个市 46 个县（市、区），是安徽省基础设施建设"一号工程"，其影响面广，涉及因素众多，经仔细筛选、提炼概括，选出颇具代表性的招标采购目标后评估指标体系，共 3 类 9 个指标，具体为合法合规性、创新适用性、竞争择优性三类目标。招标采购合法合规性，主要包括廉政风险防控有效性、招标采购争议解决合规性、招标采购流程合规性三项目标指标；招标采购创新适用性主要包括招标采购的工作创新、招标采购进度计划执行、合同条款的合理性三项目标指标；招标采购竞争择优性目标主要包括投标单位参与度、中标单位资信、招标采购降幅率三项目标指标。由此构建的指标体系主要有三层，第一层为目标层，即该工程招标采购目标。目标层下分了三个准则层，分别是合法合规性、创新适用性、竞争择优性。准则层下为指标层，包括九个指标，分别是廉政风险防控有效性、招标采购争议解决合规性、招标采购流程合规性、招标采购的工作创新、招标采购进度计划执行、合同条款的合理性、投标单位参与度、中标单位资信、招标采购降幅率。招标采购目标层次见图 10-1-1。

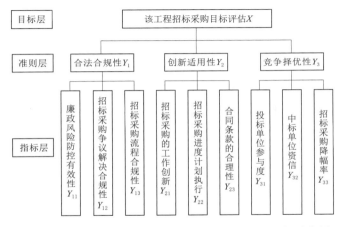

图 10-1-1　引江济淮工程（安徽段）招标采购目标层次图

3. 评估指标的定义

（1）廉政风险制度建设。招标采购领域历来是腐败事件的发生地，国家特别注重反腐倡廉建设，确立了"标本兼治、综合治理、惩防并举、注重预防"的方针，不断健全完善惩治和预防腐败体系，整体推进反腐败和廉政建设。反腐倡廉法规制度建设取得重大进展。在廉政建设方面，国家出台有《关于实行党风廉政建设责任制的规定》《关于进一步推进国有企业贯彻落实"三重一大"决策制度的意见》《国有企业领导人员廉洁从业若干规定（试行）》《建立健全教育、制度、监督并重的惩治和预防腐败体系实施纲要》《水利行业廉政风险防控手册》等反腐倡廉规定。

为规范招标采购行为，降低廉政风险，招标人制定了《工程招标投标管理办法》《安徽省引江济淮集团有限公司招标代理机构库办法》《安徽省引江济淮集团有限公司工程采购管理办法》《招投标工作负面清单表》《招标代理机构招投标工作要求》《安徽省引江济淮工程参建单位廉洁从业"十不得"》和《安徽省引江济淮集团有限公司员工廉洁从业"十不准"》等与招标采购相关的制度文件并严格执行，招标人定期召开"党风廉政建设和反腐工作会议"，取得了明显效果，在该工程招标采购过程中未发现廉政事故。

（2）招标采购争议解决合规性。招标采购争议包括民事争议和行政争议，民事争议具体形式为异议和投诉，行政争议具体形式为行政复议或行政诉讼。

截至目前，该工程招标采购共接收到异议 32 份、投诉 8 份，上述异议投诉均已按照相关法律法规及招标采购制度进行答复处理；审计通报问题共计 32 项，均已进行整改落实并制定了相关预防措施。

（3）招标采购流程合规性。《招标投标法》及其法律体系对建设工程招标投标行为有系统性的规定，招标人对其招标采购行为也建立了系列内控管理制度，该工程招标采购流程合法合规是保证其招标采购成功的基本条件，依法接受监督部门和社会公众的监督。

该工程依法必须招标项目均进入安徽合肥公共资源交易中心交易，招标流程按照招标投标相关法律法规及规章制度要求进行，未因招标采购流程问题引起异议及投诉，在审计通报问题中也未涉及招标采购流程。

（4）招标采购的工作创新。为提高招标采购活动的工作质量，招标人积极探索科学有效的招标采购管理措施，该工程招标采购活动的创新实践主要有代理机构库建立和考核机制、负面清单机制、招标人代表库机制、招标后评估反馈机制等，且取得了显著的效果。

（5）招标采购进度计划执行。该工程招标采购项目多、资金规模大、建设周期长，在招标采购过程中存在大量关键事件和里程碑事件。为达成工程总体目标，该工程招标采购制定了一系列招标采购进度计划，保障了招标工作有序开展。主要包括：在 2016 年 10 月制定了该工程招标方案；初步设计批复后，为对建设计划实施动态管理，制定了 2017—2019 年、2018—2020 年、2019—2021 年建设投资完成三年滚动计划；自 2018 年开始，连续 4 年制定了年度招标采购计划。

（6）合同条款的合理性。合理的建设工程合同条款须符合法律法规规定，符合社会公共利益要求，合理分配合同双方当事人的权益和风险，有利于工程目标的实现，双方权利义务的对等性、变更条款、价格调整的风险分担以及计量支付、违约责任等的合理性。

（7）投标单位参与度。投标单位参与度是指潜在投标人、供应商等市场竞争主体愿意参加该工程投标的意愿强烈程度。招标采购信息是否公开透明度、招标条款设置是否合理、交易行为是否规范、争议解决渠道是否畅通等均影响投标单位参与度。

该工程招标采购中，除部分类型的项目投标单位较少外，潜在投标人参与投标的热情较高，该工程对其吸引力较强，且不乏吸引了国内和行业内一流的施工、设备供应商和咨询机构。根据问卷调查的反馈，该工程对参与单位的吸引力，选择吸引力"强"的占比分别为施工类 85％、货物类 96％、服务类 77％，选择"较强"的占比分别为施工类 16％、货物类 4％、服务类 19％。仅有一家施工类单位、两家服务类单位的调查反馈选择"一般"。

（8）中标单位资信。中标单位资信是指通过招标采购活动选择的中标人的综合实力、信誉和履约能力。该工程参建单位的综合实力大多较强，信誉、资质信誉等级较高，具有承担该工程的能力和一定的抗风险能力，履约情况较好。

（9）招标采购降幅率。招标采购活动的主要目标之一是提高资金使用效率，该工程招标采购降幅率为 19.34％。其中，工程类招标项目降幅率为 19.48％，货物类招标项目降幅率为 12.33%，服务类招标项目降幅率为 20.61%，非招标方式采购项目降幅率为 1.96%。

（二）评估指标权重的计算

鉴于招标采购目标后评估具有多目标的特点，本次评估采用层次分析法来确定评估指标的权重，它可以将决策者的定性判断和定量计算有效结合起来，而且这种多层次分别赋权法可避免大量指标同时赋权的混乱与失误，从而提高赋权的简便性和准确性。层次分析法赋权的步骤如下。

（1）建立该工程招标采购目标后评估的递阶层次结构模型（见图 10-1-1）。

（2）通过专家打分构造判断矩阵。发放专家咨询意见表（包括招标采购监督管理、招标采购单位、招标代理、投标人、中标人、评标专家等专家和代表），并不要求专家确定权重的具体值，而只要确定两两指标之间的重要性即可，相对重要的程度可用自然数 1、3、…、9，及倒数 1/2、1/3、…、1/9 表示，其标度的含义见表 10-1-1。

然后根据专家咨询意见表构造判断矩阵，求其最大特征根及其对应的特征向量，如果通过一致性检验，就可以将特征向量的值作为权重。

表 10-1-1　　　　　　　　　　　标　度　的　含　义

标值	含　　　义
1	表示两个指标相比，具有同样的重要性
3	表示两个指标相比，一个指标比另一个指标稍微重要
5	表示两个指标相比，一个指标比另一个指标明显重要
7	表示两个指标相比，一个指标比另一个指标强烈重要
9	表示两个指标相比，一个指标比另一个指标极端重要
2、4、6、8	上述相邻判断的中值，需要折中时采用
倒数	因素 i 与 j 比较得判断 b_{ij}，则因素 j 与 i 比较的判断 $b_{ji}=1/b_{ij}$

表 10-1-2～表 10-1-5 是根据 7 位专家的咨询意见表构造的判断矩阵，以此来确定各评估指标的权重。

表 10-1-2　　　　　　　　　　$X-Y_i$ 比较判断矩阵

X	合法合规性	创新适用性	竞争择优性
合法合规性	1.0000	3.6844	3.1259
创新适用性	0.2714	1.0000	0.3966
竞争择优性	0.3199	2.5215	1.0000

表 10-1-3　　　　　　　　　　Y_1-Y_{1i} 比较判断矩阵

Y_1	廉政风险制度建设	招标采购争议解决合规性	招标采购流程合规性
廉政风险制度建设	1.0000	6.4098	5.4064
招标采购争议解决合规性	0.1560	1.0000	0.3333
招标采购流程合规性	0.1850	3.0000	1.0000

表 10 - 1 - 4　　　　　　　　　　　$Y_2 - Y_{2i}$ 比较判断矩阵

Y_2	招标采购的工作创新	招标采购进度计划执行	合同条款的合理性
招标采购的工作创新	1.0000	0.4719	0.3532
招标采购进度计划执行	2.1193	1.0000	0.3532
合同条款的合理性	2.8312	2.8312	1.0000

表 10 - 1 - 5　　　　　　　　　　　$Y_3 - Y_{3i}$ 比较判断矩阵

Y_3	投标单位参与度	中标单位资信	招标采购降幅率
投标单位参与度	1.0000	5.3533	6.6519
中标单位资信	0.1868	1.0000	2.1193
招标采购降幅率	0.1503	0.4719	1.0000

（3）求解特征值和特征向量。以上判断矩阵 $Y = (Y_{ij})$。具有如下特征：$Y_{ij} = 1/Y_{ij}$，$(i, j = 1, 2, \cdots, m)$，$Y_{ij} > 0$，$Y_{ij} = 1$。

1）计算判断矩阵每一行的乘积 M_i：

$$M_i = Y_{i1} \times Y_{i2} \times \cdots \times Y_{im} \quad (i = 1, 2, \cdots, m) \tag{10 - 1 - 1}$$

2）计算 M_i 的 n 次方根：

$$\overline{W_i} = \sqrt[n]{M_i} \quad (i = 1, 2, \cdots, m) \tag{10 - 1 - 2}$$

3）将方根向量归一化：

$$W_i = \frac{\overline{W_i}}{\sum_{i=1}^{m} \overline{W_i}} \quad (i = 1, 2, \cdots, m) \tag{10 - 1 - 3}$$

得近似特征向量 $W = (W_1, W_2, \cdots, W_m)^{\mathrm{T}}$ 即为排序权向量。

4）计算判断矩阵最大特征值 $\lambda_{\max}$：

$$\lambda_{\max} = \sum_{i=1}^{m} \frac{XW_i}{mW_i} \quad (i = 1, 2, \cdots, m) \tag{10 - 1 - 4}$$

式中：XW_i 为向量 XW 的第 i 个元素。

（4）一致性检验。由于专家知识的有限性、个体判断事物的主观性，难免会在判断两两指标间重要性时，产生矛盾的结果。那么，在产生矛盾结果时，就需要修正原判断矩阵，使得满足一致性检验未知。其计算公式如下：

计算一致性指标：

$$CI = \frac{\lambda_{\max} - n}{n - 1} \tag{10 - 1 - 5}$$

$$CR = \frac{CI}{RI} \tag{10 - 1 - 6}$$

当 $CI = 0$ 时，判断矩阵具有完全一致性，反之亦然。

若 $CR < 0.10$ 时，认为矩阵具有满意的一致性，否则重新调整矩阵直至满意。式（10 - 1 - 6）中 RI 为平均随机一致性指标，平均随机一致性指标见表 10 - 1 - 6。经上述公式计算，层次单排序结果见表 10 - 1 - 7。

表 10 - 1 - 6   平均随机一致性指标表

阶数	1	2	3	4	5	6	7	8	9	10
RI	0	0	0.58	0.90	1.12	1.24	1.32	1.41	1.45	1.49

表 10 - 1 - 7   层 次 单 排 序 结 果 表

指标	$X-Y_i$	Y_1-Y_{1i}	Y_2-Y_{2i}	Y_3-Y_{3i}
$\lambda_{\max}$	3.065	3.097	3.063	3.032
$W=(W_1,W_2,\cdots,W_n)$	0.6162 0.1298 0.2540	0.7318 0.0838 0.1844	0.1591 0.2625 0.5785	0.7413 0.1654 0.0933
RI	0.58	0.58	0.58	0.58
CR	0.0557<0.10	0.0832<0.10	0.0543<0.10	0.0274<0.10
一致性检验	通过	通过	通过	通过

（5）合成权重的计算。以此进行合成初始权重的计算，获得指标层相对于目标层的综合权重，具体见表 10 - 1 - 8。

表 10 - 1 - 8   各指标初始权重结果汇总

准则层对目标层权重	指标层对准则层权重	指标层对目标层权重
0.1047	0.7307	0.0765
	0.0809	0.0085
	0.1884	0.0197
0.2583	0.1571	0.0406
	0.2493	0.0644
	0.5936	0.1533
0.6370	0.7396	0.4711
	0.1666	0.1061
	0.0938	0.0598

（三）评估指标权重的修正

层次分析法能够系统地将专家思维过程转化成权重数据，直观表达指标权重在工程招标采购后评估体系里面的重要程度，但 AHP 法是运用专家有限实践经验获得的数据，因素间相对程度不容易精确把握，而熵权法则可以客观修正专家主观思维引起的数据误差，克服主观赋权的不足。因此，本文运用熵权法对 AHP 法确定的指标权重进行修正。

（1）对构造的判断矩阵各列项进行归一化处理，其结果表示为 q_{ij}，则

$$q_{ij}=\frac{Y_{ij}}{\sum_{i=1}^{m}Y_{ij}}\quad(i,j=1,2,\cdots,m)\qquad(10-1-7)$$

（2）计算第 j 个指标的熵值 E_j：

$$E_j=-\frac{1}{\ln m}\sum_{i=1}^{m}q_{ij}\ln q_{ij},\quad E_j\geqslant0\quad(j=1,2,\cdots,m)\qquad(10-1-8)$$

（3）求指标的偏差度 d_j：

$$d_j = 1 - E_j \quad (j = 1, 2, \cdots, m) \tag{10-1-9}$$

（4）计算指标的信息权重 μ_j：

$$\mu_j = \frac{d_j}{\sum\limits_{j=1}^{m} d_j} \quad (j = 1, 2, \cdots, m) \tag{10-1-10}$$

（5）利用信息权重 μ_j 修正 AHP 法得出的指标权重 W_j，得到新的指标权重为 λ_j，公式如下：

$$\lambda_j = \frac{\mu_j W_j}{\sum\limits_{j=1}^{m} \mu_j W_j} \quad (j = 1, 2, \cdots, m) \tag{10-1-11}$$

指标权重经过熵权法修正后的最终权重。

以准则层相对目标层的权重修正改进为例，计算如下：

（1）对判断矩阵进行归一化处理，即代入式（10-1-7），得到 q_{ij}，其计算过程如下：

$$\begin{bmatrix} 1.0000 & 3.6844 & 3.1259 \\ 0.2714 & 1.0000 & 0.3966 \\ 0.3199 & 2.5215 & 1.0000 \end{bmatrix} \Rightarrow \begin{bmatrix} 0.6284 & 0.5113 & 0.6912 \\ 0.1706 & 0.1388 & 0.0877 \\ 0.2010 & 0.3499 & 0.2211 \end{bmatrix} = q_{ij}$$

（2）将 q_{ij} 代入式（10-1-8），计算得出第 j 个指标的熵值 E_j，可知：
$E_1 = 0.8339$，$E_2 = 0.8961$，$E_3 = 0.7304$。

（3）将 E_j 代入式（10-1-9），求出指标的偏差度 d_j，可知：
$d_1 = 0.1661$，$d_2 = 0.1039$，$d_3 = 0.2696$。

（4）将 d_j 代入式（10-1-10），计算指标的信息权重 μ_j，可知：
$\mu_1 = 0.3078$，$\mu_2 = 0.1925$，$\mu_2 = 0.4996$。

（5）利用 μ_j 修正指标权重 W_j，得到新的指标权重为 λ_j，代入式（10-1-11），得出结果：
$\lambda_1 = 0.5553$，$\lambda_2 = 0.0732$，$\lambda_3 = 0.3715$。

综上，同理可知其他指标权重经过熵权法修正后的最终权重，见表 10-1-9。

表 10-1-9　　　　　　　　　各指标修正权重结果汇总

准则层对目标层权重	指标层对准则层权重	指标层对目标层权重
	0.6754	0.3750
0.5553	0.0484	0.0269
	0.2763	0.1534
	0.1260	0.0092
0.0732	0.1300	0.0095
	0.7439	0.0544
	0.7442	0.2765
0.3715	0.1039	0.0386
	0.1520	0.0565

（四）模糊综合评估法综合评估

对工程招标采购后评估指标体系的评估运用，本次评估采用多级模糊综合评判。多级模糊综合评估评判过程如下：

（1）确定因素集。根据本评估工程招标采购后评估指标体系得出指标集，设定第一层次影响评估结果的指标有 m 个。其中，μ_i 为最高层指标中的第 i 个因素指标，由下级 n 个因素指标决定，即 $\boldsymbol{\mu}_i = \{\mu_{i1}, \mu_{i2}, \cdots, \mu_{in}\}$。

（2）建立权重集。根据各层因素指标间重要程度，获得权重（由层次分析法和熵权法确定）。最高层因素权重假设为 $a_1, a_2, \cdots, a_m$，则最高层权重集合为 $\boldsymbol{A} = [a_1, a_2, \cdots, a_m]$ $(i = 1, 2, \cdots, m)$，其中 a_i 是最高层中第 i 个因素 μ_i 的权重。

同理，以后各层权重集可假设 $\boldsymbol{A}_i = [a_{i1}, a_{i2}, \cdots, a_{im}]$ $(j = 1, 2, \cdots, n)$，其中 a_{ij} 是决定因素 μ_i 的第 j 个因素 μ_{ij} 的权重。

（3）建立评语集。按照评估结果的确定，建立评语集合。假设有 P 个评判等级，则评语集可表达为 $\boldsymbol{V} = \{v_1, v_2, \cdots, v_k, \cdots, v_p\}$ $(k = 1, 2, \cdots, p)$，其中，v_k 为总评估集的第 k 个可能的评估结果。

（4）一级模糊综合评判。从最底层指标因素开始，对该层因素 μ_{ij} 评判。得到 V 上的模糊集 $\boldsymbol{R}_{ij} = [r_{ij1}, r_{ij2}, \cdots, r_{ijk}, \cdots, r_{ijp}]$，通过模糊集确定 i 个模糊关系，获得评判矩阵，则第二层次的单因素评判矩阵为

$$\boldsymbol{R}_i = \begin{bmatrix} r_{i11} & \cdots & r_{i1k} & \cdots & r_{i1p} \\ \vdots & & \ddots & & \vdots \\ r_{in1} & \cdots & r_{ink} & \cdots & r_{inp} \end{bmatrix} \quad (i = 1, 2, \cdots, n; j = 1, 2, \cdots, n; k = 1, 2, \cdots, p)$$

第二层次的模糊判断集为

$$\boldsymbol{B}_i = \boldsymbol{A}_i \cdot \boldsymbol{R}_i = [b_{i1}, b_{i2}, \cdots, b_{in}] \quad (i = 1, 2, \cdots, m)$$

$$\boldsymbol{B}_i = [a_{i1}, a_{i2}, \cdots, a_{ij}, \cdots, a_{in}] \begin{bmatrix} r_{i11} & \cdots & r_{i1k} & \cdots & r_{i1p} \\ \vdots & & \ddots & & \vdots \\ r_{in1} & \cdots & r_{ink} & \cdots & r_{inp} \end{bmatrix} \quad (10-1-12)$$

（5）二级模糊综合评判。通过一级模糊综合评判得出上级单因素评判，将所有因素进行组合，得出二级模糊综合评判。

$$\boldsymbol{R} = \begin{bmatrix} B_1 \\ B_2 \\ \vdots \\ B_m \end{bmatrix} = \begin{bmatrix} A_1 \cdot R_1 \\ A_2 \cdot R_2 \\ \vdots \\ A_m \cdot R_m \end{bmatrix} \quad (i = 1, 2, \cdots, m)$$

二级模糊综合评判集为

$$\boldsymbol{B} = \boldsymbol{A} \cdot \boldsymbol{R} = \boldsymbol{A} \cdot \begin{bmatrix} B_1 \\ B_2 \\ \vdots \\ B_m \end{bmatrix} = [b_1, b_2, \cdots, b_k, \cdots, b_p] \quad (10-1-13)$$

式中：b_k 为评语集中的第 k 个评语结果。

通过概念模型中介绍的综合评估法，建立起该实际问题的评估因素集 **U** 和评语集 **V**。评估因素集 **U** = {Y_1, Y_2, Y_3}，评语集 **V** = {优，良，中，差}。

采用专家调查法，对该项目招标采购目标进行打分，从而得出该项目招标采购目标的综合评估矩阵，所得结果见表 10-1-10。

表 10-1-10　　　　　　　　　　　模 糊 综 合 评 估 表

目标层	准则层	指 标 层	评 估 矩 阵			
			优	良	中	差
该工程招标采购目标评估 X	合法合规性 Y_1	廉政风险制度建设 Y_{11}	1	0	0	0
		招标采购争议解决合规性 Y_{12}	0.71	0.29	0	0
		招标采购流程合规性 Y_{13}	1	0	0	0
	创新适用性 Y_2	招标采购的工作创新 Y_{21}	0.29	0.71	0	0
		招标采购进度计划执行 Y_{22}	0.14	0.71	0.14	0
		合同条款的合理性 Y_{23}	0.86	0.14	0	0
	竞争择优性 Y_3	投标单位参与度 Y_{31}	0.71	0.29	0	0
		中标单位资信 Y_{32}	0.57	0.43	0	0
		招标采购降幅率 Y_{33}	0.29	0.29	0.43	0

（1）进行一级模糊评估。由表 10-1-10 可知，指标层模糊综合评估矩阵分别如下所示：

$$\boldsymbol{R}_1 = \begin{bmatrix} 1 & 0 & 0 & 0 \\ 0.71 & 0.29 & 0 & 0 \\ 1 & 0 & 0 & 0 \end{bmatrix}, \boldsymbol{R}_2 = \begin{bmatrix} 0.29 & 0.71 & 0 & 0 \\ 0.14 & 0.71 & 0.14 & 0 \\ 0.86 & 0.14 & 0 & 0 \end{bmatrix}, \boldsymbol{R}_3 = \begin{bmatrix} 0.71 & 0.29 & 0 & 0 \\ 0.57 & 0.43 & 0 & 0 \\ 0.29 & 0.29 & 0.43 & 0 \end{bmatrix}$$

依据公式（10-1-12），得出指标层的模糊判断集分别为

$$\boldsymbol{B}_1 = \begin{bmatrix} 0.6754 & 0.0484 & 0.2763 \end{bmatrix} \begin{bmatrix} 1 & 0 & 0 & 0 \\ 0.71 & 0.29 & 0 & 0 \\ 1 & 0 & 0 & 0 \end{bmatrix} = \begin{bmatrix} 0.986 & 0.014 & 0 & 0 \end{bmatrix}$$

$$\boldsymbol{B}_2 = \begin{bmatrix} 0.1260 & 0.1300 & 0.7439 \end{bmatrix} \begin{bmatrix} 0.29 & 0.71 & 0 & 0 \\ 0.14 & 0.71 & 0.14 & 0 \\ 0.86 & 0.14 & 0 & 0 \end{bmatrix} = \begin{bmatrix} 0.6945 & 0.286 & 0.0182 & 0 \end{bmatrix}$$

$$\boldsymbol{B}_3 = \begin{bmatrix} 0.7442 & 0.1039 & 0.1520 \end{bmatrix} \begin{bmatrix} 0.71 & 0.29 & 0 & 0 \\ 0.57 & 0.43 & 0 & 0 \\ 0.29 & 0.29 & 0.43 & 0 \end{bmatrix} = \begin{bmatrix} 0.6316 & 0.3045 & 0.0653 & 0 \end{bmatrix}$$

（2）进行二级模糊评估。依据式（10-1-13），可得二级模糊综合评判集为

$$\boldsymbol{B} = \begin{bmatrix} 0.5553 & 0.0732 & 0.3715 \end{bmatrix} \begin{bmatrix} 0.986 & 0.014 & 0 & 0 \\ 0.6945 & 0.286 & 0.0182 & 0 \\ 0.6316 & 0.3045 & 0.0653 & 0 \end{bmatrix} = \begin{bmatrix} 0.833 & 0.1418 & 0.0256 & 0 \end{bmatrix}$$

根据最大隶属度原则，对照评语等级标准，可知该工程招标采购目标取得"优"的效果。

四、评估结论和建议

（一）评估结论

本节选用层次分析法-熵权法-模糊综合评估法构建综合评判模型对该工程招标采购目标进行分析，得出该工程招标采购目标取得的效果为"优"的结论。通过目标评估可知，已经实施的招标采购行为，廉政风险防控有效、招标采购争议解决合规、招标采购流程合规，招标采购工作有创新、招标采购进度计划执行到位、合同条款合理，投标单位积极参与、中标单位资信良好、招标采购降幅较为明显，达到了预定的合法合规性，创新适用性、竞争择优性目标。

（二）评估建议

根据专家对该工程招标采购目标的综合评估矩阵赋分及评审情况，建议在后期项目招标准备阶段编制项目管理预算，推行工程造价"静态控制、动态管理"，为招标投资控制提供更为科学合理的依据；进一步加强对设计单位的管理和沟通，确保成果文件质量、进度满足项目招标及工程建设需要；在利用招标投标大数据智能分析、智能辅助决策等方面有待创新工作方式、方法，进一步降本增效，释放管理活力。

第二节 招标采购可持续性后评估

一、招标采购可持续性后评估

（一）可持续性评价

1. 可持续发展的由来

可持续发展是 20 世纪 80 年代以来随着人们对全球环境与发展问题的广泛讨论而提出的一个全新的概念，是人类对传统经济发展模式进行长期深刻反思的结晶，它已经成为当今社会发展的主旋律之一。

1980 年，可持续发展一词在《世界自然保护战略：为了可持续发展，保护生存的资源》一书中首次作为术语被提出。1987 年世界环境与发展委员会（WCED）出版其报告《我们共同的未来》，以"持续发展"为基本纲领，以丰富的资料论述了当今世界环境与发展方面存在的问题，提出了处理这些问题的具体的和现实的行动建议。1992 年 6 月，在巴西里约热内卢召开的联合国环境与发展会议（UNCED）是可持续发展的思想在各国取得合法性并形成全球共识的标志。这次会议通过《里约宣言》《21 世纪议程》和《关于森林问题的原则声明》3 个非常重要的文件，这 3 个文件都贯穿了可持续发展的思想。这次会议为人类改变了传统的发展模式和生活方式，提出了要实现社会、经济、资源和环境的协调与可持续发展，标志着可持续发展科学思想的形成。从此世界各行各业都掀起了一股可持续发展研究的热潮，如可持续经济、可持续社会、可持续农业、可持续工业、可持续建设等。

1993 年党的十五大报告中重申了科教兴国战略和可持续发展战略，明确了社会、环境相互协调发展的可持续发展之路，并于 1994 年正式发布了《中国 21 世纪议程——中国

21 世纪人口、环境与发展白皮书》（简称《中国 21 世纪议程》）指出："走可持续发展之路，是中国在未来和下世纪发展的自身需要和必然选择。"2001 年，《中华人民共和国国民经济和社会发展第十个五年计划纲要》将人口、资源和环境作为单独的一篇纳入纲要，并把可持续发展列为国民经济和社会发展的主要目标之一。

2. 可持续性后评价

可持续性后评价是"可持续发展"理论在项目后评价中的具体应用。建设项目可持续性后评价最早是在 20 世纪 90 年代中期提出的，是建设项目后评价体系中较新的内容，随着社会可持续发展观的深入研究而逐渐被人们认识。世界银行将项目的持续性视为其援助项目成败的关键之一，要求对其单独进行分析和评价。我国也在《中央政府投资项目后评价报告编制大纲（试行）》中对建设项目后评价的内容进行了界定，主要包括 4 个方面的内容，把项目持续性评价作为其中一项重要的内容。

可持续性后评价在后评价中属于前瞻性评价，通过对内外部影响因素和条件分析，预测未来的发展趋势，分析在哪些方面存在的不可持续性，评价的结论对改善现状、影响和指导未来决策提供更加科学的依据，可使项目后评价的内容更加完善和系统。

（二）招标采购可持续性后评估

1. 概念

根据水利建设项目可持续性后评价的概念，招标采购可持续性后评估可以表述为：招标采购完成一段时间后，通过对外部条件和内部条件的分析，并运用系统的评价指标、科学的评价方法和现代的评价手段来评价项目招标采购的发展度、协调度、持续度，对招标采购的可持续性进行诊断，并对发展趋势进行预测，找出影响招标采购可持续性的风险因素，然后提出改善的措施建议。

2. 评估内容

（1）进行制约因素分析，分内部因素和外部因素，对制约招标采购的主要因素进行分析。

（2）进行招标采购可持续性评估。根据上一步的因素分析，分析主要条件，区分内外部条件，进行分析评估。

（3）通过评估，根据制约因素，研究解决方案，提出措施建议。建议包括内部措施建议和外部条件创造的建议，重点是项目法人无法控制的外部条件。

二、引江济淮工程（安徽段）招标采购可持续性后评估

鉴于招标采购是政策性很强的工作，需要严格遵守法律法规的规定，按照规定的程序开展，该工程招标采购可持续性后评估主要采用定性分析方法进行。

（一）可持续性的影响因素分析

影响项目招标采购可持续性的关键因素有很多，系统内任何一个因素出现问题，都会降低项目招标采购的可持续能力。针对该工程招标采购的特征及可持续性的要求，影响招标采购可持续性的主要因素包括内部因素和外部因素。

1. 内部影响因素分析

内部影响因素包括：经济效益、招标采购技术和手段、招标采购管理运行机制和人才因素。

（1）招标采购自身产生的经济效益因素，主要包括直接经济效益和间接经济效益。直接经济效益可以理解为通过招标采购节约的资金（投资），也就是招标项目预期签约金额与中标金额的差额，实际上要准确界定项目预期签约金额并不容易，有的认为以招标项目标底作为项目预期签约金额，有的则以预算金额乘以行业平均招标降幅率作为预期签约金额，不一而足。对该工程而言，是通过降幅率指标来体现的。理论上说，招标采购自身产生的直接经济效益的可持续性追求是中标金额越低越好，即降幅率越高越好。但实际上，中标金额过低尤其是低于其成本时，难以保证工程质量、安全、工期等其他目标的实现。因此，在进行招标采购可持续性评价时应注意避免只重视降幅率，而忽视建造成本，否则可能会使项目工程质量、安全、进度出问题，甚至导致项目失败。另外，招标采购也会对周边经济产生影响，产生间接的经济效益，如招标产业增加值、第三产业拉动等，间接经济效益的好坏关系到外界对项目招标采购的支持力度，影响到项目以后招标采购的外界环境条件，这些都会影响招标采购的可持续性。

（2）招标采购技术和手段因素。招标采购技术和手段对于项目招标采购的可持续性具有很大的影响，具体表现在技术的标准化、先进性两个方面。招标采购技术标准化就是招标采购技术和手段是否保证招标采购的合法合规，也就是招标采购技术是否保证招标采购的公开公平公正和程序规范。招标采购技术的先进性则主要指采用新技术，如电子招标投标、大数据、智慧监管等技术和手段，能对招标采购起到规范流程、提高效率、节约成本等作用，并能够大幅度降低对于环境的污染程度，还可以提高招标采购的合法合规性。

（3）招标采购管理运行机制因素。招标采购的组织结构及管理运行机制，是项目招标采购持续运行的保障。项目招标从招标准备、发标、开标、评标、定标、签约到招标情况报告、整理归档全过程，整个过程中工作制度是否健全，组织形式是否符合实际，组织和管理水平能否适应和促进招标采购的工作开展，能否保证招标采购的合法合规性，都影响着招标采购的可持续性。

（4）招标采购的人才因素。人是管理和服务的主体，管理人员具有较高的管理水平、业务人员具有较高的道德修养和业务水平，是招标采购能够达到规范、高效的关键因素。人才因素主要包括招标采购管理和业务的人员结构、人力资源开发和利用方面是否得当，是否有利于培养人才，是否能使人才充分施展自己的才能，从而促进招标采购持续健康地开展。

2．外部影响因素分析

外部影响因素包括：资源因素、资金因素、环境因素、政策法规因素。

（1）资源因素。招标采购资源因素包括招标资源和投标资源，主要是资源持续供给情况。招标资源供给情况指招标采购项目的持续功能能力；投标资源指建筑市场供应能力。

（2）资金因素。对于项目招标采购来说，所需资金是否有可靠来源，是否能按时到位，都会对项目的发展产生至关重要的影响。招标需要投入人力、物力、财力，投标同样需要投入人力、物力、财力，招标资金和投标资金是否能及时到位也影响着招标采购的可持续性。

（3）环境因素。环境因素包括经济环境、社会环境、自然生态环境等因素，主要是考察招标采购与周围的这三方面的环境是否能协调发展，尤其经济环境对招标采购的可持续性有直接性影响。经济因素主要是指国家、行业和地区的经济发展情况，经济的持续发展为招标采购的持续运行提供了一个良好的外部条件；社会因素也是一个很重要的因素，社会的和谐稳定对招标采购产生积极影响，招标采购只有与周围的社会环境相协调才有持续性。如果招标采购与周围环境不相容，无论对于社会舆论的支持还是招标采购自身运转都会造成不良影响。

（4）政策法规因素。招标采购是政策法规性很强的工作，受政策法规影响较大。对于招标或采购，国家、行业和地方都会有相关的管理政策和规定，当这些政策发生变化时就会对招标采购的可持续性造成很大的影响，这时招标采购的管理机制要按照相关政策做出相应的调整。

（二）招标采购可持续性评估

主要根据所列举的因素根据该工程招标采购情况进行分析评估。

1. 影响因素评估

（1）招标采购自身产生的经济效益因素评估。

1）直接经济效益：据统计，该工程招标采购总体降幅率为 19.34％，其中招标项目总体降幅率为 19.37％，招标采购直接经济效益明显。且招标采购的中标单位总体履约良好，说明降幅效果与项目实施实现了较好协调，总体价格水平是比较合适的。

2）该工程投资大，工程建设投资有效拉动了周边经济。就招标采购本身来说，招标采购活动所产生的经济链条包括招标产业、投标活动对住宿、餐饮等第三产业的拉动不可忽视。该工程招标代理费总额为 2480.23 万元，尤其对安徽省来说，首先，代理机构为省内企业，招标产业增加值均在安徽省；其次，省内企业中标金额 1398505.36 万元，占中标总金额的 30.57％，直接提升了安徽省建筑业产值；第三，招标采购活动发生在安徽省境内，由此产生的第三产业增加值也主要在安徽省；最后，该工程招标采购的公开公平公正性也对市场活跃度、公平性带来有利影响。因此，该工程招标采购间接经济效益是比较明显的。中标单位区域情况见表 10-2-1。

表 10-2-1　　　　　　　　　中标单位区域情况统计表

类　别			中标单位区域		
			省内	省外	合计
施工	标段数	数量/个	22	51	73
		占比/%	30.14	69.86	100.00
	概算	金额/万元	990490.59	3071092.59	4061583.18
		占比/%	24.39	75.61	100.00
	中标金额	金额/万元	833293.15	2438260.71	3271553.87
		占比/%	25.47	74.53	100.00
货物	标段数	数量/个	16	42	58
		占比/%	27.59	72.41	100.00
	概算	金额/万元	25612.76	124573.50	150186.26
		占比/%	17.05	82.95	100.00
	中标金额	金额/万元	23153.80	108508.92	131662.72
		占比/%	17.59	82.41	100.00

续表

类 别			中标单位区域		
			省内	省外	合计
服务	标段数	数量/个	49	78	127
		占比/%	38.58	61.42	100.00
	概算	金额/万元	383154.01	108862.20	492016.21
		占比/%	77.87	22.13	100.00
	中标金额	金额/万元	303874.24	86755.90	390630.14
		占比/%	77.79	22.21	100.00
合计	标段数	数量/个	87	171	258
		占比/%	33.72	66.28	100.00
	概算	金额/万元	1398505.36	3302858.29	4701363.65
		占比/%	29.75	70.25	100.00
	中标金额	金额/万元	1158754.22	2631941.89	3790696.11
		占比/%	30.57	69.43	100.00

（2）招标采购技术和手段因素。

1）该工程招标采购工作机制强调了招标文件范本化、工作程序标准化，并通过招标代理工作要求、负面清单等机制和做法予以强化，确保了招标采购的合法合规，取得了较好效果。

2）该工程招标采购还积极应用电子招标投标，后续还将加大大数据、智慧监管等技术的应用力度，这些都在规范流程、提高效率、节约成本等方面发挥了重要作用，有效降低了对于环境的污染程度。

（3）招标采购管理运行机制因素。该工程招标采购组织结构健全，管理运行机制切合实际，有效保障了项目招标从招标准备、发标、开标、评标、定标、签约到招标情况报告、整理归档全过程的工作符合要求，并取得了巨大成绩。可以说，招标采购管理运行机制能够保证引江济淮招标采购的可持续性。

（4）招标采购的人才因素。该工程招标采购工作的相关人员履职尽责，积极工作，不断提高工作水平，保证了招标采购工作的持续开展。

1）项目法人工作人员工作认真严谨细致，加强学习提高；决策人员管理水平高，保证了决策的可靠性。项目法人作为国有大型企业，人力资源制度规范，人才开发和利用程度较高，保证了相关人员的水平和能力的提高。

2）项目法人通过招标建立了招标代理库，并建立完善考核机制，同时发布招标代理人员工作要求和招标工作负面清单，这些都保证了该工程代理人员的素质和能力，招标代理机构在项目法人的管理下严格履约、认真工作，有效促进招标采购持续健康地开展。该工程的招标代理工作质量在本次评估问卷调查统计和访谈反馈上也得以验证。

（5）资源因素。

1）招标资源：引江济淮工程二期已在进行可行性研究报告，项目投资约500亿元，国家、行业和安徽省均大力支持，批复概率极大，因此，招标资源的可持续性很好。

2）投标资源：目前国内建筑市场仍然是"僧多粥少"的局面，建筑业企业众多，从业人员不断扩大，尤其引江济淮作为影响力巨大的基础设施项目，对投标人吸引力较大，大部分项目投标人积极参与，这一点在本次评估调查问卷已得到证实。因此，投标资源较为充裕。

（6）资金因素。引江济淮工程作为国家、行业和安徽省均有极大影响力的项目，项目资金来源可靠并能保证按时到位，项目法人为国有大型企业，招标采购管理资金有保证，招标资金充分落实。至于投标资金，参与引江济淮投标的单位一般实力较强，能够保证投标投入。从此次评估问卷调查反馈，施工投标人的每标段投标成本平均为12.5万元，但施工标仍然交易活跃。当然，随着后期全流程电子招标投标的推广运用，该成本将大幅降低。

（7）环境因素。招标采购是根据项目进行的，只是项目建设管理的一个环节，项目需与社会经济发展相互适应、相互协调，但经济环境、社会环境、自然生态环境对招标采购本身影响相对较小。

1）经济环境：当前国家处于新发展阶段，加快构建以国内大循环为主体、国内国际双循环相互促进的新发展格局，加快补齐基础设施、市政工程等领域短板，推进新型基础设施、新型城镇化等重大工程建设等举措，将进一步拓展投资空间，产生大批的建设项目，为行业发展带来新机遇，为引江济淮工程招标采购提供了一个较为有利的经济环境。

2）社会环境：该工程招标采购以其公开公平公正和主动接受监督的形象得到社会舆论的良好评价，同时我国社会长期和谐稳定，这些都对招标采购提供了良好的社会环境。

3）自然生态环境：该工程招标采购积极应用电子招标投标，推进智慧工地建设，节约了资源，有效降低了对环境的污染。

（8）政策法规因素。科学的管理体制和强有力的政策措施保障是实现招标采购可持续发展的必要条件，当前国家正在修订《招标投标法》和《政府采购法》，诸如《招标投标法（修订草案送审稿）》中规定的"评定分离"定标规则的改变，以及"国家鼓励招标人在招标文件中合理设置支持科技创新、节约能源资源、保护生态环境、促进中小企业发展、支持扶贫开发等有利于实现国家经济和社会发展政策目标的要求和条件"等，法规的变化进一步优化了该工程招标采购环境，同时需要招标人与时俱进，动态管理相关制度、办法以适应相关要求。此外，工程建设招标投标和国有企业采购政策不断完善，简政放权、优化营商环境、"互联网＋政务"等国家综合改革措施持续深入，为招标采购的管理体制机制改革完善提供了良好的政策法规环境，必将进一步推动引江济淮工程后续招标采购的持续开展。

2. 风险、目标等评估结果

（1）招标采购可持续性后评估一般需要进行风险分析，根据本书第八章的风险评估结论，该工程招标采购体系风险不大，由此判断引江济淮工程招标采购可持续性的风险状况较好。

（2）根据本书前面章节的评估结果，该工程招标采购在政策法规、经济效益、招标采购技术和手段、招标采购管理运行机制、人才因素、招标投标资源、招标资金等方面均有了较为详细的评估，评估结论和实施效果均证明了该工程内部、外部影响因素的总体情况较好。尤其根据本章第一节目标后评估结果，该工程招标采购目标实现程度较好，有利于可持续开展。

3. 评估结论

（1）从可持续性评价的 8 大影响因素的评估看，该工程招标采购产生的经济效益明显，招标采购技术和手段规范先进，管理运行机制合理有效，人才基础和人力资源管理规范，招标投标资源持续供应，资金来源可靠，经济社会生态环境协调，政策法规不断完善持续健全，为该工程招标采购可持续性奠定了坚实的法律、经济和技术基础。

（2）通过目标后评估和风险评估，也一定程度上印证了该工程招标采购的可持续性。

（3）综合来看，该工程招标采购的可持续性良好，无论是实施效果效益还是内外部环境和因素，都保证了其可持续性。

（三）措施建议

1. 进一步完善招标采购制度体系

当前国家正在修订《招标投标法》和《政府采购法》，项目法人需要根据修订精神，提前谋划，完善自身体制、机制和制度体系。

2. 建立科学合理的招标采购可持续性评价体系

从可持续性角度，加强可持续发展宣传力度，提升项目法人及相关参与方（包括代理机构、投标人等）可持续发展意识，制定出招标采购可持续性的评价标准。同时，需要加强可持续性评价标准的宣贯和落实，不断优化引江济淮工程的市场环境，从而提高招标采购的可持续性。

3. 提高招标采购科技含量，积极应用先进技术和手段

进一步加大电子招标投标应用力度，不断完善引江济淮特色的电子招标投标体系。充分借助和运用第三方交易系统的数据存储、统计分析等功能，通过大数据辅助决策，完善招标采购管理。同时，在企业内部建立招标投标及合同管理系统，与第三方交易系统建立数据关联和互为补充，提升招标采购的科技水平，不断完善引江济淮招标采购的规范性、效率性，持续节约成本。

第十一章 评估结论和建议

第一节 评 估 结 论

引江济淮工程作为重大战略性水资源配置和综合利用工程，是国家水网骨干工程之一，能有效提升水安全保障能力。工程规模大、标段多、工期紧、行业交叉，加之工程的巨大影响力带来的社会各方关注，对工程招标采购提出了更高的要求。在以项目法人为主的有关各方共同努力下，各项招标采购工作依法有序开展，达到了预期目标，效果良好，成效显著，有效保证了工程进展。

一、招标采购依法合规，控制有力

该工程招标采购严格按照法律法规规定组织开展，遵循"事前策划、事中控制、事后总结"的工作思路，过程控制严格依法合规。①做好招标准备，强化招标策划。加强招标工作计划管理，坚持做好市场调研工作，为招标策划奠定决策基础；加强招标设计管理，与设计单位提早沟通协调好，以利工程量清单及最高投标限价、设计图纸、技术条款及时编制完成，努力提高前期工作进度和质量。②加强事中控制，保证程序规范。建立健全"集中管理、分层负责"的招标管理组织体系，对招标、评标、定标及招标后续工作等环节制定完善了工作质量标准和具体要求，以保证招标投标管理工作规范性。其中招标项目异议数量较低，绝大多数异议得到了化解；投诉事项均为对评审结果的投诉，除1例部分成立、1例撤回外，其余6次投诉均未成立；截至目前，在该工程招标采购中未发生诉讼案件、未发现廉政等违法违纪事件。③加强招标总结，持续改进工作。做好标后总结，通过总结经验教训，及时纠偏，持续改进招标文件编制质量；贯彻落实预防为主的指导思想，重视异议处理经验积累，及时对标对表整改落实审计通报问题，持续改进招标采购工作质量；重视结果反馈，跟进了解项目履约情况，优化完善招标文件条款内容。

二、招标采购任务艰巨，顺利完成

引江济淮工程（安徽段）招标采购任务艰巨、工作难度大。①规模大，工作量集中。自2015年6月至2021年1月31日，该工程已完成招标采购项目（标段）721个，完成概算金额合计5287029.10万元，招标采购任务规模巨大；同时，由于初步设计批复时间为2017年9月，主要的招标采购任务集中在2018—2020年，在短短3年多时间，完成了招标采购任务量的90%，尤其2020年以来叠加突如其来的新冠肺炎疫情影响，任务更为艰巨。②招标采购项目复杂，工作难度大。该工程等级高、项目条件复杂，涉及水利、交通、铁路、市政等多个行业，行业交叉多，招标采购工作协调难度大，技术要求高；同时，招标采购项目涵盖施工、工程总承包，金属结构、机电设备、自动化等采购，勘察设计、建设监理（移民安置监督评估）、造价咨询、工程保险、质量检测、水保监测、环保监测、科研类咨询、行政后勤服务等数十种招标项目类型，项目类型多，专业复杂。

为顺利完成规模巨大的招标采购任务，项目法人在总体计划和年度招标计划基础上，优化标段划分，再分解细化具体招标项目工作计划，保证适时招标，并强化落实，严格考核，使得招标采购工作有序开展，有力保障了工程进度目标的实现。

三、招标采购目标实现，效益显著

该工程招标采购实现了合法合规性、创新适用性、竞争择优性等目标。本次评估通过层次分析法-熵权法-模糊综合评估法构建综合评判模型对该工程招标采购目标进行分析，评估目标实现效果为"优"。从已完成的招标采购过程评估效果看，招标采购流程依法合规，招标采购价格水平相对合理，招标采购进度满足工程进展需要，总体中标人资信良好，招标采购工作有创新，招标采购争议解决合规，招标采购总体竞争性与行业成熟度一致；从履约情况反馈看中标人履约状况总体较好。

该工程招标采购经济效益显著。通过科学设置评标办法，合理编制最高投标限价等鼓励竞争择优，招标采购项目降幅金额总计910839.41万元，总体降幅率19.34%，招标采购效益明显，取得了较好的招标投资控制效果。

四、招标采购特色鲜明，机制创新

该工程招标采购管理具有鲜明的引江济淮特色。该工程根据项目建设管理体制和我国的招标投标管理体制框架，发挥我国的制度优势，集中力量办大事，建设管理体制由省级政府统一推动，执行相应行业建设管理规定，多行业融于一体，强化了监督职能。招标采购管理体制严格执行国家、行业和地方及国有企业管理规定，框架清晰，职责明确，招标采购组织形式、方式及其流程等均符合工程建设和企业采购实际，同时充分发挥代理机构作用，完善并强化管理和监督职能，使得招标采购活动公开、公平、公正地开展，确保了招标采购工作的规范有序和科学实效。

项目法人积极探索，创新机制。在建设管理上按"全国一流、安徽第一"高标准、严要求，招标采购认真贯彻执行国家有关法律、法规和行业、地方法律法规、规章制度的基础上，结合自身管理要求及工程特点逐步建立了招标采购计划管理机制、招标采购决策机制、代理机构库建立和考核机制、清标及合同谈判机制、造价咨询单位审核机制、招标文件范本化机制、负面清单机制、招标人代表评委库机制、招标后评估反馈机制、信息公开机制共十大工作机制，其中代理机构库建立和考核机制、清标及合同谈判机制、造价咨询单位审核机制、招标人代表评委库机制和负面清单机制在国内尚未形成完整的机制。此创新，在一定程度上提升了招标采购管理水平。

五、招标采购实践丰富，促进行业发展

（一）促进招标行业能力提升

基于该工程招标采购的复杂性和巨大影响力，在一定程度上促进了招标行业能力的提升。①该工程的招标采购实践积累了大量的招标投标案例，提炼出的经验得失既可以为其他工程招标采购提供借鉴，也可以丰富招标管理手段和措施，有力促进招标行业水平提升。尤其是通过开展招标采购后评估，采用后评估方式从独立视角对招标采购工作进行系统、全面和科学的评估，通过评估对已积累的海量招标采购数据进行归纳整理，进行多维度多视角对比分析，一定程度上挖掘了数据价值，形成了较为科学合理的评估结论，除用于指导后续及二期工程招标采购管理工作外，也为其他项目尤其是国家重大建设项目的招标采购工作提供借鉴，此外采用后评估方式还丰富了招标采购反馈手段，探索了新的管理措施，有助于指导其他工程招标，从而促进行业整体水平的提升。②该工程招标采购主动融入公共资源交易改革，积极运用公共资源交易机制，不断加大电子招标投标应用力度，强化信用管理，规范招标采购活动，营造公平竞争的招标采购环境，该工程的示范引领作用，可以进一步推动优化营商环境、"放、管、服"等国家综合改革政策的落实，也有助于促进工程建设项目招标管理相关制度的不断优化完善，提升招标行业形象。③有利于深入贯彻落实政策法规，提升行业能力。该工程招标采购过程中针对发生的突出问题，根据政策法规进行多方面分析探讨，提炼出有益的意见建议部分已反馈至相关主管部门，助力推进政策法规的完善。该工程招标采购适逢国家改革的进一步深入，围绕工程招标投标的新制度、新理念、新科技不断推陈出新，《招标投标法》和《政府采购法》正在修订，该工程招标采购实践能够提供较好的案例素材，尤其通过评估与国家招标采购相关政策、法规的规定对照分析，不但有利于进一步贯彻落实，还能够为《招标投标法》《招标投标法实施条例》的修订及相关政策制定提供参考。该工程招标采购包括在本次评估中对招标投标监督管理体制、电子招标投标、《民法典》等相关内容进行分析，也有助于政策法规在行业的进一步深入贯彻落实。

（二）多措并举，助力工程行业发展

该工程规模大，涉及多行业，从招标采购效果和建设管理实践来看，一定程度上促进了工程行业发展。①大标段分标，助力行业发展。项目法人根据该工程"体量大、战线长、推进快、行业多"的特点，突出"招大招优招精招强"的理念，在工程标段划分上进行大标段分标，体现工程规模优势，吸引了国内一流企业积极参与投标并承建，多个单标段金额超过10亿元的项目给承建的施工企业在项目管理上提出了更高要求，促使其提高管理水平，提升各类施工机具的性能和效率，提高机械化施工程度，不断做大做强，助力工程行业持续健康发展。②高标准严要求，助力产业升级。该工程招标阶段就按"全国一流、安徽第一"高标准、严要求，加大创新力度，将BIM技术应用作为招标阶段评审内容并将"四新"（施工工法、BIM等）应用的要求写入合同条款，加大创优激励力度，细化履约条款等，积极引导企业加快推进BIM技术的集成应用，加快先进建造设备、智能设备的研发、制造和推广应用，着力提升其创新创优意识，提高其项目管理能力，努力实现"一流工程、一流管理"目标，促使其做大做强，助力产业升级。③行业交叉，促进融

合发展。该工程涉及水利、公路、水运、市政、铁路等多个行业，接受相应行业监督管理，在各行业专业项目招标过程中，及时提炼相关行业较好做法，相互借鉴，吸收其精华，运用到该工程招标采购乃至项目管理中，促进行业融合发展。

第二节　评　估　建　议

招标采购是在严格规范的程序内运行，招标投标相关主体又涉及方方面面，工作中难免存在缺陷和不足，需要坚持问题导向，着力解决突出问题，又要注意持续改进，综合施策，逐步完善。评估单位在过程评估、效果评估、目标和可持续性评估的基础上，研究提出相关建议，努力推动招标采购管理向纵深发展。

一、完善公司范本制度，加强制度建设

建议将范本编制和使用提炼形成制度，以利于后期招标项目效率的提高。①明确范本的类型。建议包括各类水利、水运、公路等施工、监理范本，各类型货物类范本及询比等非招标采购范本。此外，项目法人为该工程建设管理和运行维护一体化管理单位，有必要借鉴南水北调工程经验，提前谋划，研究编制运行维护项目范本。建议按土建类运行维护项目、金属结构机电类运行维护项目、服务类运行维护项目等分别编制招标文件示范文本。②明确范本修订和发布的时间。建议招标文件范本以年为单位进行版本修订发布，提高其稳定性和权威性，避免迭代性管理。③明确范本中"不可修改"内容，对于评标办法、合同专用条款中运行较为成熟的内容予以固化，各建管处、代理公司必须严格遵守，避免不同建管处、不同代理公司、不同招标批次之间的差异化。④优化招标文件相关条款，主要包括以下4个方面：ⓐ优化施工类招标项目合同条款。在合同风险可控的基础上适度加大施工项目付款比例，优化合同付款条件和程序；优化施工项目合同违约条款，适当简化或降低标准，尤其是人员要求和人员变更违约金，同时增加设置奖励条款，倡导正向激励和反向激励相结合，尤其要加大对"四新"的奖励以及在项目实施中作出突出成绩的予以奖励，激发参建单位的积极性，促进工程顺利进展；优化缺陷责任期，不应超过24个月，包括质量保证金的返还时间。ⓑ完善货物类招标项目信用体系评审因素，完善自动化项目变更、人员履约等合同条款。ⓒ优化监理评标办法的投标报价评审标准。ⓓ完善联合体合同条款。该工程行业交叉多导致施工、服务均存在联合体承建的情形，建议在后期招标项目中，明确联合体牵头人协调管理责任，必要时将联合体内部的协调管理机制列为评分项，引导联合体投标人在投标阶段建立良好的内部管理机制。

二、制定相关工作细则，完善工作程序

建议针对招标采购中相关专项工作制定工作细则，进一步完善工作程序。①制定招标市场调研的工作细则。开展招标市场调研工作是实现该工程招标目标的重要保障之一，在招标工作中，经过不断总结、完善，逐步建立了系统规范的市场调研工作程序和有效的工作方法。为进一步提高市场调研的广度和深度，同时更加规范有效地开展市场调研，有必要出台市场调研的相关工作细则，明确市场调研的目的、工作程序、工作方式、调研内

容、注意事项及风险防控等。②制定异议处理的工作细则。针对异议的不同环节及内容，制定异议处理的规范操作流程、处理方式（比如核查、征询、由原评标委员会协助处理等）、经验教训总结等。

三、制定廉政风险防控手册，落实防控措施

招标采购廉政风险大，需要着力防控，有必要制定有针对性的廉政风险防控措施，不断完善廉政制度，实现引江济淮工程"工程安全、资金安全和干部安全"的目标，同时根据《水利工程建设项目法人管理指导意见》的相关规定，项目法人应切实履行廉政建设主体责任，针对设计变更、工程计量、工程验收、资金结算等关键环节，研究制定廉政风险防控手册，落实防控措施，加强工程建设管理全过程廉政风险防控。因此，可根据该工程特点，委托专业机构研究制定针对招标采购、设计变更、工程计量、工程验收、资金结算等关键环节的廉政风险防控手册，加强工程建设管理全过程包括招标采购的廉政风险防控。

四、进一步强化招标前期工作，补强招标管理

（一）加强设计前期工作管理

设计成果直接影响到招标效果和后期工程建设项目的实施，为此需要进一步加强设计前期工作管理。①保证设计提供资料的及时性。根据该工程勘察设计合同，招标文件的重要组成部分工程量清单（最高投标限价）、图纸、技术条款这3部分内容均由设计单位编制完成，其工作进度直接影响项目招标进度计划。②强化设计提供资料的准确度。工程量清单（最高投标限价）准确度不足，会直接影响招标进展和招标效果，这一问题在招标文件澄清修改中上述内容占比较高，在访谈和调研中也有所反馈，因此需要进一步加强对设计的管理和协调，保证工程量清单及最高投标限价、设计图纸、技术条款满足招标质量要求。③统筹解决设计深度问题。招标设计深度不够，影响了招标图纸、技术条款的准确度及工程建设实施，在此方面水利行业出于加快推进前期工作需要，用以初步设计为基础的招标设计图纸和技术条款进行招标，由此产生的设计深度不够问题更为明显。后期及二期工程招标需提早谋划，尽可能让其达到施工图设计的深度，以施工图招标。

（二）编制项目管理预算

项目管理预算在造价控制和内控管理上发挥着重要作用。①编制项目管理预算是实施"总量控制、合理调整、静态控制、动态管理"造价控制的重要手段。②编制项目管理预算可以作为最高投标限价的编制基础，甚至有些项目管理预算的招标工程项目费可直接作为最高投标限价，从而加快前期工作进度。③项目管理预算根据投资支配权限切块划分管理控制，能够明确项目法人管理项目费、建设单位管理项目费，有利于项目法人加强内部预算管理，优化法人治理结构。根据二期工程具体情况，建议根据二期工程管理单元和招标批次划分编制项目管理预算。

五、进一步加强代理机构管理

需要进一步发挥代理机构作用。①注重代理机构的全方位招标咨询能力。随着电子招

标投标加快推进和招标代理与造价咨询深度融合，需要代理机构同时具备代理、电子交易平台、造价咨询的全方位招标采购咨询服务。②完善招标代理合同。按照《招标代理服务规范》相关内容，作出进一步的约定，完善合同条款，如实施电子招标投标的范围和使用的电子交易平台和要求代理机构定期开展自我评价等。③继续加强对代理机构的管理。针对代理机构团队结构相对简单、三级复核不足、市场调研广度、深度不够等问题，加强督促检查，促其持续改进。

六、进一步加强对交易主体的信用管理

促进市场诚信体系建设，能够推动招标投标市场健康运行。①建立引江济淮信用管理信息系统。引江济淮的信用管理主要依托和借助监管部门进行，作为重大基础设施系列工程，建立自身信用管理系统有其必要性和可行性，在信用管理系统中健全各方交易主体信用档案，与自身对参加单位的各项考核、评比相结合，加强该工程的信用管理，引导各方主体"以诚信立业，靠质量取胜"。②继续健全招标投标信用制度，实施全方位信用管理，增加货物、咨询服务等主体信用信息的运用；同时为提高评标质量，将评标专家纳入信用管理，及时统计上报评标专家不良行为信息。③强化对弄虚作假、出借借用资质、工程转包、违法分包、严重违约等违法违规行为的管理，不放过串通投标、弄虚作假投标的各类线索，一旦发现及时上报相关主管部门依法依规处理。

七、进一步拓展工程建设组织模式，与时俱进

响应《国务院办公厅关于促进建筑业持续健康发展的意见》的文件精神，加快推行工程总承包和培育全过程工程咨询，促进行业转型升级，助力高质量发展。①加快推行工程总承包。该工程作为影响力巨大的政府投资工程，应发挥示范引领作用，推行工程总承包，按照总承包负总责的原则，应加强落实工程总承包单位在工程质量安全、进度控制、成本管理等方面的责任。工程总承包是国际通行的建设项目组织实施方式，有利于提升项目可行性研究和初步设计深度，实现设计、采购、施工等各阶段工作的深度融合。该工程有部分项目已采用总承包模式，也取得了一些经验，需要进一步推广运用。②推进全过程工程咨询。该工程咨询服务类项目种类和标段数量较多，在不同的建设阶段引入多家咨询服务机构，这种片段式、碎片化咨询服务发包模式导致建设单位花费大量时间用于（招标）采购、管理协调上，建议逐步推行建设全过程咨询服务模式，可将招标代理、勘察、设计、监理、造价、项目管理等的全部或部分内容合并为一个标段进行招标，由其实施一体化服务，从而增强工程建设过程的协同性，进而提高建设效率、节约建设资金。

八、推进招标采购数字化，助力工程创新

当前招标采购全流程数字化在运用范围、互联共享、管理能力等方面仍有很大发展空间，因此需要进一步推动，促进工程建设招标投标高质量发展和创新。①全面推行全流程电子招标投标。按照国家部委的相关要求，同时随着电子交易系统的不断成熟和完善，建议全面推行全流程电子招标投标，在交易系统实现对各类权重系数等地抽取，异议线上提交和答复，尽快推动和采用电子清标，以提高评标效率和质量。②发挥电子交易平台的辅

助决策功能。建议招标人在所使用的电子交易系统可以增设引江济淮个性化专区，发挥电子交易平台的智能辅助决策功能，同时探索将电子交易系统中招标投标的相关数据资料与招标人内部管理系统相对接，以降本增效，释放管理活力。③积极应用大数据、BIM等先进技术，主要包括以下 3 个方面：ⓐ建立招标投标及合同管理数据信息管理系统，摆脱传统的 Excel 模式，并积极通过大数据相关技术和手段分析挖掘数据潜在价值，对招标投标乃至履约的海量数据进行处理，形成相关意见建议，指导后续工作；ⓑ逐步推行"互联网＋管理"，利用手机第三方应用程序（App），运用终端记录、GPS 定位、录音、拍照、摄像等多种功能，实现智能终端和即时服务，规范日常招标采购检查、取证等行为，提升管理效能；ⓒ加快推进 BIM 技术的集成应用。在后续工程和二期工程招标中加快推广BIM 技术，将招标采购信息和履约信息充分纳入，利用归集的各类信息，运用大数据、云计算等技术，挖掘数据价值，建立业务模型，分析招标采购管理重点、难点问题，不断提升管理水平。

参 考 文 献

［1］　曹丹. 水利水电建设项目后评价研究现状与发展趋势分析 ［J］. 中国高新技术企业，2015（14）：1-2.

［2］　王天浩，孙丹宇，令狐莹颖. 我国公共工程的政府采购问题研究 ［J］. 管理观察，2016（32）：80-82.

［3］　张科. 政府投资建设工程项目招标投标制度研究 ［D］. 呼和浩特：内蒙古大学，2016.

［4］　魏文峰. 我国建设工程招标投标制度研究 ［D］. 武汉：华中师范大学，2018.

［5］　郭培勋. 中外招标投标制度的比较研究 ［D］. 长春：东北师范大学，2014.

［6］　孟宪海. 德国建设管理体制的特点及其研究 ［J］. 建筑经济，1999（6）：40-43.

［7］　闫冉. 水利工程建设项目招投标的现状问题及对策 ［J］. 建材与装饰，2020（9）：289-290.

［8］　汪斌. 基于项目治理理论的公益性水利工程专业化建设管理体制研究 ［D］. 南京：河海大学，2007.

［9］　洪学燕. 新时期水利工程建设管理体制改革问题分析 ［J］. 农业科技与信息，2017（2）：20-21.

［10］　汪斌，张阳，钟尉. 传统水利工程建设管理体制的问题及对策 ［J］. 人民黄河，2007（4）：60-61.

［11］　李小林. 改革创新招标投标运行机制的思考 ［J］. 招标采购管理，2015（7）：12-15.

［12］　丁民. 浅议南水北调工程的建设管理 ［J］. 南水北调与水利科技，2006（S1）：1-4.

［13］　王亮东. 跨流域长距离调水工程建设管理体制模式研究 ［J］. 价值工程，2005（12）：25-27.

［14］　张潇予，贾凤磊. 企业招标管理改进策略 ［J］. 合作经济与科技，2018（12）：96-97.

［15］　陈登明，陈永斌. 模式优化 管理升级——基于互联互通的招标代理项目管理信息化 ［J］. 中国建设信息化，2017（2）：44-47.

［16］　何录华. 把招标委托代理合同建立在《民法典》基础之上 ［J］. 中国招标，2020（11）：105-108.

［17］　中国招标投标协会. 中国招标投标发展报告 ［M］. 北京：中国计划出版社，2018.

［18］　安徽省招标投标协会. 安徽省招标投标行业发展报告 ［M］. 合肥：安徽人民出版社，2020.

［19］　陈彦. 新形势下招标代理机构服务质量的优化研究 ［D］. 北京：北京邮电大学，2018.

［20］　叶朝铭. 招标代理行业存在的问题及应对对策 ［J］. 四川水泥，2019（11）：306.

［21］　唐德群. 建设工程招标代理服务质量提升策略管窥 ［J］. 价值工程，2020，39（20）：31-32.

［22］　麦茜茜. 公共资源交易平台建设中的政府角色研究 ［D］. 广州：华南理工大学，2019.

［23］　王丛虎，王晓鹏，余寅同. 公共资源交易改革与营商环境优化 ［J］. 经济体制改革，2020（3）：5-11.

［24］　王丛虎. 公共资源交易综合行政执法改革的合法性分析——以合肥市公共资源交易综合行政执法改革为例 ［J］. 中国行政管理，2015（5）：29-32.

［25］　王辛硌. 我国工程建设项目招投标程序管理研究 ［D］. 长春：吉林大学，2015.

［26］　黄曦霈. 我国政府投资项目投招标监管体系研究 ［D］. 长沙：中南大学，2013.

[27] 亢良兆. 政府投资项目招投标监管体系研究 [D]. 北京：北京交通大学，2016.

[28] 乔柱，刘伊生. 大数据背景下我国电子招投标监管研究 [J]. 工程管理学报，2019，33（1）：1 - 5.

[29] 詹晓莉. 建设工程领域招投标电子化的应用研究 [D]. 武汉：湖北工业大学，2018.

[30] 成义新，程剑筠. 工程服务类招标采购过程风险评估与对策研究 [J]. 财经界，2016（35）：88，117.

[31] 田凯. 建设工程项目标段的划分 [J]. 中国招标，2011（40）：16 - 17.

[32] 侯作民. 水利水电工程标段划分的原则 [J]. 科技情报开发与经济，2003（4）：203 - 204.

[33] 唐素斌，荆成云. 标段划分对工程造价控制重要性探究 [J]. 山西建筑，2017，43（31）：207 - 208.

[34] 张湛江. 基于多目标优化的高速公路标段划分研究 [D]. 长沙：长沙理工大学，2019.

[35] 陈树强，陈海龙，赵烜. 大藤峡水利枢纽一期主体土建工程分标规划 [J]. 中国水利，2020（4）：60 - 62.

[36] 盛震生. 经评审的最低价法投标报价有效性的合理确定——B4（有效最低价之修正计算总价中位值法）解析 [C]//创新之路——全国建筑市场与招标投标"筑龙杯"创新之路征文大赛优秀论文集. 中国土木工程学会，2017：15 - 26.

[37] 全国招标师职业资格考试辅导教材指导委员会. 招标采购专业实务 [M]. 北京：中国计划出版社，2015.

[38] 董伟. 国有企业非招标采购工作的风险点与策略 [J]. 现代企业，2020（7）：41 - 42.

[39] 李全有. 国有企业采购管理问题及其应对策略 [J]. 企业改革与管理，2018（21）：22 - 23.

[40] 郭晓军. 水利稽察方式方法的改进与应用研究 [D]. 北京：清华大学，2017.

[41] 顾晓振，季永蔚，朱恒金. 公共工程招标投标与审计监督 [J]. 招标与投标，2014（5）：43 - 48.

[42] 周正. 浅谈对政府工程招标的审计监督 [J]. 财政监督，2013（32）：41 - 42.

[43] 张懿妹. 审计招投标相关问题研究 [D]. 北京：首都经济贸易大学，2015.

[44] 孙铁强. 工程施工招投标审计实务研究 [J]. 交通财会，2007（8）：72 - 75.

[45] 全国咨询工程师（投资）职业资格考试参考教材编写委员会. 现代咨询方法与实务 [M]. 北京：中国统计出版社，2020.

[46] 丁心海. 招投标廉洁风险防控机制研究 [D]. 武汉：武汉大学，2013.

[47] 欧小艳. 关于公益性水利工程项目招标管理的思考 [J]. 湖南水利水电，2016（2）：84 - 87.

[48] 李海燕，黄鹏玮. 对我国招投标领域存在问题的思考 [J]. 华北电力大学学报（社会科学版），2011（6）：73 - 75.

[49] 刘兴宏. 亚洲开发银行的决策过程及相关因素分析 [D]. 广州：暨南大学，2011.

[50] 张利，王玉华，陈传锋. 南水北调工程项目管理预算编制方法及意义 [J]. 河南水利与南水北调，2011（12）：29 - 31.

[51] 马树军，高怀英. 海河干流治理工程项目法人有效控制工程造价的几点做法 [J]. 海河水利，2001（1）：31 - 32.

[52] 侯超普，周艳松. 大中型水利工程施工招标阶段投资控制 [J]. 水利水电工程设计，2019，38（1）：50 - 52.

[53] 王柳英. 建设工程招投标交易成本及效益研究 [D]. 南京：东南大学，2018.

[54] 郑宇. 建设工程招投标社会成本研究 [D]. 南京：东南大学，2006.

[55] 曾海宾. 模糊网络层次分析法在水利工程招标风险评价中的应用 [J]. 现代经济信息，2019（15）：360 - 361.

［56］ 尤小明. 工程项目后评估研究［D］. 重庆：重庆大学，2005.

［57］ 亢良兆. 基于 GAHP 的政府投资项目招投标后评估［J］. 土木工程与管理学报，2015（4）：95－101.

［58］ 高国民. 工程货物招标采供后评估研究［J］. 建筑经济，2015，36（1）：52－55.

［59］ 鲁韦韦. 政府投资项目招投标后评估研究［D］. 武汉：武汉理工大学，2017.

［60］ 陈岩. 基于可持续发展观的水利建设项目后评价研究［D］. 南京：河海大学，2007.